Springer-Lehrbuch

Springer-Verlag Berlin Heidelberg GmbH

B. Wiesemüller · H. Rothe · W. Henke

Phylogenetische Systematik

Eine Einführung

Mit 70 Abbildungen und 2 Tabellen

Springer

Dipl.-Biol. BERNHARD WIESEMÜLLER
Professor Dr. HARTMUT ROTHE

Universität Göttingen
Institut für Zoologie & Anthropologie
Ethologische Station Sennickerode
Sennickerode 11
37130 Gleichen

bwiesem@gmx.de
hrothe@gwdg.de

Professor Dr. WINFRIED HENKE

Universität Mainz
Institut für Anthropologie
Colonel Kleinmann Weg 2 (SB II)
55128 Mainz

erasmus@mail.uni-mainz.de

ISBN 978-3-642-62841-2   ISBN 978-3-642-55799-6 (eBook)

DOI 10.1007/978-3-642-55799-6

Die Deutsche Bibliothek - CIP-Einheitsaufnahme

Wiesemüller, Bernhard:
Phylogenetische Systematik / Bernhard Wiesmüller ; Hartmut Rothe ; Winfried
Henke. - Berlin ; Heidelberg ; New York ; Barcelona ; Hongkong ; London ;
Mailand ; Paris ; Singapur ; Tokio : Springer, 2002
 (Springer-Lehrbuch)

http://www.springer.de

©Springer-Verlag Berlin Heidelberg 2003
Ursprünglich erschienin bei Springer-Verlag Berlin Heidelberg New York in 2003
Softcover reprint of the hardcover 1st edition 2003

Satz: Druckfertige Vorlagen der Autoren
Einbandgestaltung: deblik Berlin
Umschlagfoto: Nebelwald (Prof. Dr. D. Lüpnitz, Mainz); die drei Primaten *Callicebus torquatus* (links), *Alouatta seniculus* (Mitte) und *Ateles belzebuth* (rechts) stammen aus De la Torre, Stella (2000) Primates de la Amazonía del Ecuador.
SPIN 10878586   29/3130 - 5 4 3 2 1 0 -

Vorwort

„Aufgabe einer wissenschaftlichen Systematik ist es nicht, in die Fülle der Einzelerscheinungen Ordnung hineinzubringen, sondern die ihr innewohnende Ordnung zu ergründen und darzustellen." (Hennig 1950, S. 7)

Die Suche nach einem natürlichen System der lebendigen Welt ist eine basale Aufgabe der Biologie. Die Phylogenetische Systematik ist eine Disziplin, die hierzu einen besonderen und vielversprechenden Weg beschreitet. Anders als andere Schulen der biologischen Systematik setzt sie Merkmalsbefunde nicht direkt zur Definition biologischer Einheiten ein. Statt dessen geht sie davon aus, daß sich ein natürliches phylogenetisches System mit allen seinen Einheiten allein aus historischen Beziehungen der Abstammung ergibt. Merkmale sind hierbei nur dann von Belang, wenn sie sich als Kennzeichen solcher Abstammungsgemeinschaften erweisen, nehmen also den Charakter von Indizien an.

Das vorliegende Buch gibt einen allgemeinen Überblick über Grundlagen und Methoden der phylogenetischen Systematik. Nach einer Darstellung wissenschaftshistorischer Aspekte und konkurrierender Schulen der biologischen Systematik befaßt es sich zunächst mit dem theoretischen Fundament der phylogenetischen Systematik. Dabei ergibt sich schrittweise die Struktur eines Systems, das auf vergangenen Tatsachen beruht. Anschließend werden die Methoden erläutert, mit deren Hilfe man dieses historisch gewachsene System aus Merkmalsbefunden rekonstruieren kann. Schließlich werden Paläontologie und Computerkladistik als wichtige Arbeitsrichtungen mit besonderen Fragestellungen und Problemen näher diskutiert.

Wir haben uns darum bemüht, durch Beispiele und Erläuterungen eine Darstellung des Themas zu liefern, die auch für Einsteiger verständlich ist. Das bedeutet jedoch nicht, daß problematische Aspekte und kontroverse Themen der phylogenetischen Systematik ausgeklammert werden, womit auch für Fortgeschrittene anregende Inhalte geboten werden.

Beim Zustandekommen dieses Bandes sind wir vielfach tatkräftig unterstützt worden. In diesem Zusammenhang ist insbesondere folgenden Personen zu danken: Frau Iris Lasch-Petersmann und Herrn Dr. Dieter Czeschlik für die Annahme und Betreuung des Projektes durch den Springer-Verlag sowie Frau Stefanie Wolf und Herrn Karl-Heinz Winter für die Lösung drucktechnischer Probleme. Für die Mitarbeit bei der Erstellung der Abbildungen danken wir in erster Linie Herrn Michael Stang sowie Herrn Erik Becker, aber auch Herrn Matthias Herrgen für wertvolle Ratschläge. Für ihre kompetente Layout-Beratung seien Holger Zierdt und Dr. Alexander Fabig dankend erwähnt. Für die photographische Unterstützung gilt unser Dank Frau Claudia Lennartz und Frau Sibylle Hourticolon. Wichtige Literaturinformationen lieferte dankenswerterweise Herr Prof. Dr. Helmut Hemmer, und das Hintergrundfoto des Covers stellte Herr Prof. Dr. Dieter Lüpnitz freundlicherweise zur Verfügung. Bei der sprachlichen Herleitung der Fachtermini unterstützte uns Herr Dr. Thomas Hidber, dem ebenfalls gedankt sei.

Göttingen und Mainz, im April 2002

BERNHARD WIESEMÜLLER
HARTMUT ROTHE
WINFRIED HENKE

Inhaltsverzeichnis

„[...] drängt sich daher ganz von selbst die Frage auf, ob das, was wir heute Systematik nennen, noch dasselbe ist wie das, was vor 100 und 200 Jahren so hieß bzw. die Frage, was denn unsere heutige Situation vor der damaligen auszeichnet." (Hennig 1957, S. 50)

1 Historisches zur biologischen Systematik

Wissenschaftliche biologische **Klassifikationen** haben eine lange Geschichte. Ein herausragender Autor der Antike war in diesem Zusammenhang der griechische Philosoph ARISTOTELES (384-322 v. Chr.), der die Biologie zu einer eigenständigen Wissenschaft erhob und zoologische Schriften verfasste, die zur Grundlage einer systematischen Klassifikation der Tiere wurden (Harig u. Kollesch 1998). Eine Darstellung der historischen Entwicklungen seit der Antike würde jedoch den Rahmen dieses Buches sprengen, und so beginnen wir mit CARL VON LINNÉ, dem Begründer der modernen Systematik, und beschränken uns auf Entwicklungen, die für die heutige Systematik von einschneidender Bedeutung sind (siehe auch Box 1.1). Die Theorie der phylogenetischen[1] **Systematik** wird in diesem Kapitel nur knapp dargestellt, da sie als eigentliches Thema dieses Buches Hauptgegenstand aller nachfolgenden Kapitel sein wird.

---

[1] phylon (gr.) = Stamm, Geschlecht, Gattung; genesis (gr.) = das Werden, Entstehung, Ursprung

1.1 Der systematische Ansatz von Linné

Der schwedische Naturforscher LINNAEUS (1707-1778), seit seiner Adelung im Jahr 1762 CARL VON LINNÉ, begründete mit neuen Ansätzen zur Klassifikation die moderne biologische Systematik. Wenn auch kein Biologe heute mehr seine Ansichten über das Wesen und die Entstehung der Arten teilt, so wurden doch die formalen Prinzipien seines Systems in internationalen **Nomenklaturregeln** verankert und somit zur verbindlichen Vorschrift für alle Systematiker erhoben (siehe Beispiel in Tabelle 1.1). Demzufolge hat LINNÉ bis in die Gegenwart einen stärkeren Einfluß auf die biologische Systematik als irgendein anderer Autor, sei es CHARLES DARWIN, ERNST MAYR oder WILLI HENNIG. LINNÉ erarbeitete ein neues, auf Blütenmerkmalen basierendes System der Pflanzen, welches er in seinem in 12 Auflagen erschienenen Hauptwerk *Systema Naturae* zu einem vollständigen System der Mineralien, Pflanzen und Tiere erweiterte. Die Grundzüge des linnaeischen Ansatzes seien im folgenden kurz dargestellt.

Essentialismus:[2] LINNÉ vertrat die Ansicht, daß alle natürlichen Gruppen lebender Organismen bestimmte essentielle Merkmale besitzen würden, die eine wesentliche Rolle im natürlichen System spielen, während andere Merkmale eher unerheblich seien. Dies ist ein Gedanke, der seit ARISTOTELES die biologischen Klassifikationsbestrebungen prägte. Ziel der Systematik war es demnach, solche essentiellen, für bestimmte Gruppen typischen Merkmale zu entdecken, mit deren Hilfe ein System erstellt werden konnte. Das Resultat ist ein typologisches System (Mayr 1976, S. 428ff).

Mechanische Prinzipien: Wie Hull (1985) und Jahn (1998a) anmerken, zeigt sich LINNÉ jedoch nicht nur vom aristotelischen Essentialismus, sondern auch durch die von GALILEO GALILEI (1564-1642) und RENÉ DESCARTES (1596-1650) begründeten mechanischen Prinzipien beeinflußt. Im Gegensatz zu früheren Autoren, deren Klassifikationssysteme eher auf qualitativen Charakterisierungen biologischer Organismengruppen beruhen, begann LINNÉ damit, Pflanzenteile systematisch zu zählen, zu messen und zu vergleichen. Die Ergebnisse setzte er in ein **enkaptisch-hierarchisches**[3] **System** um. Dadurch wurde eine neue Epoche empirischer Forschung eingeleitet. Dies ist vielleicht aus heutiger Sicht der wichtigste Aspekt des linnaeischen Ansatzes, aber zugleich leider auch der einzige, der sich in den Nomenklaturregeln kaum niedergeschlagen hat.

Konstanz der Arten: LINNÉ war der Ansicht, daß das natürliche System ein statisches Gebilde ist, in dem die Merkmale, zumindest die essentiellen, sich nicht verändern und keine neuen Arten entstehen. Diese Auffassung rührte zum einen sicherlich daher, daß LINNÉ als gläubiger Christ auf die Schilderungen des Buches Genesis vertraute, nach denen die Entstehung des Lebens ein einmaliger Schöpfungsprozeß war, der sich innerhalb einer einzigen Woche vollzog. Er hatte jedoch

---

[2] essentia (lat.) = Essenz, Wesen, Wesenheit

[3] enkapto (gr.) = gierig einsaugen, aufschnappen, vereinnahmen; ein enkaptisches System stellt die abgestufte Ähnlichkeit graphisch dar.

Tabelle 1.1. Klassifikationsbeispiel n. Rowe (1996), erweitert

Reich (Regnum)	Zoa (Tiere)
Unterreich (Subregnum)	Metazoa (Vielzeller)
Stamm (Phylum)	Chordatiere (Rückensaitentiere)
Unterstamm (Subphylum)	Vertebrata (Wirbeltiere)
Klasse (Classis)	Mammalia (Säugetiere)
Unterklasse (Subclassis)	Eutheria (Plazentatiere)
Ordnung (Ordo)	Primates (Herrentiere)
Unterordnung (Subordo)	Haplorhini (Trockennasenaffen)
Teilordnung (Infraordo)	Catarrhini (Schmalnasenaffen)
Überfamilie (Superfamilia)	Hominoidea (Menschenartige)
Familie (Familia)	Hominidae (Menschenaffen u. Menschen)
Unterfamilie (Subfamilia)	Homininae (afrik. Menschenaffen u. Menschen)
Gattungsgruppe (Tribus)	Gorillini (Gorillas)
Gattung (Genus)	*Gorilla* (Gorilla)
Art (Spezies)	*Gorilla gorilla* (Flachland-Gorilla)
Unterart (Subspezies)	*G. g. graueri* (östl. Flachland-Gorilla)

auch eine wissenschaftliche Begründung. Nachdem im 17. Jahrhundert demonstriert worden war, daß Leben nicht durch Urzeugung, sondern nur aus vorhandenem Leben entsteht (Redi 1668), war davon auszugehen, daß Arten ein lückenloses Kontinuum von Vorfahren und Nachkommen darstellen. Nach Ray (1682) werden essentielle Merkmale stets auf die Nachkommen vererbt, und nur sogenannte **akzidentelle**[4] **Merkmale** können variieren. Für LINNÉ folgte hieraus der Nachweis, daß Arten konstant sind (Jahn 1998a). Heutzutage müßte man einwenden, daß bei der Übermittlung von Erbanlagen Fehler auftreten können, aber dies war damals nicht bekannt, so daß LINNÉs Argumentation durchaus schlüssig war. In späten Werken räumte er allerdings ein, daß eventuell durch Hybridisierung neue Arten entstehen könnten (siehe auch Kap. 4).

Hierarchische Kategorien: LINNÉ faßte die lebende Natur hierarchisch in den vier Kategorien *species* (Art), *genus* (Gattung), *ordo* (Ordnung) und *classis* (Klasse) zusammen. Im 19. und 20. Jahrhundert wurden weitere Kategorien hinzugefügt.

Binomina: LINNÉ führte eine Vereinheitlichung der Artnamen ein, bei der jeder Artname aus zwei lateinischen oder latinisierten Wörtern besteht, deren erstes die Gattung, das zweite - in Verbindung mit dem ersten - die Art kennzeichnet. Diese Vorgehensweise erklärt sich möglicherweise daraus, daß LINNÉ die Arten und Gattungen seines Systems für natürliche Einheiten, Ordnungen und Klassen dagegen für vorläufige, künstliche Konstrukte hielt (Jahn 1998a). Für Pflanzen wandte er diese binäre Nomenklatur erstmals durchgehend in seinen *Species Plantarum* (Linnaeus 1753), für Tiere in der 10. Auflage von *Systema Naturae* (Linnaeus 1757-1759) an. Die Erscheinungsmonate dieser Werke setzen in den Nomenklaturregeln für Botanik und Zoologie eine zeitliche Grenze für die Anwendung der **Prioritätsregel** fest, nach der der früheste Name für eine Spezies gültig ist. Für Werke, die vor 1753 (Botanik) bzw. 1758 (Zoologie) erschienen sind, kommt diese Regel also nicht zur Anwendung.

---

[4] accidens (lat.) = zufällig, unwesentlich

> **Box 1.1 Systematik, Klassifikation, Taxonomie**
>
> Diese drei Begriffe werden im Bereich der biologischen Systematik häufig verwendet.
>
> **Klassifikation** bedeutet, daß Einheiten (reale oder gedachte) nach logischen Prinzipien (siehe z. B. Zoglauer 1997) zu Klassen zusammengefaßt werden. Jedes Sortieren von Dingen oder Ideen kann somit als Klassifikation aufgefaßt werden.
>
> **Systematik** ist ein enger gefaßter Begriff, bei dem es um die Beschreibung natürlich gewachsener Systeme geht, also um materielle Strukturen oder zumindest um natürliche Einheiten, die sich aus historischen Tatsachen ergeben. Systematik beinhaltet, formal gesehen, auch Klassifikation, aber nicht jede Klassifikation fällt unter den Begriff der Systematik. Denn es gibt auch Klassifikationen, die nicht an natürlichen Einheiten orientiert sind (z. B. die Klassifikation von Kräutern nach ihrem Nutzen für den Menschen oder das Sortieren von Blumen nach ihrer Blütenfarbe).
>
> **Taxonomie** schließlich ist ein Zweig der Systematik, der sich mit den formalen Regeln und Vorschriften für die Klassifikation und Benennung von Organismengruppen befaßt. Hierzu werden Konventionen ausgehandelt und durch internationale Nomenklaturregeln für verbindlich erklärt.

1.2 Vorläufer der Evolutionstheorie

Der englische Dichter, Erfinder und Naturforscher ERASMUS DARWIN (1731-1802), Großvater von CHARLES DARWIN (1809-1882), vertrat bereits zu Ende des 18. Jahrhunderts die Ansicht, daß Arten sich im Laufe der Zeit verändern und neue Arten aus ihnen entstehen. Als Ursache dafür nahm er Umweltreize und Hybridisierungen an, die allmählich zu einer höheren Organisation und größeren Vielfalt der Arten führen (Darwin 1794-1796).

Der wohl bedeutendste Forscher, der sich vor CHARLES DARWIN mit dem Evolutionsgedanken[5] beschäftigte, war der französische Biologe JEAN-BAPTISTE DE LAMARCK (1744-1829). Seine Lehre wird häufig auf die Kurzformel „Vererbung erworbener Eigenschaften" reduziert. Genaugenommen war seine Theorie über die zeitliche Veränderung der Arten, die er insbesondere in seiner *Philosophie Zoologique* (Lamarck 1809) darlegte, jedoch komplizierter. Er war der Ansicht, daß Organe durch die Bewegung von Gasen und Flüssigkeiten und erregende Ursachen wie Licht, Wärme oder Elektrizität gebildet und umgebildet würden (Jahn 1998b). Eine Veränderung der Umweltbedingungen verändere auch die Bedürfnisse lebender Organismen, die daraufhin ihr Verhalten umstellten, indem sie be-

---

[5] evolvere (lat.) = entwickeln, darstellen

stimmte Organe häufiger, andere seltener benutzten. Dies hat nach Lamarck eine Vergrößerung bzw. Verkleinerung der Organe und somit einen Gestaltwandel zur Folge. LAMARCK war ferner der Ansicht, daß die so erworbenen Veränderungen erblich seien und deshalb auf die nächste Generation übertragen würden.

Ein einflußreicher Gegner Lamarcks war GEORGES CUVIER (1769-1832), dem die Fachwelt aufgrund seines großen Ansehens in der damaligen Zeit mehr Glauben schenkte. CUVIER hat vehement die Unveränderlichkeit der Arten verfochten. Er sah keine graduellen Abfolgen von Vorfahren und Nachfahren in den Fossilfunden und behauptete, daß die Organismen so harmonisch und perfekt konstruiert seien, daß jede Veränderung die Vollständigkeit ihrer Organisation zerstören würde. Die Beständigkeit der Spezies hielt er für eine „nothwendige Bedingung für die Existenz der wissenschaftlichen Naturgeschichte".

1.3 Entwicklung des Homologiebegriffs

In Frankreich vertrat ÉTIENNE GEOFFROY ST. HILAIRE (1772-1844) die Auffassung, daß für den Bau von Organen nicht deren Funktion, sondern ein bestimmter **Grundbauplan** von wesentlicher Bedeutung sei. Die Teile eines Organs könnten demnach nahezu beliebig in Form und Größe variieren, blieben aber stets in der gleichen Weise miteinander verbunden. GEOFFROY ST. HILAIRE versuchte mit diesem Ansatz die Organe verschiedenster Tiergruppen, etwa von Wirbeltieren (Vertebrata) und Tintenfischen (Cephalopoda), zu homologisieren.[6] CUVIER war dagegen der Ansicht, daß vielmehr die Funktion entscheidend für den Bau der Organe sei. Durch anatomische Untersuchungen demonstrierte er, daß viele der von GEOFFROY ST. HILAIRE vorgenommenen Vergleiche nicht korrekt waren.

Erfolgreicher als GEOFFROY ST. HILAIRE war der englische Anatom RICHARD OWEN (1804-1892) mit Vorstellungen, die denen GEOFFROY ST. HILAIRES recht ähnlich waren. Er führte alle Wirbeltiere auf einen gemeinsamen Grundbauplan zurück, den er als *archetype* bezeichnete. Diese Archetypen sah er allerdings als etwas Idealistisch-typologisches an und dachte dabei nicht etwa an gemeinsame Vorfahren. Die nach diesem Grundbauplan einander entsprechenden Organe verschiedener Organismen bezeichnete er als homolog. Er prägte damit in entscheidender Weise den Begriff **Homologie** (siehe Kap. 7), den er definierte als „*the same organ in different animals under every variety of form and function*" (Owen 1848, S. 7). Als analog[7] definierte er dagegen Organe, die die gleiche Funktion erfüllen – eine Definition, die sich bis heute erhalten hat.

---

[6] homos (gr.) = ähnlich, gleich; logos (gr.) = Lehre; homologia (gr.) = Übereinstimmung

[7] ana (gr., als Vorsilbe) = in die Höhe, hinauf, wieder, zurück; logos (gr.) = Lehre

Abb. 1.1. Der Archetyp der Wirbeltiere nach Owen (1848)

1.4 Darwins Evolutionstheorie

CHARLES DARWIN veröffentlichte im Jahre 1859 die erste Auflage seines berühmten Werkes *On the Origin of Species by Means of Natural Selection, or the Preservation of favoured Races in the Struggle for Life* (Darwin 1859). Darin legte er seine Vorstellung der Artentstehung durch natürliche Selektion[8] (**Selektionstheorie**) dar und begründete damit seine **Deszendenztheorie**,[9] nach der die Arten eine gemeinsame Abstammung haben. Anhand zahlreicher Beispiele aus der Tier- und Pflanzenzucht zeigte er auf, daß eine gezielte Auswahl bestimmter Individuen für die Weiterzucht im Laufe der Generationen zu einer Veränderung der Pflanzen- und Tierrassen[10] führt. Ein Vergleich mit wildlebenden Tieren führte ihn zu dem Schluß, daß diese durch ihre natürliche Umwelt ähnlichen Selektionsprozessen unterliegen. Individuen, deren Bau und Verhalten gut an die jeweiligen Umweltbedingungen angepaßt sind, haben höhere Überlebens- und Fortpflanzungschancen als weniger gut adaptierte[11] Formen. Dadurch werden Anpassungen an die Umwelt allmählich auf natürlichem Wege herausgezüchtet.

DARWINS **Evolutionstheorie** fand viel Beachtung und zunächst auch wenig Kritik bis zu dem Zeitpunkt, als er seiner Auffassung, daß der Mensch von Affen abstamme, öffentlich Ausdruck verlieh (Darwin 1871). Schon früher hatte DARWIN in einem Brief an THOMAS HENRY HUXLEY (1825-1895) skizziert, wie er

---

[8] seligere (lat.) = auswählen

[9] descendere (lat.) = herabsteigen, herabkommen

[10] Zum Begriff „Rasse" in der Anthropologie wird auf die Deklaration der American Association of Physical Anthropologists (veröffentlicht in American Journal of Physical Anthropology 101: 569-570, 1996) verwiesen, der sich die Autoren (BW, HR, WH) uneingeschränkt anschließen.

[11] adaptare (lat.) = anpassen

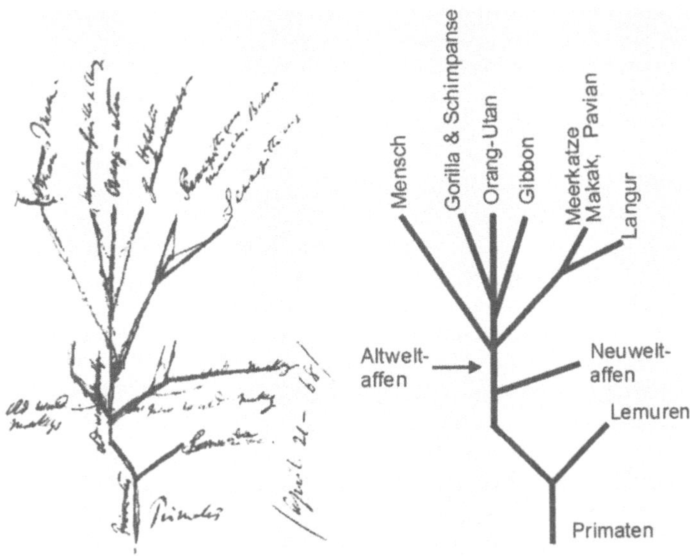

Abb. 1.2. Skizze eines Stammbaums der Primaten, die Darwin einem Brief an Huxley beigefügt hatte; *links* das Original, *rechts* eine erläuternde Skizze mit deutschen Bezeichnungen. Der Entwurf stimmt weitgehend mit heutigen Vorstellungen zur Stammesgeschichte der Primaten überein. Nur hinsichtlich der Beziehungen von Menschenaffen und Menschen ist nach derzeitigem Kenntnisstand davon auszugehen, daß Gorilla, Schimpanse und Orang-Utan näher mit dem Menschen verwandt sind als mit den Gibbons, und ferner, daß Schimpanse und Gorilla engere Beziehungen zum Menschen aufweisen als der Orang-Utan. (aus Jahn 1998, Vorlage in Gruber 1974)

sich den Stammbaum der Primaten einschließlich des Menschen vorstellte (Abb. 1.2). Dieser Stammbaumentwurf entspricht in den Grundzügen den heutigen Auffassungen über die Stammesgeschichte der Primaten.

An der praktischen Vorgehensweise der Systematik änderte sich durch DARWIN zunächst nicht viel. Die Systeme von Pflanzen und Tieren wurden jedoch nun neu interpretiert. Aus Archetypen wurden gemeinsame Vorfahren, und die Formulierung *the same organ in different animals* aus OWENS Homologiedefinition (siehe Kap. 1.3) bekam die Bedeutung, daß diese Organe von demselben Organ eines gemeinsamen Vorfahren abstammen. Diese neue Interpretation biologischer Systeme als Abbild einer gemeinsamen Abstammung breitete sich schnell aus, zunächst vor allem in der Botanik und später auch in der Zoologie (Junker 1998). Schließlich entwarf der deutsche Zoologe ERNST HAECKEL (1834-1919) einen Stammbaum der organischen Welt, in dem er alle Lebewesen auf einen gemeinsamen Ursprung zurückführte (Haeckel 1896). HAECKEL formulierte übrigens die sogenannte **Rekapitulationsregel**, die besagt, daß die ontogenetische Entwicklung eines Organismus seine phylogenetische Vergangenheit widerspiegelt (biogenetisches Grundgesetz). Die Gültigkeit dieser Regel, auf die wir in Kap. 8 zurückkommen werden, wird heute wegen zu vieler gravierender Ausnahmen nicht allgemein akzeptiert.

1.5 Genetik und Populationsgenetik

In der Biologie war sicherlich niemals ernsthaft umstritten, daß Merkmale von Vorfahren auf Nachkommen durch Vererbung übertragen werden können. Über Gesetzmäßigkeiten, nach denen sich diese Vererbung vollzieht, war jedoch bis etwa zur Mitte des 19. Jahrhunderts nichts bekannt. Erst der Theologe, Agrar- und Naturwissenschaftler GREGOR JOHANN MENDEL (1822-1884) untersuchte systematisch-statistisch in Kreuzungsversuchen die Weitergabe von Merkmalen. Als Forschungsobjekt dienten ihm verschiedene Nutzpflanzen, vor allem Erbsen (*Pisum sativum*). In langwierigen Kreuzungsreihen entdeckte er schließlich allgemeine Regeln der Vererbung (Mendel 1866). Bei Kreuzung unterschiedlicher reinerbiger Formen stellte er zunächst fest, daß die erste Nachkommengeneration stets uniform ist. In der zweiten Generation treten verschiedene Formen in einem bestimmten Zahlenverhältnis auf. Aus den Ergebnissen ließ sich schließen, daß jedes Einzelmerkmal durch die Information zweier Allele bestimmt wird, von denen jeder Kreuzungspartner eines an einen Nachkommen weitergibt. Unter der Annahme, daß die Auswahl der vererbten Allele zufällig und unabhängig erfolgt, ließ sich das Zahlenverhältnis, in dem bestimmte Merkmale und Merkmalskombinationen in den jeweiligen Kreuzungsgenerationen auftreten, zuverlässig vorhersagen (siehe z. B. Gottschalk 1989, S. 97ff).

DARWIN und MENDEL waren Zeitgenossen, wußten aber nicht voneinander. Ein Austausch ihrer Befunde hätte damals sicher zu bahnbrechenden Ergebnissen führen können. Insgesamt fanden MENDELs Arbeiten lange Zeit kaum Beachtung (Hoppe 1998). Erst nach 1900 gewannen die **Mendelschen Regeln** die Aufmerksamkeit von Forschern wie HUGO DE VRIES, CARL ERICH CORRENS und ERICH TSCHERMAK VON SEYSENEGG, die sich unabhängig voneinander mit Vererbung und Kreuzung befaßten, was zu einem neuen Forschungszweig, der Genetik, führte (Schulz 1998).

Aus evolutionstheoretischer Sicht bedeutsam war die Übertragung von MENDELs Regeln auf Populationen.[12] Der deutsche Arzt WILHELM ROBERT WEINBERG (1862-1937) und der englische Mathematiker GODFREY HAROLD HARDY (1877-1947) leiteten unabhängig voneinander mathematische Formeln her, die unter bestimmten Vorannahmen die Häufigkeiten, in denen Allelkombinationen in Populationen auftreten, beschreiben. Dieses Gesetz wird heute allgemein als **Hardy-Weinberg-Gesetz** bezeichnet. Es wurde in der Folgezeit durch Erweiterungen inhaltlich ergänzt (siehe z. B. Futuyma 1990, S. 94ff).

In Rußland befaßte sich der Biologe SERGEJ SERGEEVIC CETVERIKOV (1880-1959) mit Untersuchungen zur Anwendbarkeit des Hardy-Weinberg-Gesetzes auf natürlichen Populationen (Cetverikov 1926). Er stellte fest, daß sich rezessive Ge-

---

[12] In diesem Buch verwenden wir den in der Biologie üblichen Populationsbegriff (siehe z. B. Wilson
u. Bossert 1971, Futuyma 1990).

ne auch bei negativem Selektionsdruck in großer Zahl nachweisen lassen. Der Grund hierfür ist, daß sie bei mischerbigen Individuen nicht phänotypisch in Erscheinung treten und dadurch der Selektion entgehen. CETVERIKOVS Befunde zeigten, daß natürliche Populationen eine bisher ungeahnte genetische Vielfalt aufweisen (Schulz 1998, Senglaub 1998).

1.6 Synthetische Evolutionstheorie und „neue Systematik"

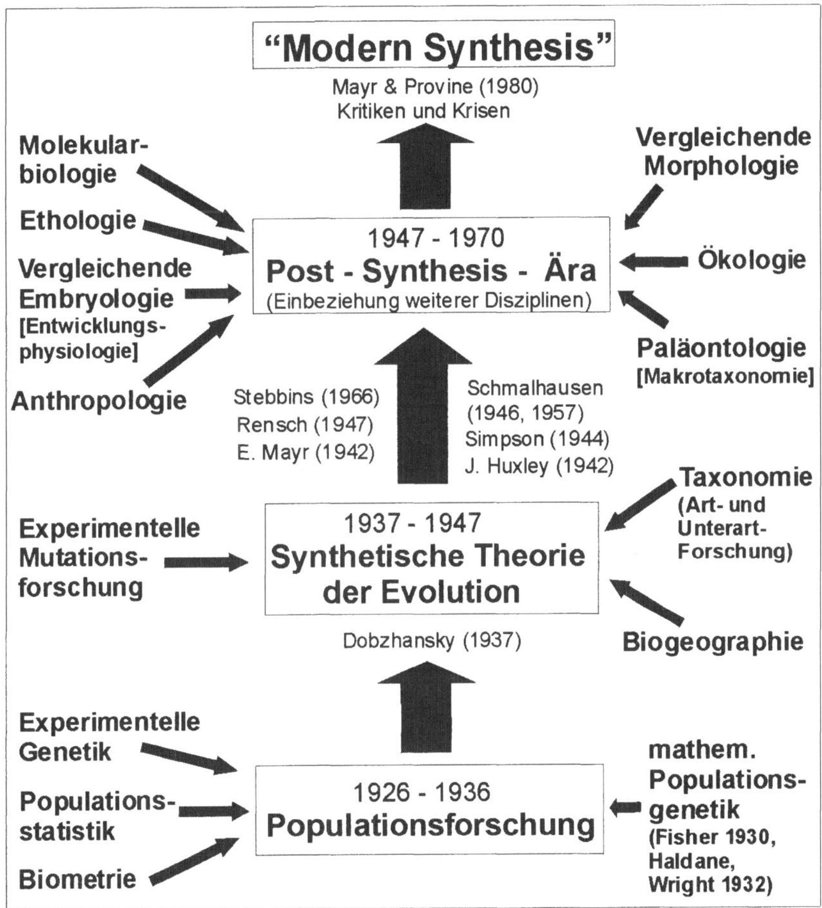

Abb. 1.3. Die historischen Phasen der Entwicklung der synthetischen Evolutionstheorie. (nach Jahn 1982, aus Senglaub 1998)

Box 1.2 Typus - als Begriff

Namen sollen bestimmten Objekten eindeutig zugeordnet sein. Dieser Bezug wird durch das Typusverfahren hergestellt. In der systematischen Praxis versteht man unter „Typus" den Namensträger für ein Taxon. Für einen Gattungsnamen ist dies eine Art. Der Beschreiber einer neuen Gattung muß die Typusart benennen (z. B. die Art *Pan paniscus* für die Gattung *Pan*). Entsprechend muß bei der Etablierung einer Familie eine Gattung als Typus benannt werden (z. B. die Gattung x für die Familie y). Nomenklatorischer Typus für eine Ordnung in der Botanik ist eine Familie, während in der Zoologie Namen oberhalb der Familienkategorie nicht auf diesem Verfahren beruhen.

Von großer praktischer Bedeutung ist die Typusfestlegung für die Art. Während der Beschreibung oft eine Vielzahl von Individuen (auch verschiedener Stadien oder verschiedener Geschlechter) oder bei Fossilien mehrere Einzelstücke (z. B. Knochen) zugrundeliegen, wird nur ein Exemplar als Typus in einem Institut oder Museum hinterlegt. Dieser sogenannte Holotypus[13] ist die urkundliche Grundlage für den Artnamen. Die Beschränkung auf ein Exemplar ist notwendig, um die Eindeutigkeit zu garantieren, z. B. wenn ein Gemisch vorlag. Dieses Individuum ist aber nur immer Stellvertreter einer Population. Andere Stücke, die dem Autor vorgelegen haben, werden als Paratypen bezeichnet und können auf verschiedene Museen verteilt werden.

Hat ein Autor keinen Holotypus festgelegt, so kann von einem späteren Bearbeiter anhand der ursprünglichen Beschreibung des Typusmaterials (sog. Syntypen) ein Lectotypus[14] festgelegt werden, falls dies zur Eindeutigkeit des daran gebundenen Namens notwendig erscheint (siehe auch Sudhaus u. Rehfeld 1992). Häufig läßt sich eine Art nicht sicher zuordnen, wobei üblicherweise durch das Zeichen cf. (*confer*) vor dem Epitheton[15] auf die zu vergleichende Art hingewiesen wird. Ist allein die Zugehörigkeit zu einer bestimmten Gattung sicher, schreibt man anstelle des Art-Epithetons sp. oder spec. (= species).

Der Typusbegriff ist in der modernen Biologie durch die idealistische Interpretation des Archetypus oder „Urbildes" belastet. Ein Vorwurf gründet darauf, daß das essentialistische oder typologische Denken bis auf die Vorstellung unwandelbarer Ideen von Platon zurückgehe, z. B. in der idealistischen Morphologie. Ein weiterer Vorwurf gegen das Typuskonzept ist der, daß es finalistisch sei, d. h. es definiere die Einhaltung von baulichen Ge-

---

[13] holos (gr.) = ganz

[14] lektos (gr.) = gesammelt, sagbar, auserlesbar; typos (gr.) = Typ, Gestalt

[15] epitithemi (gr.) = hinzusetzen; epitheton (gr.) = das Hinzugesetzte

setzlichkeiten aus unbekannten inneren Ursachen (siehe hierzu Riedl 1975).

Die Typologie ist ein Teilgebiet der Taxonomie *sensu lato*, der Lehre von den Prinzipien wissenschaftlicher Klassifikation, *sensu stricto* der Lehre von der Systematik der Lebewesen. Sie ist eine Ordnungswissenschaft, die Prinzipien und Methoden für die systematische Ordnung einer Mannigfaltigkeit merkmalsreicher Gegenstände unter dem Aspekt ihrer Ähnlichkeit entwickelt, d. h. ihrer Übereinstimmung in zahlreichen, wenn auch nicht allen Merkmalen. Ganz allgemein geht es in der Typenforschung darum, die merkmalsreiche Variabilität von Objekten so zu ordnen, als seien diese aus einer oder mehreren Archetypen entstanden, welche die Gemeinsamkeiten ähnlicher Formen in vollkommener Ausprägung repräsentieren (siehe Zerssen 1973, S. 51).

Nach Riedl (1975, S. 303) ist der Vorwurf gegen das Konzept des Typus deshalb nicht stichhaltig, weil der Typus „in jedem Vergleichsrahmen (Gruppe) von Ähnlichkeiten, die dem Zufall entzogen sind (Verwandtschaftsgruppe), notwendigerweise die Summe, das Gesamtmuster der repräsentierten Homologa" ist.

Dagegen bestehen nach Ax (1984, S. 160) „schwerwiegende Gründe aber, den Begriff Typus insgesamt aus der phylogenetischen Systematik herauszuhalten, [...] in der Tatsache, daß logisch invalide Typusvorstellungen bis in unsere Zeit mit Nachdruck vertreten werden."

Dem russischen Populationsgenetiker THEODOSIUS DOBZHANSKY (1900-1975) gelang eine Synthese von DARWINS Theorie sowie Ergebnissen der experimentellen Genetik und Populationsgenetik (Dobzhansky 1937). DOBZHANSKY richtete sein Augenmerk nicht auf Individuen, wie es bis dahin viele Darwinisten taten, sondern auf Populationen, und verdeutlichte, daß nicht große Merkmalssprünge, sondern kleinste genetische Veränderungen und Kreuzungen zwischen Nachbarpopulationen eine wichtige Rolle im Evolutionsprozeß spielen (Senglaub 1998). DOBZHANSKYS Ansatz, die **synthetische Theorie** der Evolution, wurde ab den vierziger Jahren des 20. Jahrhunderts, in der sogenannten Post-Synthesis-Ära, durch Einbeziehung weiterer Disziplinen wie Ethologie, Entwicklungsbiologie, Ökologie und Paläontologie erweitert. Dabei rückte auch das Individuum wieder stärker ins Blickfeld der Evolutionsforscher (Mayr 1988).

Aus dem Kreise der Verfechter der synthetischen Evolutionstheorie gingen die Vertreter der neuen Systematik, allen voran ERNST MAYR (geboren 1904) hervor, die einen Schritt in Richtung eines natürlichen Systems machten, indem sie typologisch-morphologische **Artkonzepte** durch eine biologische Definition ersetzten (Mayr et al. 1953, S. 13ff; Willmann 1985, S. 42ff; zum Typusbegriff siehe

Box 1.2). Es entstand das biologische Artkonzept, das Mayr (1942) folgendermaßen definierte: "Species are groups of actually or potentially interbreeding natural populations, which are reproductively isolated from other such groups." Damit war in der Tat eine erste natürliche, biologische Einheit in die Systematik eingeführt (siehe Kap. 4.1). Wie Beurton (1994) erwähnt, hatte MAYR dennoch Schwierigkeiten mit der objektiven Anwendung des biologischen Artkonzepts, wenn es um Populationen ging, die an verschiedenen Orten und/oder zu verschiedenen Zeiten leben. Darüber hinaus blieben alle Taxa oberhalb der Art weiterhin typologisch. Mayr (1970, S. 13ff) vertrat allerdings die Ansicht, daß dies für die höheren Kategorien befriedigend und ausreichend sei.

1.7 Phylogenetische Systematik und spätere Entwicklungen

Der deutsche Entomologe WILLI HENNIG (1913-1976) veröffentlichte im Jahre 1950 seine *Grundzüge einer Theorie der phylogenetischen Systematik* (Hennig 1950). Von ganz wesentlicher Bedeutung bei HENNIGS Ansatz ist der Begriff der **monophyletischen Gruppe**.[16] Dabei handelt es sich um eine Gruppe von Arten, die aus einer Stammart (siehe Kap. 5.2) und allen ihren Nachkommen besteht. Eine solche Gruppierung stellt in der Tat eine natürliche, historisch entstandene Einheit dar. Indem HENNIG forderte, nur solche monophyletischen Gruppen als Einheiten der Systematik zu akzeptieren, wies er den Weg zum natürlichen System, nach dem Systematiker seit LINNÉ gesucht hatten. Von praktischer Bedeutung war HENNIGS Feststellung, daß es zur Auffindung monophyletischer Gruppen nicht ausreicht, sich mit der Homologiefrage zu befassen, sondern ferner untersucht werden muß, ob eine homologe Merkmalsübereinstimmung ursprünglich oder abgeleitet ist. Er stellte fest, daß nur abgeleitete Merkmale, die in der Stammlinie (siehe Kap. 5.2) einer geschlossenen **Abstammungsgemeinschaft** (siehe Kap. 5.2) auftraten und an die Tochterarten vererbt wurden, für die Beurteilung phylogenetischer Verwandtschaft von Bedeutung sind.

HENNIGS Theorie fand vorerst wegen der theoretischen Überfrachtung bei praxisorientierten Biologen wenig Beachtung. Mehr Aufmerksamkeit galt im deutschsprachigen Raum zunächst ADOLF REMANE (1898-1976), der fast zeitgleich seine *Grundlagen des natürlichen Systems* (Remane 1952) vorstellte. Besonders hervorzuheben sind dabei REMANES sogenannte **Homologiekriterien**, die praktische Richtlinien für die Aufstellung von Homologiehypothesen darstellen. Diese Kriterien, die uns in Kapitel 7 ausführlicher beschäftigen werden, wurden später im Sinne einer Homologiedefinition mißinterpretiert und gerieten dadurch in die Kritik. Ferner störte sich Ax (1984, S. 169) am Begriff Kriterien, den er als „untrügliche Prüfsteine" definiert fand, während REMANE den Begriff im Sinne von „Indizien" verstand. Dennoch ist festzustellen, daß REMANES Homologiekriterien einen erfolgversprechenden Ansatz für die Praxis liefern.

---

[16] monos (gr.) = allein, einzig; phylon (gr.) = Stamm, Geschlecht, Gattung

In den sechziger Jahren wurden computergestützte Rechenverfahren entwickelt, und vor allem im angelsächsischen Raum begannen Wissenschaftler, die neue Technologie für ihre Zwecke zu nutzen. Im Bereich der Systematik entstand die Schule der Phänetik oder **numerischen Taxonomie** (siehe z. B. Sneath u. Sokal 1973), die mathematisch aufwendige multivariate Verfahren der Statistik für die Systematik nutzbar zu machen suchte. Ziel der Phänetiker war es, anhand der Gesamtähnlichkeit von Arten ein System zu erstellen. Dieser Ansatz war jedoch für andere Systematiker unbefriedigend, da sie sich mehr für historische Prozesse der Phylogenese interessierten und die Möglichkeit, Gesamtähnlichkeit festzustellen, anzweifelten (Kap. 2).

Der amerikanische Botaniker WARREN HERB WAGNER (1920-2000) publizierte 1961 einen kurzen Artikel über Probleme bei der Klassifikation von Farnen, in dem er einen methodischen Ansatz zur Beurteilung phylogenetischer Beziehungen in sehr knapper, mathematisch-logischer Form darstellte und anwendete. Kernpunkt von WAGNERs Methode ist, daß über einen Vergleich der interessierenden **Innengruppe** (siehe Kap. 8.4) mit einer nahe verwandten **Außengruppe** (siehe Kap. 8.4) diejenigen Merkmalsausprägungen, die wahrscheinlich ursprünglicher sind, ausfindig gemacht und von der Beurteilung der Verwandtschaft ausgeschlossen werden. Diese Methode stieß aufgrund ihrer einfachen und logischen Darstellung auf das Interesse der Computersystematiker JAMES S. FARRIS und ARNOLD G. KLUGE, die Wagners Ansatz in einen Computeralgorithmus[17] umwandelten (Kluge u. Farris 1969). Wenig später entdeckten sie eine englische Übersetzung der weitgehend überarbeiteten Fassung von HENNIGs *Grundzügen*, die unter dem Titel *Phylogenetic Systematics* erschien (Hennig 1966). Sie stellten die methodische Ähnlichkeit der Ansätze von WAGNER und HENNIG fest, die in der Beschränkung auf abgeleitete Merkmale besteht. Beeindruckt von dieser Übereinstimmung setzten sie die umfangreiche Theorie von HENNIG mit dem einfachen methodischen Hilfsmittel von WAGNER gleich und betrachteten ihre als Wagner-Bäume bezeichneten Stammbäume fortan als Hennig-Bäume (Farris et al. 1970). Damit war eine neue Disziplin, die **Computerkladistik**,[18] ins Leben gerufen.

Die Entwicklung der Computerkladistik schuf bei einigen Systematikern auch ein neues Verständnis von Objektivität. Sie gelangten zu der Auffassung, daß die Verarbeitung von faktischen Daten mit klar definierten Methoden (z. B. Computerprogramme mit neu definierten Algorithmen) objektiv, das Zugrundelegen einer Theorie dagegen subjektiv sei (siehe auch Box 1.3). Deshalb entschlossen sie sich, die Evolutionstheorie als Basis der Systematik abzulehnen (Nelson u. Platnick 1981). Diese Einstellung zur Systematik wird als **Musterkladismus**[19] bezeichnet (siehe hierzu Beatty 1982) und ist heute weiter verbreitet, als es auf den ersten Blick den Anschein hat. Denn die Mehrheit moderner Musterkladisten lehnt die Evolutionstheorie nicht gänzlich ab, sondern räumt ihr lediglich einen anderen Stellenwert ein. Im Vordergrund steht die Berechnung eines Baumdiagramms mit eindeutig definierten Algorithmen aus klaren Fakten. Erst danach wird die Frage

---

[17] Kharizmi (arab., Umschrift) = der aus Kharizmi Stammende; Algorithmus = nach dem arabischen Mathematiker Kharizmi benanntes Rechenverfahren, das in genau festgesetzten Schritten abläuft.

[18] klados (gr.) = Ast, Zweig

[19] Der Teilbegriff „Muster" bezieht sich auf den Terminus „Merkmalsmuster".

gestellt, wie die Ergebnisse evolutionstheoretisch interpretiert werden können. So attraktiv dieser Ansatz auch klingen mag, ist dennoch zu bemängeln, daß er nicht theoriegeleitet ist. Die Vorgehensweise genügt dann aus philosophischer resp. wissenschaftstheoretischer Sicht nicht mehr den Ansprüchen einer modernen Naturwissenschaft (siehe auch Box 1.3).

Box 1.3 Wissenschaftskriterien: Objektivität, Reliabilität, Validität

In der Forschungslogik sind die drei Gütekriterien Objektivität, Reliabilität und Validität nicht voneinander getrennt zu betrachten, da sie sich in einem hierarchischen Abhängigkeitsverhältnis befinden, indem Objektivität eine Voraussetzung für Reliabilität und diese wiederum Voraussetzung für Validität ist.

Objektivität (Sachlichkeit) ist definiert als die intersubjektive Übereinstimmung von Aussagen. Prinzipielle Voraussetzung ist die Nachprüfbarkeit von Ergebnissen, d. h. sie müssen replizierbar sein, wobei Aussagen so lange gelten, bis sie durch neue Untersuchungen widerlegt werden. Da eine totale intersubjektive Übereinstimmung, z. B. in der qualitativen und quantitativen Merkmalsanalyse nicht immer uneingeschränkt realisierbar ist, können interpersonelle Übereinstimmungsgrade durch sog. Objektivitätskoeffizienten, die die Korrelation der Ergebnisse verschiedener Untersucher widerspiegeln, als verbindlich vereinbart werden.

Reliabilität (Zuverlässigkeit) kennzeichnet den Grad der Meßgenauigkeit, mit der ein bestimmtes Verfahren ein Merkmal mißt. Mehrmalige unabhängige Messungen derselben Variablen an denselben Objekten/Probanden sollten zu demselben Ergebnis kommen. Die Reliabilität wird durch das Verhältnis von Fehlervarianz und Gesamtvarianz der Meßwerte ausgedrückt.

Validität (Gültigkeit) kennzeichnet den Genauigkeitsgrad, mit dem ein Meßinstrument oder eine Methode das Merkmal, das es zu messen beansprucht, unter Ausschluß systematischer Fehler auch tatsächlich mißt. In der Wissenschaft kann zwischen interner und externer Validität unterschieden werden. Von interner Validität spricht man, wenn die Ausprägung der abhängigen Variablen nur auf den Einfluß der unabhängigen Variablen zurückgeführt werden kann (Experimentalfaktor), während die externe Validität das Problem der Generalisierbarkeit der wissenschaftlichen Stichprobenbefunde auf die Grundgesamtheit betrifft.

nach Arnold et al. 1971

1.8 Überblick

Dieser knappe Überblick über wissenschaftshistorische Aspekte der biologischen Systematik erläutert die Zusammenhänge, aus denen heraus unsere heutigen Theorien entstanden sind. Dabei fällt auf, daß Autoren z. T. unabhängig voneinander ähnliche Vorstellungen entwickelt haben und daß wissenschaftliche Arbeiten und Theorien manchmal zu Unrecht in Vergessenheit geraten sind. Das Quellenstudium wissenschaftshistorischer Literatur kann daher im Einzelfall Antworten auf aktuelle Fragen geben.

„Tatsächlich gibt es ja nicht wenige Systematiker, die am zoologischen System mitarbeiten, aber heftig gegen die Forderung opponieren, daß dies ein phylogenetisches System sein soll. Sie befürworten ein morphologisches oder typologisches oder sog. natürliches System oder lehnen es überhaupt ab, sich über den Charakter des Systems zu äußern, das sie mit aufzubauen helfen wollen." (Hennig 1957, S. 59)

2 Mit der phylogenetischen Systematik konkurrierende Schulen

Neben der phylogenetischen Systematik gibt es zwei weitere Schulen, die sich mit der Erstellung biologischer Systeme befassen. Während die numerische Klassifikation ein streng typologisches System anstrebt, versuchen Vertreter der traditionellen evolutionären Klassifikation, typologische und phylogenetische Prinzipien zu kombinieren.

In diesem Kapitel werden zunächst die Ansätze dieser konkurrierenden Schulen kurz dargestellt und kritisch begutachtet. Die Kritik, die die Vertreter anderer Schulen der phylogenetischen Systematik entgegenbringen, wird in Kap. 5.3 diskutiert.

Die Reihenfolge der Abhandlung in diesem Kapitel nimmt Bezug auf die zunehmend stärkere Beachtung phylogenetischer Gesichtspunkte in den drei Schulen.

2.1 Numerische Klassifikation

Die Schule der numerischen Klassifikation (auch numerische Taxonomie, numerische Systematik, Phänetik) verfolgt das Ziel, rezente Organismen auf der Grundlage ihrer Gesamtähnlichkeit zu klassifizieren (Sneath u. Sokal 1973, Clifford u. Stephenson 1975).

Sneath u. Sokal (1973, S. 4) definieren den Begriff numerische Taxonomie (zum Begriff Taxonomie siehe auch Box 1.1)

> - als das Gruppieren von Taxa[20] auf der Grundlage ihrer Merkmalsausprägungen mit Hilfe numerischer Methoden, also statistischer oder mathematischer Rechenverfahren.

Im Sinne dieser Definition wäre auch die Computerkladistik, die sich mit der Schule der phylogenetischen Systematik verbunden fühlt, als numerische Taxonomie aufzufassen. Tatsächlich streben jedoch alle Autoren, die sich als Vertreter der numerischen Taxonomie bezeichnen, ein auf Ähnlichkeit basierendes System an, und nur in diesem Fall ist es üblich, von numerischer Klassifikation zu sprechen.

Folgende Prinzipien bilden nach Sneath u. Sokal (1973, S. 5) die Basis der numerischen Taxonomie:

> - Je größer der Informationsgehalt der Taxa bei einer Klassifikation ist und je mehr Merkmale ihr zugrundeliegen, desto besser ist die Klassifikation.
>
> - Alle Merkmale gehen *a priori* mit gleichem Gewicht in die Analyse ein.
>
> - Die Gesamtähnlichkeit zwischen zwei Gruppen ergibt sich aus den individuellen Ähnlichkeiten in vielen Einzelmerkmalen, in denen sie verglichen werden.
>
> - Distinkte Taxa können identifiziert werden, weil Merkmalskorrelationen in den untersuchten Organismengruppen unterschiedlich stark sind.
>
> - Auf der Grundlage gewisser Annahmen über Evolutionsmechanismen[21] erlauben die Struktur taxonomischer Gruppen und Merkmalskorrelationen Rückschlüsse auf die Phylogenese.

---

[20] taxis (gr.) = Anordnung, Reihenfolge; Taxon (Mehrzahl: Taxa) = Einheit der biologischen Systematik

[21] Die Vertreter der numerischen Klassifikation gehen in der Regel von konstanten Evolutionsraten aus. Diese Vorannahme läßt sich jedoch in Zweifel ziehen. Sowohl die Evolutionstheorie als auch die empirische Beobachtung, daß verhältnismäßig ursprüngliche Gruppen, z. B. Quastenflosser der Tiefsee, langfristig überleben, sprechen dafür, daß die Geschwindigkeit der Evolution von Veränderungen der Lebensbedingungen abhängt und daher nicht konstant ist.

- Taxonomie wird als empirische Wissenschaft aufgefaßt und betrieben.

- Klassifikationen basieren auf phänetischer[22] Ähnlichkeit.

Box 2.1 Clusteranalysen, Clusteringverfahren (= Bündelungsverfahren)

Unter multivariat-statistischen Verfahren werden jene statistischen Methoden verstanden, die unter simultaner Berücksichtigung mehrerer Variablen Gruppenunterschiede zu kennzeichnen vermögen sowie die Erfassung von Zusammenhängen zwischen mehreren Prädiktorvariablen[23] und einer oder mehreren Kriteriumsvariablen erlauben. Die hier angesprochenen Verfahren erfordern einen großen Rechenaufwand. Die rasante technische Entwicklung seit den sechziger Jahren hat zu vielfältigen Möglichkeiten der Anwendung kommerzieller Programmpakete geführt, deren Ziel u. a. die Bewertung der Ähnlichkeitsbeziehungen zwischen Taxa oder auch nichtorganismischen Beobachtungsobjekten ist (Sokal u. Sneath 1963, Sneath u. Sokal 1973, Corruccini 1978, Henke 1997, Bortz 1999).

In der numerischen Taxonomie (oder auch der als „taxometrics", „mathematical taxonomy" oder „quantitative systematics" gekennzeichneten Disziplin) lassen sich zwei methodische Ansätze unterscheiden: typenbestätigende und typenfindende Klassifikation ist daher doppelsinnig, da zum einen ein neues Objekt klassifiziert wird, indem es einer vorhandenen Klasse zugeordnet wird (Trennanalyse oder Diskriminanzanalyse), während zum anderen darunter die Einteilung einer heterogenen Menge in homogene Klassen (Clusteranalyse u. a.) verstanden wird (siehe Deichsel u. Trampisch 1985). Mit clusteranalytischen Verfahren können Merkmale oder Merkmalsträger über ihre Ähnlichkeit bzw. ihre Unähnlichkeiten (bzw. Distanzen) zueinander gruppiert werden. Sie stellen ein Hilfsmittel dar, um die Fülle von deskriptiven Daten transparent zu machen (Deichsel 1985). Nach Überla (1971, S. 307) handelt es sich dabei „... um eine Regel oder einen Algorithmus, mit Hilfe dessen man Gruppen von Punkten auffindet". Clusteranalysen sind zunächst nicht mehr als ein deskriptives Verfahren, aber von großem heuristischen Wert für die systematische Klassifikation der Objekte einer gegebenen Objektmenge (Haf u. Cheaib, 1985).

Aus einer Vielzahl von Klassifikationsverfahren, die in einschlägigen Programmpaketen zur Verfügung stehen (z. B. CLUSTAN, SPSS, BMDP), werden die untersuchten Objekte so gruppiert, daß die Unterschiede zwi-

---

[22] phaeinomai (gr.) = leuchten, sichtbar werden; Der Begriff „phänetisch" bezieht sich auf unmittelbar wahrnehmbare Tatsachen. Die Anwendung dieses Begriffs auf Ähnlichkeit, wie sie von Vertretern der numerischen Klassifikation unternommen wird, suggeriert, daß Ähnlichkeit direkt und objektiv erkennbar ist.

[23] praedicere (lat.) = vorausbestimmen, vorhersagen, vorschreiben, bekanntmachen

schen den Objekten einer Gruppe bzw. eines Clusters möglichst gering und die Unterschiede zwischen den Clustern möglichst groß sind. Bei der agglomerativen Methode werden die Elemente zu immer weniger Gruppen mit immer mehr Elementen zusammengefaßt. Da die Objekte/Individuen in der Clusteranalyse in bezug auf ihre Lage im n-dimensionalen Raum unverändert bleiben, werden nach einer Klassenbildung die Ähnlichkeitsbeziehungen zu den außerhalb dieser Klasse liegenden Objekten/Individuen (oder Stichproben) nicht mehr berücksichtigt - ein entscheidender Nachteil.

Die Dendrogramme, d. h. die graphischen Darstellungen einer hierarchischen Clusteranalyse, die über die Anzahl bedeutsamer Cluster informieren, gestatten zwar die völlige Integration der vorliegenden Information, doch ist die daraus hervorgehende Darstellung der Beziehungsstrukturen ausschließlich deskriptiver Natur und läßt keine kausale Interpretation zu. Da die Beziehungen zwischen den Gruppen grundsätzlich mehrdimensional sind, bedeutet jede Form von zweidimensionaler Wiedergabe zwangsläufig eine übermäßige Vereinfachung. Um diesen Nachteil teilweise zu kompensieren, wurden zur Fusionierung zweier Cluster Kriterien entwickelt, wie z. B. *single linkage*, ein Verfahren, bei dem Cluster nach den paarweisen Entfernungen einzelner Individuen gebildet werden, wobei nächstbenachbarte Objekte stufenweise zu Clustern vereint werden. Von *complete linkage* wird gesprochen, wenn durchschnittliche Entfernungen zwischen den Clustern maximiert und innerhalb der Cluster minimiert werden. Weitere, hier nicht näher zu erläuternde Verfahren sind *average linkage, Medianverfahren und Ward-Verfahren (Minimum-Varianz-Methode)* (siehe z. B. Bortz 1999).

Die Rechenverfahren, die zum Erstellen numerischer Klassifikationen eingesetzt werden, basieren auf Methoden der multivariaten Statistik, insbesondere aus dem Bereich der **Clusteranalyse** (siehe z. B. Bortz 1999; Box 2.1). Welche Verfahren zur Anwendung kommen, hängt vor allem von der Beschaffenheit der verwendeten Daten ab, ob es sich also etwa um diskrete, rangfreie Kategorien, um Rangdaten oder um metrisch erhobene Werte handelt. Aber auch für gleichartige Daten gibt es unterschiedliche Algorithmen zur Errechnung eines Ähnlichkeitssystems, die bei demselben Datensatz zu unterschiedlichen Ergebnissen führen können.

Wesentlicher Bestandteil aller Verfahren ist die Errechnung eines Distanzmaßes, der sogenannten **taxonomischen Distanz** (Clifford u. Stephenson 1975, S. 9). Sie wird in Abb. 2.1 eingehend erläutert.

Auf der Grundlage der errechneten Distanzen werden die verglichenen Taxa in ein **hierarchisches System** gestellt, wobei Gruppen mit geringerer Distanz auf niedrigerer Hierarchieebene zusammengefaßt werden. Auch für diesen Schritt stehen verschiedene Rechenmodelle zur Verfügung, die zu recht unterschiedlichen Ergebnissen führen können.

Einwände gegen numerische Klassifikationen als allgemeines Bezugssystem der Biologie: Die Qualität des Datenmaterials, das Modell der Distanzberechnung und das gewählte Clusterverfahren haben einen empfindlichen Einfluß auf die Ergebnisse. Auch das Hinzufügen oder Entfernen einzelner Taxa im Datensatz kann die hierarchische Struktur der Klassifikation erheblich verändern, wenn es sich um Zwischenformen im typologischen Sinn handelt. Es läßt sich deshalb einwenden, daß die Vertreter der numerischen Systematik durch gezielte Wahl von Taxa, Datenerhebungs- und Rechenmethoden eine Analyse derart beeinflussen können, daß sie die gewünschten Ergebnisse zutage fördert. Clifford u. Stephenson (1975, S. 125) räumen ein, daß dieser Vorwurf nicht ganz unberechtigt ist. Die Vielfalt der möglichen methodischen Ansätze, die zu einer entsprechenden Vielfalt möglicher Klassifikationen führt, ist ein Problem der numerischen Klassifikation, die sie als allgemeines Bezugssystem in der Biologie nicht hinreichend erscheinen läßt.

Es ist anzuzweifeln, daß wegen der stofflichen und methodischen Grundlagen der numerischen Klassifikation überhaupt ein objektives Maß für **Gesamtähnlichkeit** zu finden ist. Zunächst sind praktische Schwierigkeiten zu erwarten, denn man wird vermutlich nie in der Lage sein, alle Merkmale der untersuchten Organismen zu entdecken und zu erfassen. Praktische Probleme können die Theorie allerdings nicht schwächen. Schwerwiegender dagegen ist der Umstand, daß das Datenerhebungsverfahren und das Modell der Distanzberechnung einen Einfluß auf das ermittelte Ähnlichkeitsmaß haben. Auch mit der **Gewichtung** der Merkmale nach Komplexität, Variabilität, Modifikabilität oder Konstanz, um nur einige Kriterien der Merkmalsgewichtung zu nennen, entstehen immer subjektive Einflüsse. Selbst wenn man sich dazu entschließt, alle Merkmale im Datensatz gleich zu gewichten, hat die Entscheidung, ob man komplexere Strukturen als ein einziges oder mehrere Merkmale verschlüsselt, letztlich einen gewichtenden Einfluß. Für die Erfassung von Ähnlichkeit gibt es also keinerlei klare Konvention, geschweige denn ein objektives Maß.

Aber selbst wenn es möglich wäre, die Gesamtähnlichkeit objektiv zu erfassen, wäre sie nur ein unzuverlässiges Maß für phylogenetische Beziehungen, da nicht alle, sondern nur ganz bestimmte Ähnlichkeiten hierüber Rückschlüsse erlauben, wie sich in Kap. 7-9 zeigen wird. Die Ansicht der Vertreter der numerischen Systematik, daß sie aus ihren Klassifikationen phylogenetische Schlußfolgerungen ziehen könnten, ist daher unrichtig.

a Separation nach einem Merkmal

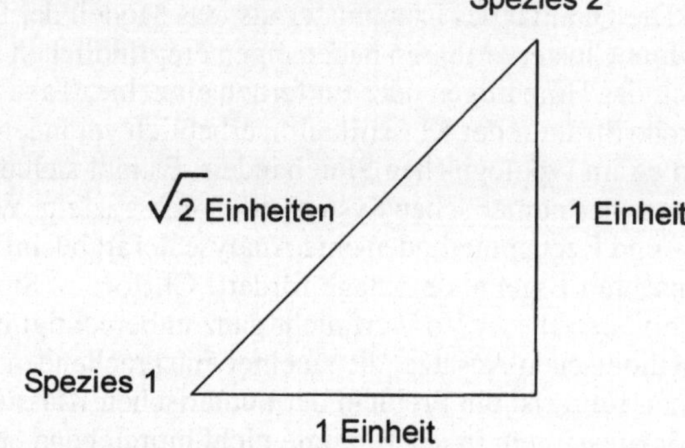

b Separation nach zwei Merkmalen

c Separation nach drei Merkmalen

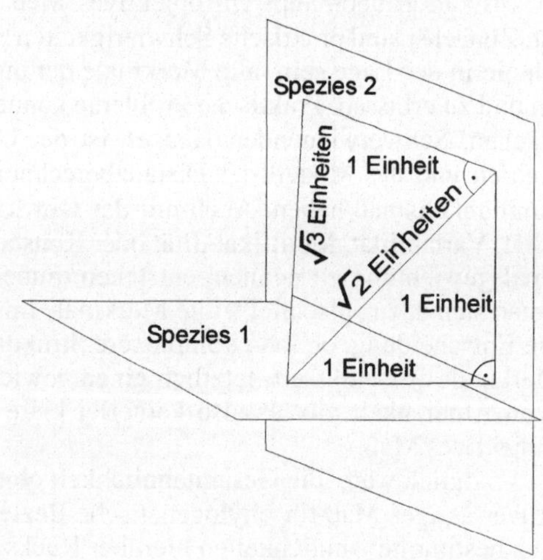

Möglicher Nutzen numerischer Klassifikationen: Im Streit der systematischen Schulen, der seinen Höhepunkt bereits in den siebziger Jahren hatte, mußte die Schule der numerischen Klassifikation zurückstecken, während sich an ihrer Stelle computerkladistische Rechenverfahren (Kap. 11) stärker durchsetzten. Dabei geriet Hennigs (1950) berechtigte Feststellung, daß typologische Systeme in der Biologie ihren Platz haben, in Vergessenheit. So möchte man z. B. in der Funktionsmorphologie und Ökologie oft verschiedene Formen unterscheiden, die an bestimmte Lebensweisen oder Lebensräume angepaßt sind. Die Rechenverfahren in der numerischen Taxonomie sind hierzu durchaus geeignet. In der Molekularbiologie verhalf das Konzept des **Sequenzraumes** (Details in Eigen 1987, S. 201ff), wonach Molekülsequenzen im Prinzip auf den oben nach Clifford u. Stephenson (1975) erläuterten multidimensionalen Ansätzen der Distanzberechnung fußten, zu faszinierenden Einsichten in molekulare Evolutionsprozesse: „Da multiple Verbindungslinien [...] existieren, findet man den zum Gipfel führenden Grat mit viel höherer Wahrscheinlichkeit, als es bei einem rein zufallsbedingten Umherirren überhaupt möglich wäre" (Eigen 1987, S. 213). Das heißt, die Wahrscheinlichkeit, im Falle eines veränderten Selektionsdrucks von einer alten zu einer besser angepaßten neuen **Molekülsequenz** zu gelangen, ist weit größer, als es herkömmliche Evolutionsmodelle vermuten lassen.

Es ist dennoch festzuhalten, daß der Nutzen numerischer Klassifikationsmethoden auf spezielle Fragestellungen und Strukturen beschränkt ist. Das Ziel der Erfassung einer Gesamtähnlichkeit zur Gewinnung eines allgemeinen Bezugssystems für die Biologie erscheint dagegen aus theoretischen und praktischen Gründen nicht erreichbar.

Abb. 2.1 a–c. Einer von zwei möglichen Ansätzen zur Berechnung der taxonomischen Distanz verwendet die euklidischen Distanzen. **a** Wenn zwei Arten sich in einem einzigen Merkmal unterscheiden, läßt sich dies durch zwei Punkte symbolisieren, die eine Entfernung der Länge 1 zueinander haben. **b** Für ein zweites Merkmal kann eine zweite Strecke der Länge 1 im rechten Winkel zur ersten Strecke hinzugefügt werden. In diesem Falle werden die beiden Arten durch die Hypotenuse eines rechtwinkligen Dreiecks getrennt, dessen Katheten beide die Länge 1 haben. Demzufolge ist die Distanz nach dem Satz des Pythagoras $\sqrt{2}$. **c** Ein drittes Merkmal erfordert eine dritte Achse senkrecht zu den beiden anderen, der Abstand beträgt nun $\sqrt{3}$. Allgemein wird für m Merkmale ein m-dimensionales Modell benötigt, und die maximale taxonomische Distanz zwischen zwei Taxa ist $\sqrt{m}$. Es gibt allerdings auch andere Modelle der Distanzberechnung, z. B. die Addition der Unterschiede, so daß bei m Merkmalen die maximale Distanz in diesem Falle m wäre (siehe auch Box 2.1)

2.2 Evolutionäre Klassifikation

Die Schule der evolutionären Klassifikation steht in unmittelbarer Tradition der **neuen Systematik**, welche in der ersten Hälfte des zwanzigsten Jahrhunderts konzipiert wurde, um typologische durch natürliche Systeme zu ersetzen. Wie bereits in Kap. 1.6 erwähnt wurde, gelang ihr das nur zum Teil, indem sie das biologische Artkonzept einführte, während oberhalb der Art weiterhin typologisch (siehe Box 1.2) gruppiert wurde.

Die Vertreter der evolutionären Klassifikation stehen der phylogenetischen Systematik besonders kritisch gegenüber. Während für letztere ausschließlich die Aufspaltungsfolge von Arten (**Kladogenese**[24]) und die daraus sich ergebende Hierarchie maßgeblich ist, möchte erstere darüber hinaus auch die Entstehung von Merkmalsunterschieden durch evolutive Veränderung (**Anagenese**[25]) berücksichtigen. Zur Veranschaulichung dieses Ansatzes hat Mayr (1974) einen Stammbaum skizziert, in dem eines der drei terminalen Taxa (D) mit einem langen Seitenast weit von den anderen beiden (B und C) wegragt (Abb. 2.2). Damit soll angedeutet werden, daß dieses Taxon sich infolge schneller Fortentwicklung stark von den beiden anderen unterscheidet. Nach der Skizze hat aber Taxon D auch eine Stammlinie mit Taxon C gemeinsam, auf die Taxon B nicht zurückgeht. Daraus folgt für die phylogenetische Systematik, daß C und D näher miteinander verwandt sind. Die Vertreter der evolutionären Systematik halten in Fällen wie diesem dagegen den großen Unterschied zwischen den Taxa für wichtiger und gelangen zu dem Schluß, daß B und C näher miteinander verwandt sind. Ein bekanntes Beispiel, in dem die Verfechter der evolutionären Klassifikation in dieser Weise argumentieren, sind die phylogenetischen Beziehungen der Vögel und Krokodile (Abb. 2.3). Statt die phylogenetische Verwandtschaft dieser beiden Gruppen dadurch zum Ausdruck zu bringen, daß sie in einem Taxon Archosauria zusammengefaßt werden, ziehen es die Vertreter der evolutionären Klassifikation vor, die Krokodile zusammen mit Schuppenkriechtieren, Brückenechsen und Schildkröten zur traditionellen Einheit „Reptilia" zu vereinen. Wie aus Abb. 2.3 deutlich wird, entsprechen die „Reptilia" jedoch hinsichtlich ihrer Abgrenzung nicht der historischen Entstehung der Taxa. Vielmehr werden innerhalb der kontinuierlichen Stammlinien der Amniota, Aves und Mammalia willkürlich Grenzen konstruiert.

Ein zweiter Blick auf dieses Beispiel zeigt, daß das angestrebte Ziel eigentlich nicht erreicht wurde, denn die Kladogenese wurde hier gar nicht berücksichtigt. Und auch in jedem anderen Beispiel, in dem typologische und phylogenetische Ansätze zu unterschiedlichen Ergebnissen führen, wird es nicht möglich sein, beide Aspekte, d. h. Kladogenese und Anagenese, in vollem Umfang zugleich in die Klassifikation einfließen zu lassen. Man wird sich vielmehr immer wieder für den einen Aspekt entscheiden und den anderen vernachlässigen müssen.

---

[24] klados (gr.) = Zweig, Sproß; genesis (gr.) = das Werden, Entstehung, Ursprung

[25] ana (gr., als Vorsilbe) = in die Höhe, hinauf, wieder, zurück; genesis (gr.) = das Werden, Entstehung, Ursprung

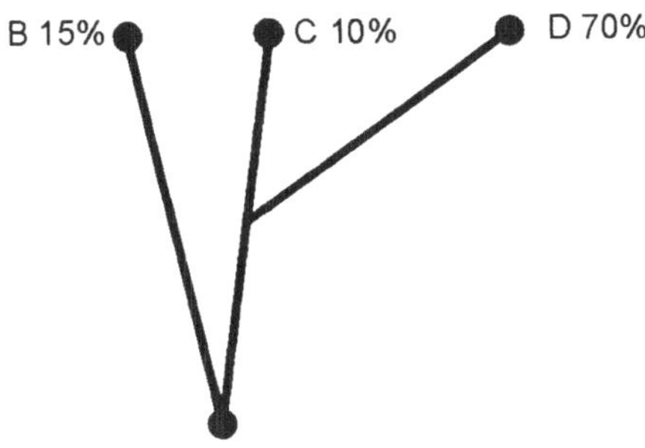

Abb. 2.2. Stammbaumskizze, in der durch eine größere horizontale Entfernung der Art D zu den Arten B und C angedeutet werden soll, daß sich D hinsichtlich ihrer Merkmale weit von B und C fortentwickelt hat. Die Vertreter der evolutionären Klassifikation postulieren deshalb, daß C aufgrund der Übereinstimmungen in ursprünglichen Merkmalen näher mit B verwandt sei. Phylogenetisch ist C jedoch näher mit D verwandt, weil C und D eine gemeinsame Stammart haben, die nicht zugleich Stammart von B ist (siehe auch Kap. 5.1). Die Argumentation seitens der evolutionären Klassifikation beruht demnach nicht auf historischen Gesichtspunkten, sondern auf typologischen Ähnlichkeitsmaßstäben (nach Mayr 1974)

Für ein klares, eindeutiges System ist es erforderlich, ein festes Prinzip der Systematisierung einzuhalten. Die Vertreter der evolutionären Klassifikation haben jedoch zur Subjektivität ihrer Methoden eine durchaus positive Einstellung: So schreibt Mayr (1975, S. 88) bei der Diskussion von LINNÉs Kategorien: „Es ist gerade die erhebliche Subjektivität der Linnaeischen Hierarchie, die ihr die Flexibilität verleiht, welche durch die Unvollständigkeit unserer Kenntnisse über Verwandtschaftsbeziehungen erfordert wird." Das kann dahingehend ausgelegt werden, daß man, wenn die Verwandtschaftsverhältnisse nicht bekannt sind, diese, ohne grundlegende Argumente zu haben, konstruiert. Bock (1973, S. 378) vertritt sogar die Ansicht, daß die Subjektivität der evolutionären Klassifikation ein realistischeres Bild von der komplexen biologischen Welt liefere. Ein solcher Ansatz ist naturwissenschaftlich nicht vertretbar, da er einen Kenntnisstand vortäuscht, der gar nicht zugrundeliegt.

Die evolutionäre Klassifikation hat darüber hinaus besonders heftig die Schule der phylogenetischen Systematik kritisiert. Hierauf wird in Kap. 5.3 eingegangen.

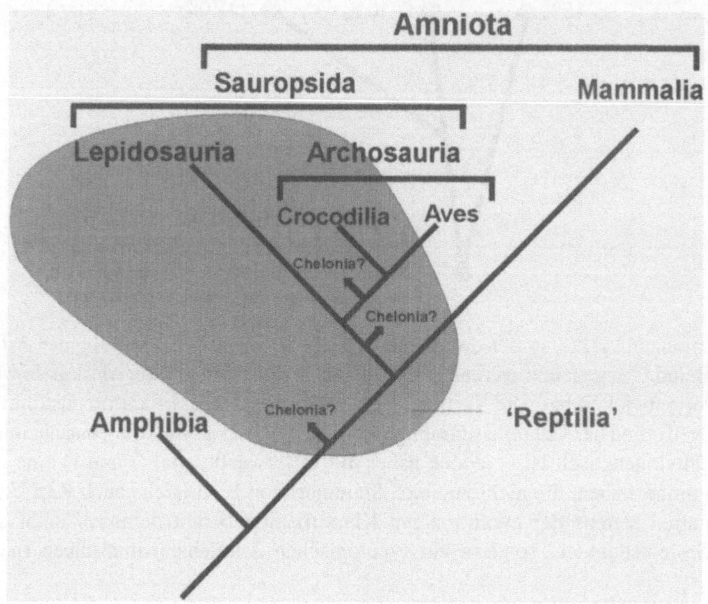

Abb. 2.3. Die traditionelle Gruppierung „Reptilia" ist eine unnatürliche Vereinigung, in der neben Lepidosauria (Brückenechsen und Schuppenkriechtiere), Chelonia (Schildkröten) und Crocodilia (Krokodile) auch einige Stammlinienvertreter der Aves (Vögel) und Mammalia (Säugetiere) eingeschlossen, spätere Vertreter dagegen ausgeschlossen werden. Die Kladogenese wurde hier offensichtlich nicht berücksichtigt, sondern nur die Anagenese. (Die genaue Einordnung der Chelonia ist noch nicht befriedigend geklärt; vgl. Hennig 1983, Ax 1984)

2.3 Überblick

Weder die numerische noch die evolutionäre Schule der Systematik ist frei von typologischen Ansätzen, so daß bezweifelt werden muß, ob durch ihre Methoden ein natürliches System ermittelt wird. Die Ansicht, daß Ähnlichkeit ein Maß für Verwandtschaft sei, ist nicht uneingeschränkt richtig, denn nur ein Teil der Ähnlichkeiten zwischen Organismen ist das Resultat gemeinsamer Abstammung. Die Vorgehensweise der evolutionären Klassifikation ist aus wissenschaftlicher Sicht vor allem wegen ihrer Befürwortung subjektiver Entscheidungen anfechtbar. Im Vergleich damit beschreitet die phylogenetische Systematik andere, stringentere Lösungswege.

3 Individuen und ihre genetischen Beziehungen

Um die Struktur des phylogenetischen Systems zu verstehen, empfiehlt es sich, daß man auf Individualebene beginnt und sich von dort zu den übergeordneten Einheiten vorarbeitet. Genetische Beziehungen bestehen genaugenommen sogar innerhalb ein und desselben Individuums, was in der Praxis der Systematik nicht unerheblich ist, wie sich in Kap. 6 zeigen wird. Ferner existieren genetische Beziehungen zwischen verschiedenen Individuen einer Art, die sich aus ihrer Fortpflanzung ergeben. Auf ihrer Grundlage entstehen Beziehungsmuster zwischen Vorfahren und Nachkommen sowie zwischen Fortpflanzungspartnern, die die Basis für die Erfassung höherer Einheiten des Systems darstellen.

3.1 Semaphoronten und Ontogenese

Jeder Organismus hat eine Lebensgeschichte, in der er verschiedene Stadien oder Phasen durchlebt. Dem Systematiker liegt mit jeder einzelnen Beobachtung immer nur eine Momentaufnahme aus der Lebensgeschichte eines Individuums vor. Hennig (1950, 1982) bezeichnet einen solchen momentanen Zustand eines Individuums als **Semaphoront**[26] und weist darauf hin, daß Systematiker eigentlich nicht ganze Individuen, sondern nur Semaphoronten als Untersuchungsobjekte zur Verfügung haben. Er argumentiert deshalb auch, daß nicht das Individuum, sondern der Semaphoront die kleinste Einheit der biologischen Systematik sei. Diese Formulierung ist aber vielleicht etwas irreführend, weil ein Semaphoront sicherlich nicht eine solche natürlich begrenzte Einheit darstellt wie ein Individuum, sondern einen willkürlich daraus gewählten Ausschnitt.

Man kann sich ein Individuum im zeitlichen Kontinuum als eine Einheit aus unendlich vielen Semaphoronten vorstellen, die durch den Prozeß der **Ontogenese** miteinander verknüpft sind. Die Beziehungen, die zwischen den Semaphoronten bestehen, werden daher als ontogenetische Beziehungen bezeichnet. Solange es um die Theorie der phylogenetischen Systematik geht, erscheint diese Feststellung eher trivial. Für die Praxis, in der Merkmale verglichen werden, ist sie jedoch von wesentlicher Bedeutung. Denn Individuen können ihre Merkmale im Lauf der Zeit beachtlich ändern. Man denke hier nur an die Verwandlung einer Kaulquappe zum Frosch. Ohne eine Grundkenntnis ontogenetischer Beziehungen würde man wohl niemals auf den Gedanken kommen, daß so unterschiedliche Erscheinungsformen zu derselben Art, geschweige denn zum selben Individuum gehören. Aber auch weniger drastische Veränderungen wie die vom Kind zum Greis werfen praktische Probleme auf. Mit diesem praktischen Aspekt werden wir uns in Kap. 6.2 näher beschäftigen.

3.2 Genetische Beziehungen zwischen Individuen

Durch zwei Phänomene entstehen die genetischen Beziehungen zwischen Individuen: durch Reproduktion und Rekombination. Reproduktion bedeutet Fortpflanzung, wobei neue Individuen von existierenden Individuen erzeugt werden. Dadurch entsteht zwischen Eltern und Kindern eine Vorfahren-Nachkommen-Beziehung. Rekombination bedeutet, daß Individuen neue Kombinationen ihrer Erbinformation bilden und damit als Paarungspartner genetische Beziehungen aufbauen. Häufig sind Reproduktion und Rekombination aneinander gekoppelt, sie können jedoch auch unabhängig voneinander auftreten. Genetische Beziehungen zwischen Individuen bezeichnen wir mit Hennig (1950, 1982) auch als **tokogenetische**[27] **Beziehungen**.

In der Systematik ist es von wesentlicher Bedeutung, zwischen uniparentaler und biparentaler Fortpflanzung zu unterscheiden, ob also ein Individuum sich allein fortpflanzt oder mit einem Partner gemeinsame Nachkommen zeugt.

---

[26] sema (gr.) = Zeichen; phoros (gr.) = tragend
[27] tokos (gr.) = das Gebären, das Geborene

Uniparentale Fortpflanzung kann auf unterschiedliche Weise erfolgen. Von asexueller oder vegetativer Fortpflanzung spricht man im Falle von Teilungen und Knospungen. So ist bei Einzellern eine mitotische Teilung eine übliche Fortpflanzungsweise, während bei Vielzellern ein Teil des Zellverbandes abgeschnürt wird und sich zu einem eigenständigen Organismus entwickelt. Letzteres ist häufig bei Pflanzen, aber bei Tieren seltener verbreitet. Vielzellige Tiergruppen, bei denen vegetative Vermehrung allerdings eine große Rolle spielt, sind z. B. Nesseltiere (Cnidaria) und Rippenquallen (Ctenophora). Als **Parthenogenese**[28] (Jungfernzeugung) bezeichnet man die Zeugung von Nachkommen aus unbefruchteten Eiern von anatomisch weiblichen Individuen. Sie ist bei unterschiedlichsten Tier- und Pflanzengruppen zu finden (siehe unten). Schließlich gibt es die Möglichkeit der Selbstbefruchtung (Autogamie[29]) als dritten Weg der uniparentalen Fortpflanzung. Sie setzt voraus, daß die sich fortpflanzenden Individuen Hermaphroditen[30] (Zwitter; einhäusige Pflanzen) sind, die sowohl männliche als auch weibliche Gameten produzieren. **Selbstbefruchtung** ist die stärkste Form der Inzucht und wird daher häufig durch spezielle Mechanismen verhindert. Im Tierreich ist sie nur bei einigen Endoparasiten, wie z. B. Leberegeln oder Bandwürmern, zu beobachten und auch nur dann, wenn sie im Inneren ihres Wirts keinen Paarungspartner vorfinden (siehe z. B. Mehlhorn u. Piekarski 1989). Bei vielen Pflanzen dagegen ist Selbstbefruchtung nichts Ungewöhnliches (Grant 1976, Jain 1976).

Bei der biparentalen Fortpflanzung erzeugen zwei Individuen gemeinsame Nachkommen. Dabei tritt eine Polarisierung in zwei Geschlechter auf, die sich meistens als männlich und weiblich identifizieren lassen. Die Wahrscheinlichkeit des Zustandekommens direkter genetischer Beziehungen ist dadurch eingeschränkt, daß nur Vertreter des anderen Geschlechts als Fortpflanzungspartner in Frage kommen. Bei Hermaphroditen besteht diese Einschränkung allerdings nicht, so daß die Möglichkeiten der genetischen Vernetzung zwischen Individuen vielfältiger sind.

Bei Einzellern gibt es auch Rekombination ohne Reproduktion. Ein als Konjugation oder **Parasexualität** bezeichnetes Phänomen ist z. B. bei Wimpertierchen (Ciliata) verbreitet. Dabei verschmelzen zwei Individuen miteinander und produzieren über Meiose, Genaustausch und Zellkernfusion neue Kombinationen ihrer genetischen Information, ohne sich dabei direkt fortzupflanzen (Abb. 3.1). Auch hier entstehen offensichtlich genetische Beziehungen zwischen Individuen, die aber nicht unmittelbar an die Fortpflanzung gekoppelt sind.

---

[28] parthenos (gr.) = Jungfrau, genesis (gr.) = das Werden, Entstehung, Ursprung

[29] auto (gr.) = selbst; gamos (gr.) = Vermählung, Hochzeit, Geschlechtsakt

[30] Hermaphroditos = Eigenname einer griechischen Gottheit, die als Zwitter vorgestellt wurde.

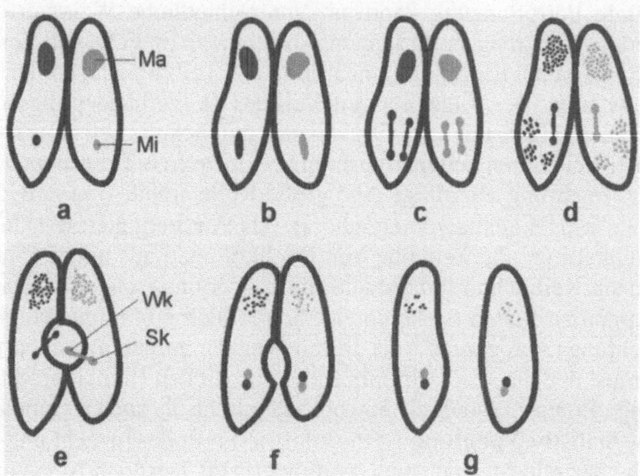

Abb. 3.1 a–g. Konjugation beim Pantoffeltierchen *Paramecium caudatum* (Ciliata). **a** Zwei Individuen legen sich aneinander. *Ma* Makronukleus, *Mi* Mikronukleus; **b** Verdopplung der Mikronuklei (durch Meiose); **c** erneute Verdopplung der Mikronulei; **d** Makronuklei und drei der Mikronuklei lösen sich auf, die verbleibenden Mikronuklei teilen sich erneut; **e** Austausch genetischer Information zwischen den beiden Individuen, wobei ein Wanderkern (*Wk*) in die andere Zelle übergeht, während der stationäre Kern (*Sk*) in der ursprünglichen Zelle verbleibt; **f** der Austausch der genetischen Information ist abgeschlossen; **g** die Individuen lösen sich voneinander. Der hier beschriebene Ablauf stellt einen reinen Prozeß der Rekombination dar, bei dem keine Fortpflanzung stattfindet (modifiziert nach Kalmus 1931, Wehner u. Gehring 1990)

Angesichts dieser unterschiedlichen Möglichkeiten, durch die Individuen in genetische Beziehungen zueinander treten, können von Art zu Art ganz verschiedene Beziehungsmuster entstehen. Obwohl uniparentale Fortpflanzung ein häufiges Phänomen darstellt, sind Taxa mit ausschließlich-uniparentaler Fortpflanzung (Abb. 3.3a) eher selten – bei den meisten Gruppen tritt vielmehr auch Rekombination zwischen Individuen auf. So pflanzen sich Einzeller zwar überwiegend vegetativ fort, verfügen jedoch häufig über Mechanismen des genetischen Austausches zwischen Individuen. Selbstbefruchtung oder Autogamie ist im Pflanzenreich zwar verbreitet, jedoch tritt bei den meisten autogamen Pflanzen auch Fremdbefruchtung auf (Grant 1976, S. 18). Allerdings gibt es Pflanzen, die in seltenen Fällen durch Blüten, die sich zur Befruchtungszeit nicht öffnen, ausschließlich auf Selbstbefruchtung spezialisiert sind. Dieses Phänomen wird als **Kleistogamie**[31] bezeichnet. Grant u. Grant (1965) haben gar bei *Polemonium micranthum*, einer nordamerikanischen Form der Himmelsleiter, vergeblich versucht, eine künstliche Fremdbefruchtung herbeizuführen. Ausschließlich parthenogenetische Fortpflan-

---

[31] kleistos (gr.) = verschlossen; gamos (gr.) = Vermählung, Hochzeit, Geschlechtsakt

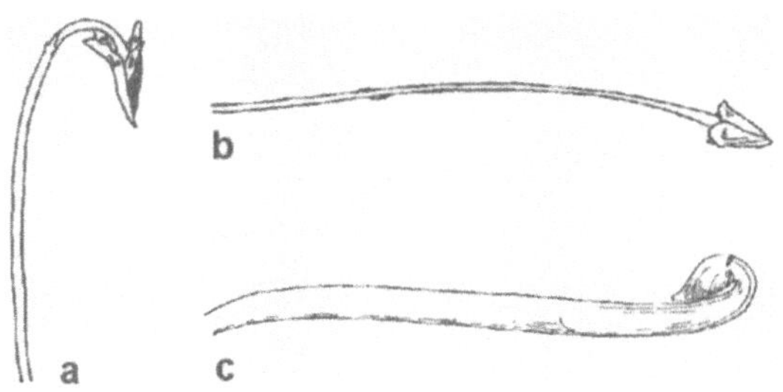

Abb. 3.2 a–c. Drei verschiedene Formen kleistogamer (auf Selbstbefruchtung spezialisierter) Blüten, die bei unterschiedlichen Veilchenarten (*Viola*, Violaceae) auftreten. **a** Die aufrecht wachsende *canina*-Form; **b** die kriechende *alba*-Form; **c** die teilweise unterirdisch wachsende *cucculata*-Form. Bei allen Veilchenarten gibt es darüber hinaus auch Blüten, die fremdbefruchtet werden können (nach Bergdolt 1932)

zung ist ebenfalls eher eine Seltenheit, die offenbar in den meisten Fällen entweder zum Aussterben oder zur baldigen Rückkehr zur biparentalen Fortpflanzung führt. Eine Ausnahme sind anscheinend die Bdelloidea, eine vielgestaltige Gruppe der Rädertiere (Rotatoria, Nemathelminthes), bei der nur parthenogenetische Fortpflanzung bekannt ist. Bei der nordamerikanischen Eidechsengattung *Cnemidophorus* gibt es verschiedene Formen, die sich nur durch Parthenogenese vermehren. Die wohl bekannteste Pflanze mit ausschließlich parthenogenetischer Fortpflanzung ist der gemeine Löwenzahn, *Taraxacum officinale*.

Ausschließlich-biparentale Fortpflanzung (Abb. 3.3b) ist dagegen typisch für vielzellige Tiere. In diesem Fall hat jedes Individuum zwei Eltern, und Fortpflanzung ist obligatorisch an Rekombination gekoppelt.

Darüber hinaus gibt es viele Taxa, bei denen sowohl uniparentale als auch biparentale Fortpflanzung auftritt. Die meisten Pflanzen sind in der Lage, sich sowohl biparental durch Blütenbestäubung als auch uniparental, z. B. durch Sproß- oder Wurzelausläufer, zu vermehren. Außerdem sind viele Pflanzen Hermaphroditen und können sich deshalb mit beliebigen Artgenossen paaren (Abb. 3.3c). Im Tierreich ist häufig ein **Generationswechsel** zu beobachten (siehe Kap. 6.4), bei dem biparentale und uniparentale Generationen alternieren (Abb. 3.3d). Er tritt häufig bei denjenigen Arten auf, deren Lebensraum sich periodisch sehr stark verändert, z. B. bei Endoparasiten mit Wirtswechsel oder Bewohnern periodisch austrocknender Gewässer. Wenn die uniparentale Generation sich vegetativ vermehrt (z. B. Hunde- und Fuchsbandwurm), spricht man bei einem solchen Generationswechsel von **Metagenese**,[32] im Fall der Parthenogenese (z. B. Fadenwürmer, Wasserflöhe) von **Heterogonie**.[33]

---

[32] meta (gr., als Vorsilbe) = a. bezeichnet gemeinschaftliches Tun mit anderen; b. zwischen, während, nach, hinzu; c. Bezeichnung eines Wechsels, eines Übergangs von einem Zustand in einen anderen; genesis (gr.) = das Werden, Entstehung, Ursprung

[33] heteros (gr.) = verschiedener; goneia (gr.) = Zeugung

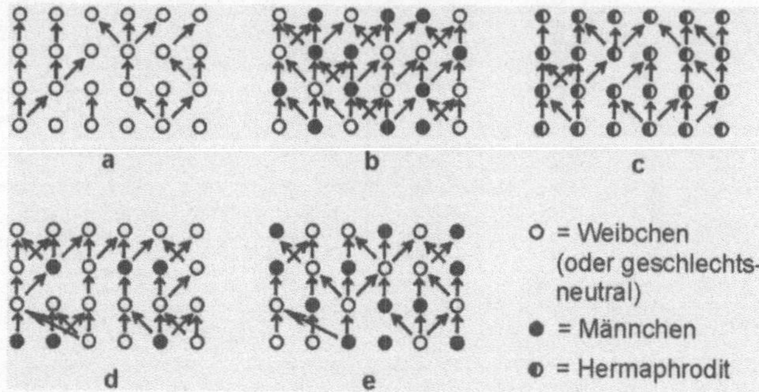

Abb. 3.3 a–e. Graphische Veranschaulichung verschiedener tokogenetischer Beziehungsmuster. **a** Ausschließlich-uniparentale Fortpflanzung (selten); **b** ausschließlich-biparentale Fortpflanzung, getrenntgeschlechtlich (die meisten Tiere); **c** sowohl uni-, als auch biparentale Fortpflanzung, Hermaphroditen (die meisten Pflanzen); **d** Generationswechsel zwischen getrenntgeschlechtlich-biparentaler und uniparentaler Fortpflanzung (z. B. Blattläuse, Wasserflöhe); **e** Weibchen werden biparental, Männchen uniparental gezeugt (Hymenoptera)

Besondere Verhältnisse liegen bei den Hautflüglern (Hymenoptera) vor, bei denen Männchen uniparental aus unbefruchteten Eiern, Weibchen dagegen biparental aus befruchteten Eiern hervorgehen (Abb. 3.3e).

Die allermeisten vielzelligen Tier- und Pflanzengruppen können sich biparental fortpflanzen. Die wenigen Gruppen, die anscheinend nicht über diese Fähigkeit verfügen, bereiten bei der Ausarbeitung von Artkonzepten formale Schwierigkeiten, da sie keine Fortpflanzungsgemeinschaft bilden. Das nächste Kapitel greift diese Problematik auf.

3.3 Überblick

Der Systematik stehen als Untersuchungsobjekte keine ganzen Individuen zur Verfügung, sondern nur momentane Zustände von Individuen, die als Semaphoronten bezeichnet werden. Semaphoronten und die aus ihnen gebildeten Individuen können auf sehr vielfältige Weise durch genetische Beziehungen miteinander vernetzt sein. Der Überblick über die verschiedenen Möglichkeiten der Verbindung durch ontogenetische und tokogenetische Beziehungen ist wichtig für das Verständnis der folgenden Kapitel. Sie spielen eine zentrale Rolle bei der Diskussion von Artkonzepten (Kap. 4) und der Interpretation von Merkmalsunterschieden (Kap. 6).

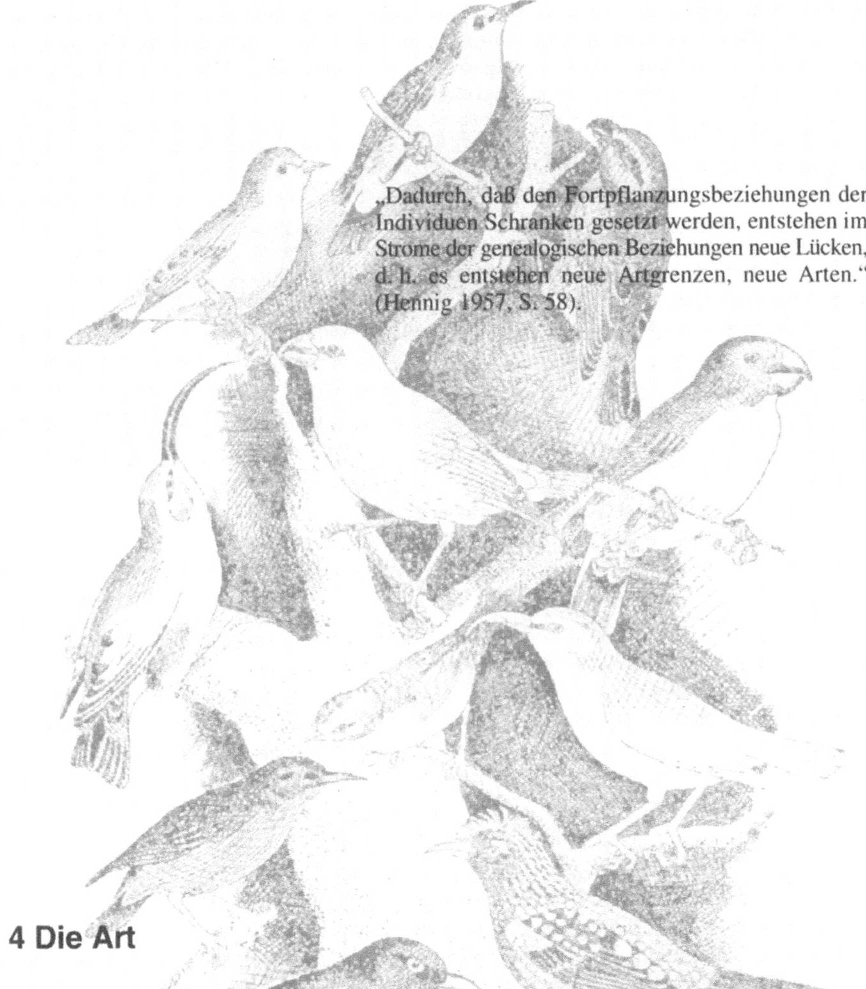

4 Die Art

Auf der Grundlage der tokogenetischen Beziehungen lassen sich Individuen zu
übergeordneten Gruppen, den Arten, zusammenfassen. Für diese Gruppierung von
Individuen in Arten gibt es verschiedene Konzepte, die zum einen auf Artdefiniti-
onen, zum anderen auf individuellen Interpretationen dieser Definitionen durch
verschiedene Autoren fußen. In diesem Kapitel werden wir uns zunächst mit den
gängigen Konzepten, ihren Vor- und Nachteilen, befassen und uns dann speziell
dem Artkonzept der phylogenetischen Systematik zuwenden. Schließlich wird es
um besondere Fälle gehen, bei denen die Anwendung des Artbegriffs kompliziert
ist.

4.1 Artkonzepte

Neben dem klassischen Morphospezieskonzept,[34] das schon LINNÉ anwandte, gibt
es zwei neuere Artkonzepte, die ihren Ursprung in der synthetischen Evolutionstheorie (Kap. 1.6) haben: das biologische Artkonzept (Mayr 1942) und das evolutionäre Artkonzept (Simpson 1951, 1961).

Morphospezies: Bei LINNÉ (Kap. 1.1) sind Arten auf der Basis von morphologischen Merkmalen definiert. Diese essentialistisch-typologische Konzeption wird
heute oft als Morphospezies bezeichnet.

> • Arten im Sinne von Morphospezies sind Gruppen von Organismen, die
> in ihrer Morphologie wesentliche Übereinstimmungen zeigen.

Daraus folgt zwangsläufig, daß Morphospezies statisch sind und sich, zumindest in ihren essentiellen Merkmalen, *per definitionem* nicht verändern können.
Für eine evolutionstheoretisch fundierte Systematik ist dieses Konzept daher un-
geeignet, weil die Evolution eine Veränderung der Merkmale von Arten bedeutet.
In der Theorie der Systematik spielt dieses Konzept wegen seines primär defizitä-
ren Ansatzes, die ganze morphologische Bandbreite und Variabilität zu erfassen,
heute keine große Rolle mehr. In der Praxis ergeben sich jedoch oft Situationen, in
denen nur einige morphologische Unterschiede bekannt sind, die dann zur Errich-
tung einer hypothetisierten Art benutzt werden, weil die Untersuchung der genau-
en genetischen Beziehungen sehr aufwendig wäre.

Die **biologische Art (Biospezies)**: Nach Mayr (1942, S. 120) läßt sich die biologische Art in Kurzform folgendermaßen definieren: Arten sind Gruppen von tatsächlich oder potentiell sich kreuzenden natürlichen Populationen, die reproduktiv
von anderen solchen Gruppen isoliert sind (Übersetzung der englischen Originalfassung). Dieses Konzept ist, im Gegensatz zum vorigen, völlig unabhängig von
Merkmalen. Es verankert den Artbegriff an den in Kap. 3 besprochenen tokogenetischen Beziehungen. Innerhalb einer biologischen Art können Individuen gemeinsame, fertile Nachkommen zeugen, während das zwischen Vertretern verschiedener Arten nicht möglich ist. Der Vorzug dieses Ansatzes ist, daß er den
Artbegriff an klaren Tatsachen festmacht, die genealogische[35] Beziehungen widerspiegeln. Die Art als **Fortpflanzungsgemeinschaft** zeigt ferner die Grenzen auf,
innerhalb derer evolutive Neuheiten sich ausbreiten können, denn aufgrund einer
Fortpflanzungsbarriere können diese nicht in gleichzeitig existierende Arten ein-
gekreuzt werden.

MAYR, der das biologische Artkonzept in die Biologie eingeführt und dieses
auch intensiv verfochten hat, sah sich jedoch auch immer mit Schwierigkeiten
konfrontiert, es praktisch umzusetzen. Und obwohl er von 1942 bis heute immer
die gleiche Definition für die biologische Art verwendet hat, haben sich seine
Vorstellungen über biologische Arten im Laufe der Zeit dennoch geändert (Beurton 1994). Ein wichtiges Problem in diesem Zusammenhang besteht darin, daß
MAYR das Biospezieskonzept durch Zusatzklauseln für die Praxis leichter an-

---

[34] morphe (gr.) = die Gestalt; species (lat.) = Art, Gestalt

[35] genea (gr.) = Abkunft, Abstammung, Geburt; logos (gr.) = Lehre

wendbar gestalten wollte (Mayr 1942, S. 120: „*A practical species definition* [...] *is after all what the taxonomist wants for his work*"). Dieses Bestreben, die Theorie zu verwässern, um die Praxis zu vereinfachen, ist jedoch aus wissenschaftlichen Gründen abzulehnen, da man sonst der Ordnung des Lebendigen nicht gerecht wird.

Noch erheblicher sind die Schwierigkeiten, die sich ergeben, wenn Populationen nicht zur gleichen Zeit am gleichen Ort leben (Mayr 1970, S. 13). In diesem Fall findet kein Geneintrag von einer Population zur anderen statt. Wenn bestimmte Populationen geographisch voneinander isoliert sind, so ist es schwer zu beurteilen, ob sich ihre Mitglieder unter natürlichen Bedingungen miteinander kreuzen würden, wenn sie die Gelegenheit dazu hätten. Hierüber könnten nur Kreuzungsexperimente im Labor Auskunft geben.[36] Deshalb ist es auch von Interesse, auf angeborene, biologische Mechanismen zu achten, die eine **Kreuzungsbarriere** errichten. Das können ethologische Mechanismen sein, wie unterschiedliche Paarungsrituale, unterschiedliche Signale zur Partnerfindung, morphologische Unterschiede in Kopulationsorganen, die eine Paarung technisch unmöglich machen, oder genetische Unterschiede, die zu unfruchtbaren oder lebensunfähigen Nachkommen führen. Es müssen demnach biologische Eigenschaften der Organismen sein, die die reproduktive Isolation bewirken. Räumliche Trennung stellt dagegen keine ausreichende reproduktive Barriere dar. MAYRs Vordenker im Kontext des biologischen Artkonzepts hatten dies klarer formuliert. So schrieben Stresemann (1919) und Dobzhansky (1937) ausdrücklich von physiologischen Unterschieden, die zur reproduktiven Isolation führen.

Populationen, die nicht zeitgleich existieren, werfen auf den ersten Blick noch größere formale Probleme im Rahmen des Biospezieskonzepts auf, denn es ist unmöglich, zu beurteilen, ob Organismen, die zu unterschiedlichen Zeiten gelebt haben, miteinander kreuzbar gewesen wären. Das biologische Artkonzept scheint daher nur bei Populationen anwendbar zu sein, die zeitgleich existieren (Simpson 1951, 1961; Bock 1979, Mayr 1987). Dieses Problem, welches nicht zeitgleich existierende Populationen im Biospezieskonzept verursachen, läßt sich allerdings auflösen (Willmann 1985), denn wenn reproduktive Isolation das arttrennende Moment ist, dann ist es auch möglich, die zeitlichen Grenzen von Arten dort zu stecken, wo **reproduktive Isolation** entsteht. Dabei gehen aus einer Stammart zwei neue Tochterarten hervor, wenn Populationen, die zuvor kreuzbar waren, reproduktiv isoliert werden. Dieser Ansatz entspricht dem Artkonzept, das Hennig (1950, 1982, 1984) im Rahmen seiner Theorie der phylogenetischen Systematik entwickelt hat. HENNIG selbst nannte es genetisches Artkonzept, nach Willmann (1985, 1989a) kann es als eine erweiterte Form des biologischen Artkonzepts angesehen werden.

Eine weitere Schwierigkeit der Anwendung des biologischen Artkonzepts ist der Umstand, daß manche Organismengruppen sich offenbar ausschließlich uniparental fortpflanzen (Kap. 3.2), so daß Kreuzungen zwischen Individuen gar

---

[36] Da die Haltung unter Laborbedingungen möglicherweise die Lebensäußerungen der betreffenden Organismen beeinträchtigt, sind alle aus Kreuzungsexperimenten gewonnenen Resultate besonders umsichtig zu beurteilen.

nicht auftreten. Mit diesem Thema werden wir uns in Kap. 4.3 ausführlicher beschäftigen.

Die **evolutionäre Art**: Dieses Artkonzept wurde von Simpson (1951) eingeführt, um die oben erwähnten Probleme der Umsetzung des biologischen Artkonzepts zu überwinden. Arten werden bei diesem Ansatz als Linien im Laufe der Zeit aufgefaßt, die im Gegensatz zu anderen solchen Linien eigene, einzigartige Entwicklungstendenzen zeigen. Probleme bei zeitlicher oder geographischer Trennung oder ausschließlich-uniparentaler Fortpflanzung kommen bei diesem Ansatz nicht auf. Bei der kritischen Begutachtung des evolutionären Artkonzepts muß jedoch beachtet werden, daß es je nach Autor sehr unterschiedlich interpretiert wird. Es lassen sich daher grundsätzlich drei evolutionäre Artkonzepte unterscheiden, die nachstehend vorgestellt werden:

Die **evolutionäre Art** *sensu* SIMPSON: Nach Simpson (1961, S. 153) wird die evolutionäre Art folgendermaßen definiert: Eine evolutionäre Art ist eine Linie (eine Folge von Vorfahren-Nachkommen-Populationen), die getrennt von anderen evolviert und ihre eigene, einzigartige evolutionäre Rolle und eigene Tendenzen hat (Übersetzung der englischen Originalfassung). Willmann (1989a, S. 99ff) stellt fest, daß SIMPSONs Konzept wissenschaftlich nutzlos ist, weil es alles erlaubt und nichts verbietet. Ob Populationen in ihrer Rolle und ihren Tendenzen einzigartig sind oder nicht, läßt sich nicht objektiv beantworten. Ferner war Simpson (1951, S. 165) der Ansicht, daß solche Linien willkürlich in zeitliche Segmente zerlegt werden müßten. Damit erlaubt die Definition dem Systematiker, in der Praxis beliebige Unterteilungen ohne theoretische Grundlage vorzunehmen. Da SIMPSON keine nachvollziehbaren Kriterien für die Abgrenzung aller Einheiten nennt, ist dieses Konzept obsolet.

Die **evolutionäre Art** *sensu* WILEY: Wegen des Linienansatzes, der Arten eine zeitliche Dimension verleiht, hat Wiley (1978, 1981) die evolutionäre Art für seine Darstellung der phylogenetischen Systematik aufgegriffen und ihre Definition überarbeitet: Eine evolutionäre Art ist eine einzelne Linie von Vorfahren-Nachkommen-Populationen, die ihre Identität gegenüber anderen solchen Linien wahrt und die ihre eigenen evolutionären Tendenzen und ihr eigenes historisches Schicksal hat (Wiley 1981, S. 25, Übersetzung der englischen Originalfassung). Diese Definition unterscheidet sich im Wortlaut nicht wesentlich von der SIMPSONs. WILEY spricht jedoch nicht von unabhängig evolvierenden Arten, sondern von Arten, die ihre Identität aufrechterhalten. Dies ist auch dann möglich, wenn eine Art nicht evolviert, also in ihren Merkmalen unverändert bleibt. WILEYs Erläuterungen zum evolutionären Artkonzept zeigen jedoch, daß seine Vorstellungen über evolutionäre Arten sich deutlich von denen SIMPSONs unterscheiden. WILEY weist der reproduktiven Isolation eine deutlich größere Rolle zu und nähert sich damit dem biologischen Artkonzept an. Allerdings räumt er ein, daß es zwischen Vertretern verschiedener Arten gelegentlich zur Hybridisierung kommen kann und daß Stammarten eventuell ein Artspaltungsereignis überleben können, wenn sich ihre evolutionären Tendenzen und ihr Schicksal dabei nicht wesentlich verändern. Damit bleiben letztendlich auch bei WILEYs Formulierung des evolutionären Artkonzepts Unklarheiten bestehen. Denn welches Ausmaß notwendig ist, damit diese Bedingung erfüllt ist, bleibt eine offene Frage (Willmann 1989a).

Die **evolutionäre Art** *sensu* Ax: Ax (1984, 1988) übernimmt Wileys Definition, bringt aber in seine Erläuterungen zusätzliche Vorstellungen ein. Nach Ax sind es eindeutig Fortpflanzungsbeziehungen, an denen der Artbegriff verankert ist. Reproduktive Isolation wird zum entscheidenden Aspekt der Arttrennung. Von der anfänglichen Vorstellung, daß Stammarten eine Spaltung überleben können (Ax 1984), hat er sich später getrennt (Ax 1988). Wie Willmann (1989a, S. 105) feststellt, ist somit das evolutionäre Artkonzept *sensu* Ax dem biologischen Artkonzept synonym.

Die Definitionen der biologischen und der evolutionären Art führen im Zuge einer theoretischen Verfeinerung der erläuternden Formulierungen letztlich zum selben Artbegriff, nur unter verschiedenen Bezeichnungen. Hennig (1982) spricht von genetischer Art, Willmann (1985) von biologischer Art, Ax (1988) von evolutionärer Art und Wägele (2000) – unter Bezugnahme auf Hennig – von phylogenetischer Art. Letztere Bezeichnung ist nicht ganz trefflich, weil, in Hennigs Terminologie, vor allem die tokogenetischen Beziehungen (Kap. 3.2) eine entscheidende Rolle spielen. Die Bezeichnung 'genetisch' trifft die Bedeutung des Konzepts insofern besser, ist aber mißverständlich, weil sie auch auf molekulargenetische Ähnlichkeit angewandt wird. In diesem Sinne hat z. B. Mayr (1942, S. 118) vom genetischen Artkonzept gesprochen. Der Begriff 'evolutionäre Art' hatte also ursprünglich eine ganz andere Bedeutung als in den Darstellungen von Ax, weshalb die wissenschaftlichen Kommentare zu diesem Begriff sorgfältig studiert werden müssen.

> • Letzten Endes ist es die reproduktive Isolation, die zu einer klaren, natürlichen Artdefinition führt und sie auch zeitlich begrenzt. Neue Arten entstehen dadurch, daß im Gefüge der tokogenetischen Beziehungen Lücken gebildet werden (Hennig 1982, S. 36). Das ist der originäre Ansatz des biologischen Artkonzepts.

4.2 Die Art in der phylogenetischen Systematik

Die Artdefinition von Mayr (1942) enthält zwei Aussagen: (1) Arten sind reproduktiv isoliert, und (2) Arten sind Fortpflanzungsgemeinschaften sich kreuzender Populationen. Willmann (1985, S. 80) ist der Ansicht, daß die zweite Aussage bereits in der ersten enthalten sei, denn der Passus 'Arten sind reproduktiv isoliert' bedeute ja, daß Populationen, die nicht reproduktiv voneinander isoliert sind, im Verhältnis zueinander keine Arten sind. Hier liegt jedoch ein logischer Fehler vor. (siehe Abb. 4.1).

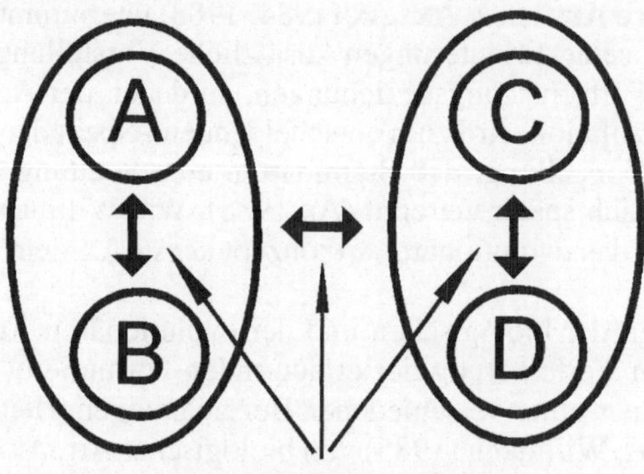

Reproduktive Isolation

Abb. 4.1. Vollständige reproduktive Isolation besteht nicht nur zwischen einzelnen Arten, z. B. zwischen den Arten A und B bzw. C und D, sondern auch zwischen Gruppierungen oberhalb der Art, z. B. zwischen (A + B) und (C + D). Würde man Willmanns (1985) Vorschlag folgen, die innerartliche Kreuzbarkeit aus dem biologischen Artkonzept zu streichen, so müßten auch solche übergeordneten Gruppen als Arten aufgefaßt werden

Deshalb ist auch WILLMANNs Vorschlag, den zweiten Teil von MAYRs Definition zu streichen, nicht akzeptabel. Große Taxa wie z. B. die Vögel (Aves) und die Säugetiere (Mammalia) sind reproduktiv voneinander isoliert. Wenn dies das alleinige Kriterium der Art wäre, so müßten auch die Vögel und die Säugetiere als Arttaxa angesehen werden. Der zweite Teil von MAYRs Definition aber führt als weitere Bedingung ein, daß es innerhalb einer Art keine weiteren Reproduktionsbarrieren geben darf. Erst dadurch gliedern sich die Vögel und die Säugetiere in tausende von Arten.

Nach Ansicht aller Befürworter des biologischen Artkonzepts stellt nicht jede reproduktive Isolation eine **Artgrenze** dar (siehe Kap. 4.1). Das bedeutet, daß geographische Trennung kein Kriterium für separate Arten ist. Schwierig ist hingegen die Beurteilung bei Populationen, die unterschiedliche ökologische Nischen bilden, zu unterschiedlichen Tageszeiten aktiv sind oder unterschiedliche Paarungszeiten haben. Hier liegt einerseits eine räumlich-zeitliche Trennung vor, die aber andererseits wahrscheinlich angeborene biologische Ursachen hat. Letzteres spräche dafür, daß verschiedene Arten vorliegen.

In der Zeitdimension sind es die gleichen reproduktiven Isolationsmechanismen, die Arten voneinander abgrenzen. Wenn eine neue Reproduktionsgrenze auftritt, bedeutet dies, daß eine Stammart sich in zwei Tochterarten aufspaltet. Dabei ist nicht nur aus formalen Gründen zu fordern, daß ein Überleben der Stammart auszuschließen ist. Die Annahme, daß es sich bei einer Tochterlinie, die der Stammart völlig oder weitgehend gleicht, um eine überlebende Stammart handeln könnte, böte Raum für eine willkürliche Systematik. Viel erheblicher ist aber die Tatsache, daß solche Überlegungen typologisch sind, während Stamm- und

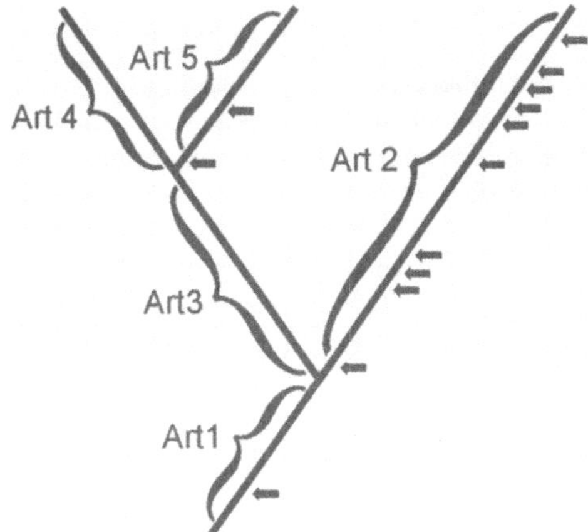

Abb. 4.2. Artgrenzen in der phylogenetischen Systematik. Die *Pfeile* symbolisieren evolutive Veränderungen, die geschweiften Klammern Artgrenzen. In der *linken Linie* findet keine Merkmalsveränderung, wohl aber eine Artaufspaltung statt. Sie ist daher in verschiedene Arten zu unterteilen. In der *rechten Linie* treten zahlreiche Merkmalsveränderungen auf, ohne daß es zur Aufspaltung kommt. Diese Linie ist daher als eine einzige Art aufzufassen

Tochterlinien hinsichtlich ihrer Vorfahren-Nachkommen-Beziehungen nicht identisch sind.

Umgekehrt bedeutet aber auch die Veränderung von Merkmalen – und sei sie noch so groß – nicht die Entstehung neuer Arten, solange dabei keine neuen Reproduktionsbarrieren entstehen. Das in der Paläontologie verbreitete Konzept der **Chronospezies** (siehe Kap. 10.3), das zeitlich aufeinanderfolgende Typen von Merkmalsmustern willkürlich in Arten zerlegt, ist also nicht mit dem biologischen Artkonzept vereinbar. Hierauf werden wir näher in Kap. 10 eingehen, das speziell den paläontologischen Aspekten der phylogenetischen Systematik gewidmet ist.

Schließlich scheint uns auch die Forderung von Willmann (1985) wichtig zu sein, daß nur vollständige reproduktive Isolation eine Artgrenze darstellt. Eine Konvention, die ein geringes Ausmaß an Hybridisierung zwischen Arten zuläßt, könnte zwar vermutlich einigermaßen klar formuliert werden, wäre aber dennoch willkürlich. Vollständige reproduktive Isolation liegt auch dann vor, wenn die Hybriden nicht fortpflanzungsfähig sind, denn in diesem Fall findet kein Genfluß von einer Population zur anderen statt (siehe auch Kap. 4.1).

Faßt man alle diese Bedingungen zusammen, so müßte eine Definition der Art folgendermaßen lauten:

> - Arten sind Vorfahren-Nachkommen-Linien von tatsächlich oder potentiell sich kreuzenden Populationen, die aus biologischen Gründen vollständig reproduktiv von anderen solchen Linien isoliert sind. Arten entstehen durch die Aufspaltung ihrer Stammart infolge ausgebildeter Reproduktionsbarrieren und erlöschen ebenso durch ihre eigene Aufspaltung oder durch nachkommenloses Aussterben.

Eine Artdefinition, die alle erforderlichen Bedingungen einschließt, läßt sich derzeit nicht kürzer formulieren. Dabei ist zudem der von Ax (1995) mit Verweis auf Bunge (1979) und Mahner (1993) betonte Umstand unberücksichtigt geblieben, daß in der frühesten Geschichte des Lebens mindestens einmal eine Art neu aus lebloser Materie entstanden sein muß. Das wissenschaftlich Unbefriedigende am biologischen Artkonzept ist daher, daß es in vollständiger Formulierung kompliziert erscheint. Das wissenschaftlich Befriedigende dagegen ist, daß es im Vergleich zu allen bisherigen alternativen Konzepten das objektivste und begrifflich klarste ist, was ihm einen eindeutigen Vorzug verschafft.

4.3 Das Problem ausschließlich-uniparentaler Fortpflanzung

Wenn in einer Organismengruppe ausschließlich-einelterliche Fortpflanzung auftritt, ist die Anwendung des biologischen Artkonzepts problematisch, weil sich die Individuen solcher Gruppen niemals miteinander kreuzen. Solche Gruppen sind allerdings recht selten (Mayr 1963, S. 411ff; Hennig 1982, S. 50). Offenbar ist ausschließlich-uniparentale Fortpflanzung ein Phänomen, das längerfristig zum Aussterben führt, wenn keine Rückkehr zur biparentalen Fortpflanzung eintritt (Willmann 1985, S. 67ff). Es ist also davon auszugehen, daß die Option zur biparentalen Fortpflanzung bei den allermeisten Taxa vorhanden ist. „Im Lichte dieser Überlegung sinkt die Frage nach dem Artbegriff bei Organismen ohne zweigeschlechtliche Fortpflanzung zu einem relativ untergeordneten Sonderproblem der Systematik herab" (Hennig 1982, S. 50).

Die Lösung dieses Sonderproblems ist jedoch nicht einfach. Einerseits argumentiert Ax (1984, S. 25), daß auch ausschließlich-uniparentale Taxa vom Artbegriff erfaßt würden, da auch sie ununterbrochene Linien der Abstammung bilden. Solche **Abstammungslinien** verbinden jedoch sämtliche Individuen des phylogenetischen Systems miteinander. Wenn diese Verbindungen eine hinreichende Bedingung dafür wären, Individuen als Art zusammenzufassen, dann würden alle lebenden Organismen derselben Art angehören. Es gibt insofern zwar eine Verbindung der Individuen, aber nichts, was Individuengruppen als Arten voneinander abgrenzt. Andererseits versucht Willmann (1985, S. 80), das Problem dadurch zu lösen, daß er die reproduktive Isolation betont und damit die verbindende Bedingung der Kreuzung ausklammert. Unter dem Hinweis, daß ja auch uniparentale Gruppen durch reproduktive Isolation entstehen, folgert er, daß auch solche Gruppierungen biologische Arten seien. Dieser Ansatz ist jedoch unzureichend, weil dann auch monophyletische Gruppen, wie z. B. die Säugetiere, als biologische Arten gelten müßten (siehe Kap. 4.2). Hennig (1950, S. 295) bemerkt in diesem Zusammenhang, daß sich der Begriff **Phylogenese** auch auf die ungeschlechtliche Fortpflanzung durch Aufspaltung einzelner Organismen anwenden läßt. Dieser Gedanke impliziert, daß dementsprechend die Einzelorganismen auch als Arten angesehen werden könnten, denn bei jeder Spaltung eines Mutterindividuums in zwei Tochterindividuen ist das phylogenetische Kriterium des Artkonzepts (Willmann 1985, S. 68) erfüllt. Ähnlich sieht Hennig (1982, S. 77) die Möglichkeit gegeben, Tiergruppen, die sich nicht zweigeschlechtlich fortpflanzen, als **monophyletische Gruppen** zu bezeichnen (siehe auch Kap. 5.2). Willmann

(1985, S. 80) folgt einerseits diesem Ansatz und führt aus, daß eine solche monophyletische Gruppe uniparentaler Organismen eine Art sei. Andererseits hat er aber schon zuvor festgestellt, daß Arten nicht als monophyletisch im Sinne HENNIGs bezeichnet werden sollten (Willmann 1983, S. 241). Ax (1988, S. 36) formuliert den Sachverhalt noch konkreter mit der Feststellung, daß eine monophyletische Gruppe aus mindestens drei Arten – einer **Stammart** und zwei **Tochterarten** – besteht. Daraus ergibt sich, daß eine monophyletische Gruppe ausschließlich-uniparentaler Organismen mindestens drei biologische Arten einschließen muß. Der einzige Weg, dieses Dilemma widerspruchsfrei aufzulösen, ist in der Tat, bei ausschließlich-uniparentalen Gruppen jedes einzelne Individuum als eigene biologische Art aufzufassen.

In der Theorie ist diese Annahme zwar befriedigend, weil aufgezeigt wird, daß das biologische Artkonzept auf alle Lebewesen anwendbar ist (siehe Kap. 4.5). In der Praxis sieht sich der Systematiker dagegen mit einer unermeßlichen Anzahl von Arten konfrontiert. Innerhalb einer Gruppierung, die sich ausschließlich-einelterlich fortpflanzt, wird es schwer sein, weitere monophyletische Untergruppen zu finden. Es wäre aber ein Fehler, deshalb typologische Ansätze ins Artkonzept einzuführen und sie mit Begriffen wie 'gemeinsame Identität', 'gemeinsames historisches Schicksal' (Wiley 1981) oder 'irreversible genetische Divergenz' (Wägele 2000) zu umschreiben. Denn real-objektive Einheiten innerhalb der uniparentalen Organismen sind allein die monophyletischen Gruppen (Willmann 1985, S. 74), und solange man diese nicht gefunden hat, ist es besser, auf weitere Untergruppen zu verzichten.

Nach den vorausgegangenen Überlegungen erscheint es unzulässig, Gruppen von Individuen, die sich ausschließlich-uniparental fortpflanzen, als Arten zu bezeichnen. Es handelt sich aus theoretischer Sicht vielmehr um monophyletische Gruppen. Um den Unterschied zu biologischen Arten aufzuzeigen, sollte stattdessen entweder der Begriff **Agamospezies**[37] verwendet werden, der sich speziell auf solche Gruppen bezieht, oder, präziser, von monophyletischen Gruppen gesprochen werden.

4.4 Unterarten, Populationsketten und Ringarten

Biologische Arten sind häufig keine homogenen Einheiten, sondern zerfallen vor allem räumlich oft in unscharf voneinander getrennte Untergruppen, die man als Unterarten (Subspezies) bezeichnen kann. Im Gegensatz zu Arten haben Unterarten jedoch das Potential, sich untereinander fertil zu kreuzen (zum Problem der Merkmalsvarianten siehe Kap. 6). Im Zusammenhang mit der geographischen Verbreitung einer Art ergeben sich manchmal Ketten von regionalen Unterarten, die sich mit benachbarten Unterarten kreuzen, hierzu aber mit räumlich entfernte-

---

[37] agamos (gr.) = ungeschlechtlich, unvermählt; species (lat.) = Art, Gestalt

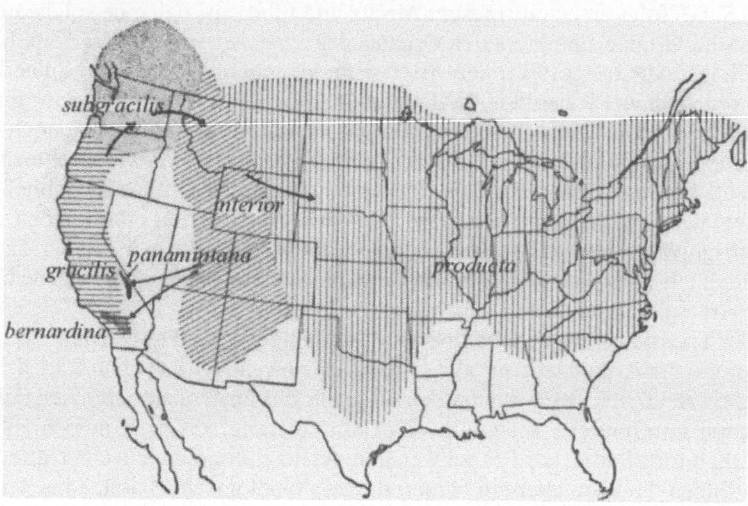

Abb. 4.3. Geographische Verbreitung der Unterarten der Biene *Hoplitis producta* in Nordamerika. Die Unterarten *interior* und *gracilis* kreuzen sich nicht unmittelbar miteinander, sind aber durch Kreuzungen mit der Unterart *subgracilis* indirekt miteinander verbunden (nach Mayr 1963, Michener 1947)

ren Unterarten nicht mehr in der Lage sind. Die Wahrscheinlichkeit, daß sich räumlich sehr weit voneinander entfernte Unterarten noch kreuzen können, wird darüber hinaus vom Spezialisationsgrad und Migrationsverhalten[38] der betreffenden Art abhängen. Unterarten generalisierter Spezies, die aufgrund einer großen Migrationsgeschwindigkeit in einem kurzen Zeitraum ein weites ringförmiges Verbreitungsgebiet besiedeln können, werden daher aufgrund fehlender oder geringerer evolutiver Veränderungen eine größere Wahrscheinlichkeit haben, sich auch mit entfernteren Subspezies zu kreuzen, als es für sich langsam ausbreitende, stärker spezialisierte Arten zutrifft, deren weit voneinander entfernt lebende Unterarten möglicherweise bereits so stark evolutiv verändert sind, daß Hybridisierung zwischen ihr und der im originären Verbreitungsgebiet lebenden nicht mehr möglich ist, so daß man sie irrtümlich für Vertreter verschiedener Arten halten könnte.

Besonders deutlich und eindrucksvoll ist dieses Phänomen, wenn die Populationskette einen Ring formt, so daß ihre Enden geographisch überlappen, ohne daß es zwischen ihren endständigen Populationen zur Hybridisierung kommen würde. In solchen Fällen spricht man von Ringarten. Dies ist nach Mayr (1963) und Michener (1947) z. B. bei der nordamerikanischen Biene *Hoplitis producta* der Fall (Abb. 4.3). Die Unterarten *gracilis*, *subgracilis* und *interior* bilden eine solche Populationskette. Die geographischen Verbreitungsgebiete von *gracilis* und *subgracilis* überlappen in Oregon, die von *subgracilis* und *interior* in Montana und Idaho. In beiden Fällen tritt Hybridisierung auf. Der Unterart *interior* ist es offen-

---

[38] migrare (lat.) = ausziehen, auswandern, umherziehen

fenbar zweimal gelungen, die Wüste von Utah über Nevada bis nach Kalifornien zu überqueren, wo sie wieder auf *gracilis* trifft. Zwischen diesen beiden Formen ist jedoch keine Hybridisierung zu beobachten. Ähnliche Verhältnisse liegen bei den Unterarten der Silbermöwe (*Larus argentatus*) vor (Mayr 1963, Willmann 1985). Die Unterarten der Kohlmeise (*Parus major*) bilden einen sehr anschaulichen Ring durch ganz Eurasien, in dem nach Mayr (1963) in allen Überlappungsgebieten der Subspezies Hybriden auftreten, weshalb von einem geschlossenen Ring gesprochen wird.

In Fällen wie diesen ist es oft schwierig, Artgrenzen aufzudecken. Es ist möglich, daß unterschiedliche Formen gemeinsam in einer Region leben, ohne sich untereinander zu kreuzen, so daß es naheliegend ist, sie als Vertreter verschiedener Arten anzusehen. Wenn sie jedoch über eine Kette sich kreuzender Populationen miteinander in Verbindung stehen sollten, wäre diese Annahme ein Trugschluß, da zwischen diesen Populationen zwar kein direkter, aber immerhin noch ein indirekter Genfluß vorhanden ist.

4.5 Sind Arten Individuen?

Den Gedanken, daß Arten und sogar Gruppierungen oberhalb der Art mit Individuen vergleichbar sind (siehe auch Kap. 4.3), hat Hennig (1950) schon bei der Begründung der phylogenetischen Systematik ausführlich angesprochen. In den siebziger Jahren fand das Thema große Aufmerksamkeit und wurde kontrovers diskutiert. Auf der einen Seite gab es Befürworter dieser Auffassung, u. a. Ghiselin (1974) und Hull (1976), die darauf hingewiesen haben, daß Arten - wie Individuen - einmalig entstehen und vergehen und eine individuelle Geschichte haben. Auf der anderen Seite stand Bunge (1979), der Individuen als materielle Dinge den Konzepten als Konstrukte des menschlichen Geistes gegenüberstellte. Die Mehrheit der Autoren schloß sich der ersten Ansicht an.

Nachdem Mahner (1993, 1994) BUNGEs Standpunkt erneut diskutiert hat, gelangt Ax in dieser schwierigen Frage zu konträren Positionen (1988: Arten sind reale Naturkörper *contra* 1999: Arten sind Konstrukte des Menschen). Die Diskussion über diesen Aspekt wird allgemein sehr kontrovers geführt und dürfte noch lange nicht abgeschlossen sein. Die Mehrzahl der Autoren auf diesem Gebiet ist sich einig, daß biologische Arten, wie auch monophyletische Gruppen, keine willkürlichen, sondern natürliche Gruppen darstellen. Auf diesem Hintergrund ist die Frage, ob Arten darüber hinaus auch als Individuen oder materielle Dinge aufgefaßt werden können, von untergeordneter Bedeutung.

4.6 Überblick

Verfolgt man das Ziel, den Artbegriff so zu formulieren, daß er sich mit natürlichen biologischen Einheiten deckt, so sind die Fortpflanzungsbeziehungen zwischen Individuen und Populationen von zentraler Bedeutung. Zwei ursprünglich recht verschiedene Artkonzepte, das biologische und das evolutionäre, haben sich im Zuge der theoretischen Verfeinerung und Ergänzung so sehr aufeinanderzubewegt, daß sie schließlich zu Synonymen geworden sind. Was Mitglieder einer Art verbindet, sind Fortpflanzungsbeziehungen, und was Arten voneinander trennt, ist das Fehlen solcher Beziehungen.

„Die Struktur der phylogenetischen Beziehungen
der Arten ist formal vollkommen identisch mit der
Struktur der [...] genealogischen Beziehungen, die
zwischen den Individuen eineltriger Organismen bestehen. Sie lassen sich wie diese in einem Stammbaum (Dendrogramm) darstellen, in dem aber die
Arten die Stellen einnehmen, die bei eineltrigen Organismen die Individuen besetzen. So wie bei diesen gibt es auch bei den Arten Abstammungsgemeinschaften, zu denen alle diejenigen Arten gehören, die von einer nur ihnen gemeinsamen Ahnenart
(Stammart) abstammen." (Hennig 1984, S. 14)

5 Das phylogenetische System

Arten können im Lauf der Zeit als Linien aufgefaßt werden, die durch Aufspaltungsereignisse gegeneinander abgegrenzt sind. Anhand der Abfolge solcher Aufspaltungen lassen sich Arten in einem hierarchischen System, dem phylogenetischen System, zusammenfassen. Nachfolgend werden wir uns zunächst mit dieser
Hierarchie der Arten und ihren Einheiten befassen. Dann werden wir uns näher
mit dem Gedanken zur Artbildung durch Hybridisierung auseinandersetzen, weil
er die konsequent hierarchische Struktur des phylogenetischen Systems in Frage
stellt.

5.1 Die Hierarchie der Arten

Nach dem biologischen Artkonzept entstehen neue Arten durch die Ausbildung neuer Reproduktionsbarrieren (siehe Kap. 4.2). Dabei gehen aus einer Stammart zwei Tochterarten hervor, die sich ihrerseits wieder in Tochterarten aufspalten können. Dadurch entsteht ein baumartiges Verzweigungsmuster (Abb. 5.1). An jedem Gabelungspunkt in dieser **Baumstruktur** entspringen Arten oder Abstammungsgemeinschaften von Arten, die oberhalb der Gabelung voneinander reproduktiv völlig isoliert sind. Unterhalb des Gabelungspunktes dagegen sind sie durch genetische Beziehungen miteinander verbunden, da sie auf einen gemeinsamen Ursprung zurückgehen. Je weiter oben dieser gemeinsame Ursprung liegt, desto näher sind die entsprechenden Gruppen miteinander verwandt. Dieser gedankliche Ansatz führt zur Definition eines phylogenetischen Verwandtschaftsbegriffs.

> • „Ein bestimmtes Taxon B ist mit einem anderen Taxon C dann und nur dann näher verwandt als mit jedem beliebigen Taxon A, wenn es mit dem Taxon C mindestens eine Stammart gemeinsam hat, die nicht zugleich auch Stammart des Taxons A ist." (Hennig 1982, S. 78).

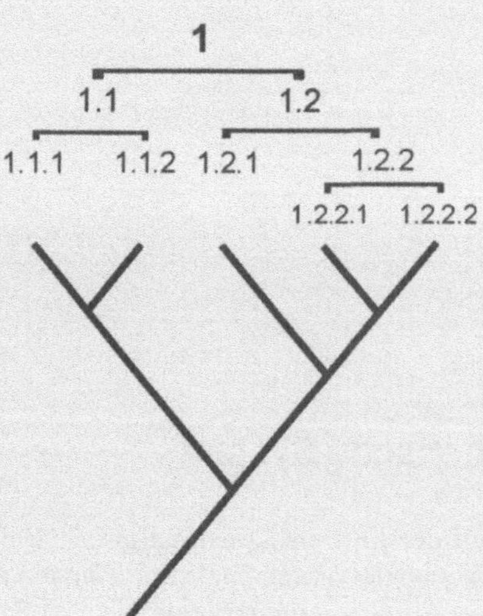

Abb. 5.1. Aus der Aufspaltungsabfolge der Arten ergibt sich ein hierarchisches System, welches sich beispielsweise durch Zahlen symbolisieren läßt

Wenn es in der phylogenetischen Systematik um die Verwandtschaft von Taxa geht, so ist stets Verwandtschaft nach obiger Definition gemeint.[39] Gruppiert man nun Arten nach dem Gesichtspunkt ihrer phylogenetischen Verwandtschaft, so resultiert daraus ein **hierarchisches System** (Abb. 5.1), in dem sich die verwandtschaftliche Nähe zweier Taxa darin äußert, daß sie auf einer unteren Hierarchieebene zusammengefaßt werden, während Taxa, die weniger nah miteinander verwandt sind, erst auf höherer Ebene in einer übergeordneten Gruppe vereint werden. Dieses System wird als phylogenetisches System bezeichnet. Man darf es zurecht als natürlich ansehen, da es durch einen einmaligen historisch-genetischen Prozeß entstanden ist. Ziel und Aufgabe der phylogenetischen Systematik ist es, dieses System zu ergründen und darzustellen.

> - Das Gütekriterium für die Leistungsfähigkeit der phylogenetischen Systematik ist, wie erfolgreich dieses natürliche System nachgewiesen werden kann.

5.2 Monophyletische Gruppen

Gruppierungen oberhalb der Art, die also mehrere Arten auf höherer Ebene zusammenfassen, werden als **supraspezifische Taxa** bezeichnet. Im phylogenetischen System basiert jede supraspezifische Einheit auf der Definition der phylogenetischen Verwandtschaft (siehe Kap. 5.1). In diesem Sinne kann man sie als eine Gruppe von Arten bezeichnen, in der jede Art mit jeder anderen Art enger verwandt ist als mit irgendeiner Art außerhalb der Gruppe (Ax 1984, S. 32).

> In der phylogenetischen Systematik wird eine Gruppe von Arten, die folgende Bedingungen erfüllt, als monophyletisch[40] bezeichnet:
>
> - alle Vertreter dieser Gruppe müssen sich von einer gemeinsamen Stammart ableiten lassen.
> - alle Arten, die auf diese Stammart zurückgehen, gehören zur Gruppe.
>
> Beide Bedingungen gelten nicht für Arten außerhalb der Gruppe.

---

[39] Es ist wichtig, zu beachten, daß der Verwandtschaftsbegriff in der phylogenetischen Systematik in dieser Weise definiert ist, weil das Wort Verwandtschaft sonst auch unter anderer Bedeutung Verwendung findet, wobei dann Ähnlichkeit, genealogische Verwandtschaft von Individuen oder andere Beziehungen gemeint sein können.

[40] Vertreter der evolutionären Klassifikation definieren den Begriff monophyletisch allein über das Vorhandensein einer gemeinsamen Stammart, ohne daß alle Nachkommen dieser Stammart eingeschlossen sein müssen. Wahrscheinlich findet sich jedoch für beliebige Gruppierungen von Arten eine gemeinsame Stammart, wenn man die Phylogenese nur weit genug in die Vergangenheit zurückverfolgt. Deshalb ist eine solche Definition unbrauchbar.

Als **monophyletische Gruppe** (Monophylum, geschlossene Abstammungsgemeinschaft, *clade*) definiert Hennig (1984, S. 20) somit „jede Gruppe von Arten, die als Nachkommen einer nur ihnen gemeinsamen Stammart anzusehen sind." Diese Definition hat allerdings eine Schwäche, weil sie die Stammart, über die alle diese Nachkommen miteinander verbunden sind, nicht einschließt. Ohne diesen Einschluß hat man es jedoch mit zwei genetisch völlig isolierten Untergruppen zu tun. Eine geschlossene genetische Einheit erhält man also erst, wenn die Stammart in obige Definition einbezogen wird.

> • Eine monophyletische Gruppe ist eine Gruppe von Arten aus einer Stammart und allen ihren Folgearten (Ax 1984, S. 32).

Aus dieser Definition läßt sich ableiten, daß eine monophyletische Gruppe aus mindestens drei Arten, einer Stammart und zwei Tochterarten, bestehen muß, um eine natürliche Einheit der Phylogenese darzustellen. Dieser Umstand hat uns schon in Kap. 4.3 beschäftigt und zu dem Schluß geführt, daß Organismengruppen mit ausschließlich-eingeschlechtlicher Fortpflanzung definitionsgemäß nicht zugleich monophyletische Gruppen und biologische Arten sein können. Es sei denn, man definiert Arten und monophyletische Gruppen so, daß sie zu Synonymen werden, was Willmann (1985) akzeptiert, wenn er die Bedingung der innerartlichen Kreuzbarkeit aus dem biologischen Artkonzept streicht (siehe Kap. 4.2 und Kap. 4.3).

Es lassen sich folglich im phylogenetischen System zwei Kategorien von Taxa unterscheiden: Arten und monophyletische Gruppen. Erstere sind die Elemente der phylogenetischen Systematik und letztere sind daraus zusammengesetzte höhere Einheiten. Dabei bilden zwei solche Taxa, die eine nur ihnen gemeinsame Stammart haben, mit dieser zusammen eine übergeordnete monophyletische Gruppe. Zwei Gruppen, die unmittelbar aus der Spaltung einer Stammart hervorgegangen sind, werden als Schwestergruppen (**Adelphotaxa**[41], Ax 1984, 1988) bezeichnet. HENNIGs Definition von Schwestergruppen fußt auf seiner Definition der monophyletischen Gruppe, die Anlaß zu Kritik bietet. Ax (1988, S. 51) bezeichnet Taxa als Schwestergruppen, wenn sie im phylogenetischen System einen identischen Rang einnehmen. Diese Definition setzt aber einen erheblichen Erklärungsaufwand voraus. Deshalb wird hier eine hinreichende Definition gewählt, die zwar auch nicht voraussetzungslos, aber vielleicht deutlicher ist.

> • Schwestergruppen sind Taxa (Arten oder monophyletische Gruppen), die unmittelbar durch Spaltung aus derselben Stammart hervorgegangen sind.

Dabei wird bewußt nicht die Möglichkeit ausgeschlossen, daß eine Stammart sich in mehr als zwei Tochterarten aufspalten kann, d. h., wenn auch die theoretische Möglichkeit gegeben ist, eine Trichotomie[42] zu belegen, so ist hingegen bei der empirischen Arbeit damit zu rechnen, daß ihr Nachweis in der Regel nicht

---

[41] adelphos (gr.) = Bruder, brüderlich, verschwistert; taxis (gr.) = Ordnung, Reihe
[42] trichotomeo (gr.) = in drei Teile zerteilen

möglich ist (siehe hierzu Kap. 5.4 und Kap. 8). „Es könnte sich immer um eine dichte Folge von Dichotomien[43] handeln, die nur mit unseren Mitteln nicht aufzulösen ist. Wenn wir **dichotome Artspaltung**[44] als Grundprinzip annehmen, so hat das heuristischen Wert: Dadurch werden Untersuchungen angeregt, die das Ziel haben, wenn möglich auch dort eine Folge von Dichotomien nachzuweisen, wo ein solcher Nachweis bisher nicht gelungen ist" (Hennig 1984, S. 16).

5.3 Einwände gegen die phylogenetische Systematik

Die Kritik an der phylogenetischen Systematik, die vor allem von Vertretern der evolutionären Klassifikation geübt wird, ist umfangreich. Hennig (1984, S. 24-33) hat sich damit ausführlich auseinandergesetzt.

Als einen der Einwände gegen das konsequent-phylogenetische[45] System führt Hennig (1984, S. 29) an, daß es von manchen Autoren als „psychologisch unbefriedigend" empfunden wird. Auch wenn ein solcher Gesichtspunkt schwerlich in eine sachliche Auseinandersetzung gehört, spielt er eine nicht zu unterschätzende Rolle. So beklagen z. B. Mayr u. Ashlock (1991, S. 227), daß die konsequente Umsetzung kladistischer Befunde in eine Klassifikation traditionelle Taxa vernichten würde, die schon seit bis zu 250 Jahren gebräuchlich sind. Sie betonen beispielsweise, daß die Turbellaria (Strudelwürmer), die Amphibia[46] (Lurche) und die Reptilia (Kriechtiere) durch die phylogenetische Systematik angefochten werden. Die Argumentation, aus emotionalen Gründen an überkommenen Taxa festhalten zu wollen, ist aus wissenschaftlicher Sicht nicht zu teilen.

Eine häufig von Vertretern der evolutionären Systematik geäußerte Kritik ist, daß die phylogenetische Systematik einseitig nur die **Kladogenese** berücksichtige, die **Anagenese** dagegen vernachlässige. Es wurde bereits in Kap. 2.2 erörtert, daß die Vertreter der evolutionären Klassifikation subjektiv und zweiseitig argumentieren, was aus erkenntnistheoretischen Gründen zu kritisieren ist.

Die Vertreter der evolutionären Systematik wenden ferner ein, daß der Informationsgehalt eines konsequent-phylogenetischen Systems geringer sei, da keine Informationen über die Anagenese, d. h. über die evolutiven Veränderungen, in die Klassifikation einfließen. Wie bereits in Kap. 2.2 gezeigt wurde, ist auch dieser Einwand unrichtig, denn im Konfliktfall läßt sich bei der evolutionären Klassifikation immer nur ein Aspekt, Kladogenese *oder* Anagenese, berücksichtigen, so daß letztlich auch nicht mehr Information eingehen kann. Sofern für jede Stammlinie eines Taxon die abgeleiteten Merkmale angeführt werden (Sudhaus u. Rehfeld 1992,

---

[43] dichotomeo (gr.) = in zwei Teile zerteilen

[44] Hervorhebung durch die Autoren (BW, HR, WH).

[45] Der Begriff „konsequent-phylogenetisch" wurde von Hennig gewählt, um den Begriff „phylogenetisch" gegen die nur teilweise phylogenetisch argumentierende Schule der evolutionären Klassifikation abzugrenzen.

[46] Die Amphibia sind in diesem Zusammenhang ein ungünstiges Beispiel. Sie sind zwar als Taxon im Sinne der phylogenetischen Systematik nicht gut begründet, es gibt aber auch keine schwerwiegenden Argumente gegen diese Gruppierung.

S. 135), informiert ein begründetes phylogenetisches System sogar mit größerer Genauigkeit über anagenetische Prozesse.

Box 5.1 Phänagramme, Kladogramme, Stammbäume

Alle Systematiker, unabhängig von der Schule, der sie angehören, verwenden hierarchisch strukturierte Grafiken zur Darstellung ihrer Verwandtschaftshypothesen. Wenn auch die Abbildungen mitunter optisch sehr verschieden gestaltet sind, ist doch die Baumstruktur allen gemeinsam. Es bedarf infolgedessen weiterer Kommentare, um die Aussagen, die in einem Baumdiagramm dargestellt werden sollen, zu erfassen. Aus diesem Umstand heraus wurden verschiedene Namen für unterschiedliche Baumdiagramme eingeführt, die allerdings zum Teil nicht einheitlich verwendet werden, weshalb zur Interpretation eines Baumes weiterhin der schriftliche Kontext zu beachten ist.

Als **Phänagramm** bezeichnet man ein Baumdiagramm, das Ähnlichkeitsbeziehungen darstellt, die mit den Methoden der numerischen Klassifikation (Kap. 2.1) kalkuliert worden sind. Wenn zwei Taxa im Baum einen inklusiveren gemeinsamen Ursprung haben, so soll damit eine größere Gesamtähnlichkeit zum Ausdruck gebracht werden.

Der Ausdruck **Kladogramm** findet stattdessen Verwendung für Baumgraphiken, die die hypothetische Aufspaltungsfolge von Arten im Sinne der phylogenetischen Systematik widerspiegeln.

Ein **Stammbaum** ist im Sinne der phylogenetischen Systematik somit nichts anderes als ein Kladogramm. Die Vertreter der evolutionären Klassifikation sind dagegen der Ansicht, daß die Struktur des Kladogramms unter Berücksichtigung weiterer (anagenetischer) Informationen modifiziert werden müsse, um zu einem Stammbaum zu gelangen. Wegen der wissenschaftlichen Schwächen dieses Ansatzes (siehe Kap. 2.2) ist diese Auffassung jedoch abzulehnen. Der Begriff Stammbaum ist also dem Begriff Kladogramm synonym und wird hier auch ausschließlich in diesem Sinne verwendet.

Die Vertreter der evolutionären Systematik sind der Ansicht, daß ihre Klassifikationen mehr Vorhersagen erlauben. Diese Meinung gründet sich offenbar darauf, daß auf der Grundlage ihrer Systeme neu entdeckte Organismen leichter eingeordnet werden können, weil ihre Gruppierungen so definiert werden, daß sie eine einheitliche Organisation haben. Dies ist jedoch ein zirkulärer Gedankengang, weil ja die Definition von Taxa über bestimmte Merkmale zur Folge hat, daß Formen, die nicht hinreichend dieser Definition genügen, als andere Taxa angesehen werden. So entspricht die Definition eines Insekts mit Flügeln nicht der eines Flohs, der als Insekt flügellos ist (siehe auch Abb. 6.1). Trotz sonstiger

Übereinstimmungen mit einem Floh würde es als ein neues Taxon definiert. Aus einem **konsequent-phylogenetischen System** läßt sich dagegen schließen, daß die ersten Flöhe mit großer Wahrscheinlichkeit Flügel besaßen (Hennig 1984, S. 28).

Neben Kritikern, die die phylogenetische Systematik überhaupt ablehnen, gibt es auch solche, die sie grundsätzlich als wissenschaftliche Methode akzeptieren, aber ihren Wirkungsbereich einschränken wollen. So räumen die Vertreter der evolutionären Systematik (z. B. Mayr 1990, Mayr u. Ashlock 1991) ein, daß die Methoden der phylogenetischen Systematik nützlich seien und man sie deshalb graphisch darstellen, aber nicht in eine schriftliche Klassifikation umsetzen solle. Die phylogenetische Systematik ist darauf allerdings angewiesen. Um über geschlossene Abstammungsgemeinschaften diskutieren zu können, müssen diese benannt werden, und um phylogenetische **Verwandtschaftshypothesen** ausführlich darzustellen und zu begründen, bedarf es mehr als eines Diagramms.

Schließlich werden der phylogenetischen Systematik auch häufig praktische Schwierigkeiten zum Vorwurf gemacht. Es wird argumentiert, daß die Anzahl der Taxa, die sich angesichts der vielen existierenden Arten im konsequent-phylogenetischen System ergibt, unüberschaubar groß sei und daß es bei aller Schlüssigkeit und Legitimität der zugrundeliegenden Theorie unmöglich und in der Praxis zu schwierig wäre, ein solches System eingehend zu erforschen. Einwände dieser Art sind für Naturwissenschaften belanglos. Wenn eine Theorie die Natur gut beschreibt, dann sollten arbeitsökonomische Kriterien keine Rolle spielen.

5.4 Speziation durch Hybridisierung

Viele Autoren äußern die Vorstellung, daß Arten durch Hybridisierung mit anderen Arten entstehen können. Die Definition der biologischen Art ist an die Bedingung geknüpft, daß Arten vollständig reproduktiv isoliert sind, weil anderenfalls das biologische Artkonzept ausgehöhlt würde. Diese stringente Definition des biologischen Artkonzepts, die Willmann (1985) als konsequentes **Biospezieskonzept** bezeichnet, erlaubt also nicht die geringste Möglichkeit der fertilen Kreuzung von Vertretern verschiedener Arten. Dieses Modell schließt die Entstehung einer neuen Art durch Hybridisierung zweier Elternarten definitiv aus. Dennoch wird Artentstehung durch **Hybridisierung** diskutiert.

Unter anderem zieht Wiley (1981) diese Möglichkeit in Betracht, weil sein Artbegriff ein geringes Maß an Hybridisierung zwischen Arten erlaubt. Ax (1984) folgt WILEYs Ansicht und unterscheidet zwei Möglichkeiten der Entstehung neuer Arten durch Hybridisierung: Erstens die Verschmelzung zweier Stammarten zu einer Tochterart, wobei die Stammarten erlöschen, und zweitens die Erzeugung einer Hybridart mit fortbestehenden Stammarten.[47]

---

[47] Auf die unzulässige Annahme eines Überlebens von Stammarten in der phylogenetischen Systematik ist bereits in Kap. 4 hingewiesen worden.

Die erste Möglichkeit sehen auch Sudhaus u. Rehfeld (1992, S. 64) als gegeben an: „Dies ist dann möglich, wenn Isolationsmechanismen zusammenbrechen. [...] Natürlich können wir nur dann von Hybridisierung zwischen Arten sprechen, wenn sich deren Populationen in **Sympatrie**[48] oder **Parapatrie**[49] zuvor als gegeneinander isolierte Einheiten erwiesen haben. Alles andere wäre lediglich eine Vermischung von Teilpopulationen einer Art!" So schlüssig diese Argumentation auch klingt, schafft der Gedanke an Schranken, die aufgebaut werden und wieder zusammenbrechen, jedoch wiederum Spielraum für Willkür. Für eine klare Abgrenzung biologischer Arten sollte daher auch diese Möglichkeit ausgeschlossen werden. Eine vorübergehende Isolation ist keine vollständige Isolation, weil das Potential, sich miteinander zu kreuzen, dabei erhalten bleibt. Vollständige reproduktive Isolation, wie sie für ein konsequentes biologisches Artkonzept erfordert wird, bedeutet also auch endgültige, irreversible Isolation.

Zur zweiten Möglichkeit, die Ax (1984) in Betracht zieht, bei der eine Hybridart sich von zwei überlebenden Stammarten abspaltet, besteht mehr Erklärungsbedarf. Die Botanik liefert zahlreiche Berichte für Speziationsereignisse, die auf Polyploidie, d. h. auf einer Erhöhung der Chromosomenzahl, beruhen (Grant 1976). Von besonderem Interesse ist hierbei die **Allopolyploidie**,[50] die sich in zwei Schritten vollzieht (siehe Abb. 5.4): Im ersten Schritt bilden zwei genetisch recht unterschiedliche Organismen Hybriden miteinander, die aufgrund des großen Unterschiedes ihrer Chromosomensätze nicht zur gemeinsamen Fortpflanzung mit anderen Individuen in der Lage sind. Im zweiten Schritt wird bei solchen Hybriden die Chromosomenzahl verdoppelt. Das Resultat sind Organismen, die sich untereinander kreuzen können, aber nicht mit Vertretern der Elternpopulationen (aus deren Hybridisierung sie entstanden sind), weil die **Chromosomenzahlen** verschieden sind.

Allopolyploidie ist im Pflanzenreich sehr häufig (Grant 1981, Ehrendorfer 1984). Ein wichtiger Grund dafür ist, daß Pflanzen generell zur uniparentalen Fortpflanzung in der Lage sind. Die kreuzungsunfähigen Hybriden können sich vegetativ vermehren und dadurch zu einer größeren Population heranwachsen, in der die Wahrscheinlichkeit, daß bei einem Individuum der zweite Schritt der Chromosomenzahl-Verdopplung auftritt, zunimmt. Wenn einmal ein solches Individuum mit doppelter Chromosomenzahl entstanden ist, kann es uniparental Nachkommen produzieren, die wieder biparental werden, indem sie sich untereinander kreuzen.

---

[48] syn (gr., als Vorsilbe) = zusammen, mit; patria (gr.) = Abkunft, Abstammung, Geschlecht
[49] para (gr., als Vorsilbe) = neben
[50] allo (gr.) = anders, fremd; poly (gr., als Vorsilbe) = viel; plo (gr.) = -fach

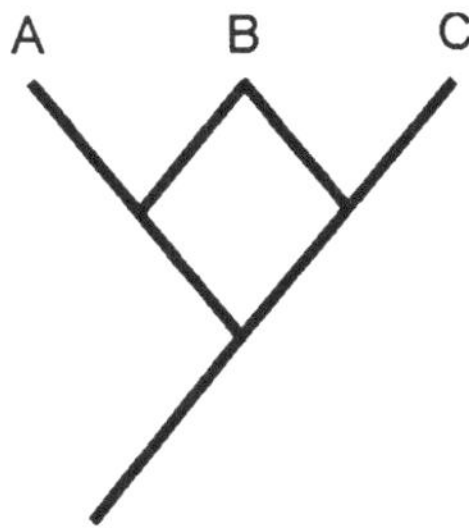

Abb. 5.2. Graphische Integration einer Hybridspezies (B) in einen Stammbaum

Weil die so entstandenen Hybriden anscheinend reproduktiv von ihren Stammpopulationen isoliert sind, folgern Botaniker, daß eine neue Art durch Hybridisierung entstanden ist. Dadurch wird die streng hierarchische Struktur des phylogenetischen Systems in Frage gestellt. Vielmehr müßte es, insbesondere bei Pflanzen, eine netzartige Struktur haben. Damit erweist sich die Frage, ob Speziation durch Hybridisierung möglich ist, als ein essentieller Prüfstein für die Struktur des phylogenetischen Systems. In der Botanik entstand daher ein neues Diskussionsfeld, das sich mit der Integration von **Hybridarten** ins phylogenetische System befaßt (Bremer u. Wanntorp 1979, Wagner 1980, Humphries 1983, Wanntorp 1983). In Anspielung auf den im Englischen für die phylogenetische Systematik gebräuchlichen Begriff *cladistics* prägte Wagner (1983) daher den Begriff *reticulistics*.[51] Die Abb. 5.2 veranschaulicht, wie im Sinne dieser Diskussionen eine Hybridart in einen graphischen Stammbaum einbezogen werden kann. Dadurch wird die grundlegende Annahme, daß das phylogenetische System hierarchisch ist, in Frage gestellt.

Einige Autoren, wie z. B. Ax (1984, S. 43), stimmen mit den Ansichten der Botaniker überein, halten es aber für ein untergeordnetes Problem, weil bei Arthybridisierung nur neue Arten, aber keine monophyletischen Gruppen entstünden und die Spaltung die Voraussetzung für die Hybridisierung sei. Es handele sich um einen nachgeordneten Artbildungsprozeß, der überhaupt erst einsetzen kann, wenn bereits eine hierarchische Struktur phylogenetischer Verwandtschaftsbeziehungen entstanden ist. Dabei wird jedoch das Problem übersehen, daß dieser nachgeordnete Prozeß, wenn er denn existiert, das hierarchische System vernichtet, denn wenn im phylogenetischen System eine Art nicht nur mehrere Tochterarten, sondern auch mehrere Stammarten haben kann, dann ist es nicht konsequent-hierarchisch. Für die Botanik ist dieses Problem nicht unbeachtlich, denn bei über 70% der Angiospermen tritt laut Mosbrugger (1989) Allopolyploidie auf.

Willmann (1985 S. 120) hat die gängige Interpretation der Allopolyploidie in einem wichtigen Punkt durch den Hinweis korrigiert, daß ein Überleben von Stammarten in der phylogenetischen Systematik auszuschließen ist (Kap. 4.2).

---

[51] reticulum (lat.) = Netz

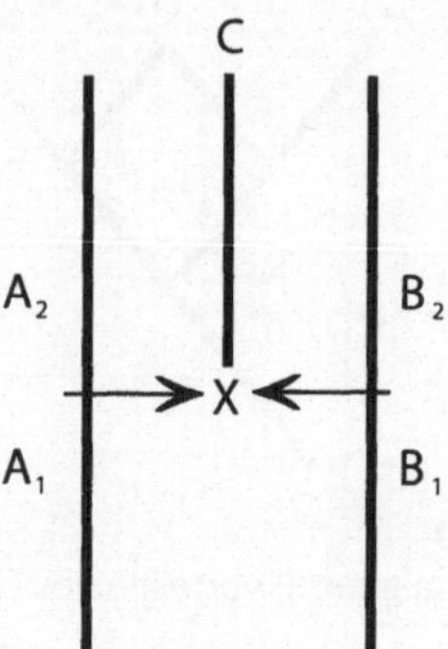

Abb. 5.3. Korrektur der Artabgrenzung im Falle der Allopolyploidie (nach Willmann 1985, umgezeichnet). In der phylogenetischen Systematik ist das Überleben von Stammarten ausgeschlossen (Kap. 4). Demnach erlöschen die zwei Stammarten in dem Moment, indem sie eine Hybridart erzeugen. Nach dieser Interpretation entstünden aus zwei Stammarten drei Tochterarten, was aber weiterhin der hierarchischen Struktur des phylogenetischen Systems widerspräche, weil demgemäß eine Art mehr als eine Stammart haben könnte

Nach WILLMANN hören daher die Stammarten im Augenblick der **Artneubildung** auf zu existieren und werden durch drei Tochterarten abgelöst, auch wenn zwei der Tochterarten ihren Vorgängern völlig gleichen (Abb. 5.3). Diesem Standpunkt schließen sich Sudhaus u. Rehfeld (1992, S. 64) an und nennen hierzu auch Beispiele aus dem Tierreich, bei denen zwar keine Allopolyploidie, aber eine „in sich stabilisierte Bastardpopulation" vorliegt. Diese Formulierung ist nicht besonders klar, und die meisten angeführten Beispiele aus dem Vogelreich erlauben Zweifel daran, ob die Bedingung der vollständigen reproduktiven Isolation tatsächlich erfüllt ist. Allein die mitteleuropäischen Frösche der Gattung *Rana* sind möglicherweise mit den botanischen Belegen vergleichbar. Es wird hypothetisiert, daß der Wasserfrosch (*esculenta*) offenbar aus Hybridisierung zwischen dem Seefrosch (*ridibunda*) und dem Kleinen Grünfrosch (*lessonae*) hervorgegangen ist. Populationen der Hybridform *esculenta* paaren sich zwar fortwährend erfolgreich mit *ridibunda* bzw. *lessonae*, wobei aber deren **Chromosomensatz** eliminiert wird, so daß die Nachkommen genetisch nur vom *esculenta*-Individuum abstammen. In diesem Fall liegen offenbar drei separate Arten vor. Zu der Zeit, in der die Vorfahren des Wasserfrosches durch Hybridisierung entstanden sind, dürfte jedoch noch keine vollständige reproduktive Isolation vorgelegen haben. Deshalb ist auch dies kein Beleg für eine Speziation durch Arthybridisierung (Details zum *Rana-esculenta*-Komplex in Tunner 2000, Vorbruger 2001; zu Hybridisierung und genetischer Introgression[52] siehe Carr et al. 1986, Lehmann et al. 1991, Wayne 1993).

---

[52] introgredi (lat.) = hineinschreiten

In einem konsequenten Biospezieskonzept muß auf einer vollständigen und endgültigen reproduktiven Isolation bestanden werden. Wird diese Forderung auf Allopolyploidie bezogen, so ist zunächst festzustellen, daß die beiden mutmaßlichen Stammarten (Abb. 5.3) auf dem Wege der Allopolyploidie gemeinsame, fertile Nachkommen produzieren. Aus dieser Tatsache folgt, daß die beiden **Stammpopulationen** derselben biologischen Art angehören. Denn wenn Vertreter zweier Populationen fertile Nachkommen miteinander produzieren, dann sind sie eindeutig nicht reproduktiv voneinander isoliert. An dieser Stelle löst sich das wesentliche Problem der Hybridarten auf, denn wir haben es nicht mehr mit Arthybriden zu tun, sondern mit Hybriden artgleicher Organismen. Die hierarchische Struktur des phylogenetischen Systems wird also nicht in Frage gestellt.

Es bleibt aber noch zu klären, ob es sich bei den Hybriden um eine neue Art handelt. Genügt die Feststellung, daß sie mit den Vertretern ihrer Stammpopulationen aufgrund der inkompatiblen Chromosomenzahl keine direkten Nachkommen haben können, für diese Schlußfolgerung? Dieses Problem sei an nachfolgendem Beispiel erläutert. Man stelle sich in diesem Zusammenhang zwei Individuen vor, die in Art- und Geschlechtszugehörigkeit übereinstimmen: Herr Meier und Herr Müller sind männliche Vertreter der Art *Homo sapiens*, und weil sie beide männlich sind, können sie keine Kinder miteinander zeugen. Auf den ersten Blick könnte man deshalb meinen, daß sie verschiedenen biologischen Arten angehören. Auf den zweiten Blick ist jedoch z. B. die Möglichkeit gegeben, daß Herr Meier mit Frau Meier eine Tochter zeugt, mit der Herr Müller dann einen Sohn zeugt. Dieser wäre dann zugleich Nachkomme von Herrn Müller und Herrn Meier. Das heißt, die beiden sind in der Lage, gemeinsame Nachkommen zu produzieren.

Bei der **Arttrennung** ist also nicht nur an unmittelbare Nachkommen zu denken, sondern auch an Nachkommen, die erst einige Generationen später auftreten. Wenn nun zwei Vertreter der Formen A und B in der Lage sind, durch Allopolyploidie Nachkommen der Form C zu produzieren, so sind sie nicht reproduktiv voneinander isoliert. Aus dem gleichen Grund sind sie aber auch von C nicht isoliert, denn um mit einem Vertreter von C gemeinsame Nachkommen zu haben, können A und B auf dem Weg der Allopolyploidie Nachkommen produzieren, die mit C kreuzbar sind. Solange also die Möglichkeit der Allopolyploidie besteht, liegt keine vollständige reproduktive Isolation vor. Dieser Sachverhalt ist im Pflanzenreich nicht unbedeutend, denn Allopolyploidie ist dort offenbar so häufig, daß eine solche Hybridisierung zwischen zwei Formen kaum als einmalig bezeichnet werden kann. So bemerken z. B. Wyatt et al. (1988), daß das polyploide Moos *Plagomnium medium* ein allopolyploides Derivat von *Plagomnium ellipticum* und *Plagomnium insigne* ist und daß *P. medium* mehr als einmal aus diesen Vorläufern hervorgegangen ist. Die Tatsache, daß *Plagomnium* zu den Bryophyten gehört, bei denen bis dahin Allopolyploidie nicht angenommen wurde, gibt diesem Befund ein besonderes Gewicht.

Die zuvor gezeigten Beispiele belegen, daß Allopolyploidie kein Speziationsmechanismus ist, sondern im Gegenteil eine reproduktive Verbindung zwischen unterschiedlichen Populationen darstellt. Das bedeutet erstens, daß Speziation erst dann auftritt, wenn Allopolyploidie nicht mehr möglich ist, und zweitens, daß

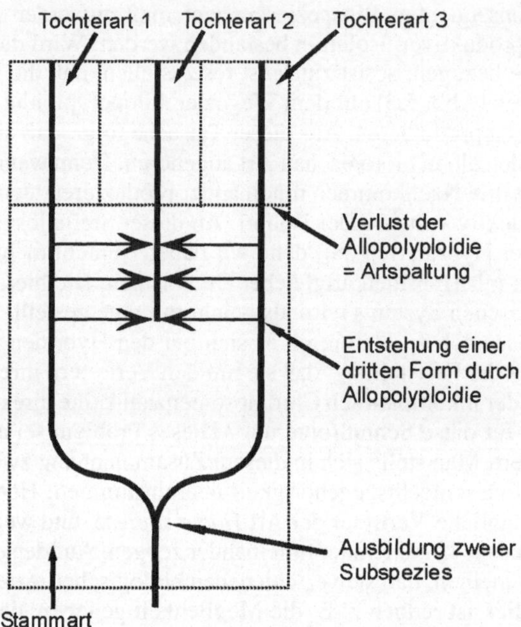

Abb. 5.4. Korrekte Abgrenzung von Arten (*gepunktete Linie*) im Falle der Hybridisierung mit Allopolyploidie. Erst wenn diese Möglichkeit der Kreuzung entfällt, kommt es zur Artspaltung, wobei die Stammart unmittelbar drei Tochterarten hervorbringt; *durchgezogene Linien* = Vorfahren-Nachkommen-Beziehungen; *gepunktete Linien* = Artgrenzen; *Pfeile* = Kreuzung nach Allopolyploidie

dann die polymorphe Stammart unmittelbar in drei Tochterarten zerfällt, d. h. es kommt zu einer trichotomen Artspaltung (Abb. 5.4).

Dadurch eröffnet sich die Möglichkeit, eine trichotome Artspaltungshypothese zu überprüfen. Bei einer derartigen **Trichotomie** ist zu erwarten, daß eine der drei Tochterarten eine erhöhte Chromosomenzahl und Synapomorphien[53] mit beiden anderen Tochterarten aufweist. Solche Vorhersagen sind statistisch überprüfbar und somit empirisch zu belegen.

---

[53] syn (gr., als Vorsilbe) = mit, zusammen; apomorphos (gr.) = fremdartig, ungestaltig; Der Begriff Synapomorphie wird in Kapitel 8 ausführlich behandelt.

5.5 Überblick

Im Gegensatz zu anderen Systemen oder Klassifikationen, die man von lebenden Organismen erstellen kann, basiert das phylogenetische System allein auf genetischen Beziehungen. Es gründet somit ausschließlich auf Abstammung, d. h. auf natürlich gewachsenen Verbindungen. Das phylogenetische System ergibt sich aus historischen Tatsachen und erschließt sich nicht unmittelbar aus Merkmalsbefunden. Letztere fungieren vielmehr nur als Indizien, die herangezogen werden, um vergangene Ereignisse zu rekonstruieren.

„Nicht weil bestimmte Individuen bestimmte Merkmale gemeinsam haben, gehören sie zur selben Art, sondern bestimmte Merkmale können solange als Artmerkmale gelten, solange Grund zu der Annahme besteht, daß sie als Steckbriefmerkmale zur Erfassung einer Gruppe von Individuen wertvoll sind, die sich als Fortpflanzungs-Gemeinschaft von anderen Gruppen getrennt hält." (Hennig 1957, S. 52)

6 Merkmale und ihre Variation

Die Darstellung des phylogenetischen Systems und seiner theoretischen Grundlagen ist mit dem vorigen Kapitel abgeschlossen worden, ohne daß **Merkmale** in der bisherigen Diskussion eine wesentliche Rolle gespielt hätten. Da das phylogenetische System allein auf genetischen Beziehungen beruht, werden Merkmale erst bei der Rekonstruktion dieses historischen Systems bedeutsam. Alle Vorgänge, die es begründen, fanden in ferner Vergangenheit statt, und die Merkmale werden als Spuren dieser vergangenen Ereignisse interpretiert. Weil die Vererbung von Merkmalen nur innerhalb definierter Abstammungslinien möglich ist, lassen sie sich zur Rekonstruktion von Artspaltungsabfolgen heranziehen.

Es ist nicht immer einfach, eine bestimmte Merkmalsausprägung als charakteristisch für eine Art oder eine monophyletische Gruppe zu identifizieren. Aufgrund einer räumlich-zeitlichen Ausdehnung dieser genetischen Einheiten[54], können auch Merkmale ihrer Vertreter in Raum und Zeit variieren. Zum Beispiel ändern Individuen ihre Gestalt im Laufe ihres Lebens, ohne aber dabei zu einem anderen Individuum zu werden bzw. ihre Artzugehörigkeit zu ändern. Arten sind nicht homogen, ihre Vertreter variieren, so daß innerartliche Variationen in Betracht kommen, die im Zusammenhang mit Ontogenese und **genealogischen Beziehungen** zwischen Individuen stehen, wie z. B. die Unterschiede zwischen Entwicklungsstadien oder den Geschlechtern belegen. Die Kenntnis der innerartlichen Variabilität ist sowohl für die Etablierung der Deszendenztheorie wie auch für die Anfänge der Genetik ausschlaggebend gewesen (siehe auch Kap. 1.4 und Kap. 1.5).

---

[54] Der Terminus „genetische Einheit" bezieht sich hier im Sinne Hennigs (1950, 1982) auf den griechischen Begriff genesis = Werden, Entstehung, Ursprung.

6.1 Merkmale und Merkmalszustände

Der Begriff Merkmal wurde vor allem in der älteren Literatur zur phylogenetischen Systematik (z. B. Hennig 1950) mit unterschiedlicher Bedeutung verwendet. So wird darunter einerseits eine bestimmte Struktur eines Organismus verstanden, die durch Veränderung einen anderen Zustand erlangt. Andererseits kann aber auch ein bestimmter Zustand, in dem sich eine Struktur befindet, damit bezeichnet werden. In diesem Sinne kann „rote Blüte" als Merkmal einer Art, aber auch „rot" als Zustand des Merkmals Blütenfarbe aufgefaßt werden (Wiley 1981, S. 9).

Der letztere Ansatz wird in der jüngeren Literatur meist bevorzugt, weil er zwei Begriffe, **Merkmal** (engl. *character*) und **Merkmalszustand** (engl. *character state*), unterscheidet und somit eine genauere Beschreibung von Merkmalen ermöglicht. Andererseits wird der Begriff Merkmal weiterhin von einigen Autoren im Sinne einer individuellen Eigenschaft definiert (z. B. Ax 1988, S. 59; Sudhaus u. Rehfeld 1992, S. 20). Dadurch kann eine Unklarheit zwischen dem Merkmalsbegriff entstehen, wie er in Definitionen gebraucht, und dem Merkmalsbegriff, wie er in Diskussionen und Interpretationen verwendet wird.

Mahner u. Bunge (2000, S. 12) stellen in diesem Zusammenhang fest: „Philosophen und Wissenschaftler sprechen gelegentlich von Eigenschaften von Eigenschaften. So könnte man z. B. sagen, das Gewicht eines Organismus (eine allgemeine quantitative Eigenschaft) habe die Eigenschaft, zeitabhängig zu variieren. Dies ist jedoch nur eine andere Ausdrucksweise dafür, daß Organismen ein *variables Gewicht* haben, was eine Eigenschaft von ihnen ist, keine Eigenschaft zweiter Ordnung." Mahner u. Bunge (2000) sehen zwei Gründe dafür, daß häufig von Eigenschaften von Eigenschaften gesprochen wird. Zum einen sei es in Diskussionen meist unüblich, zwischen Eigenschaften und Prädikaten zu unterscheiden: „Die begriffliche Repräsentation einer realen Eigenschaft nennen wir ein *Prädi-*

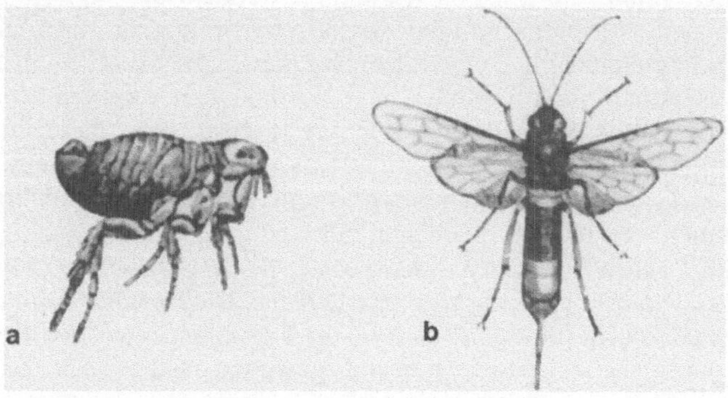

Abb. 6.1 a,b. Negativmerkmal: **a** Flügellosigkeit beim Menschenfloh (*Pulex irritans*, Siphonaptera; nach Blanchard) im Vergleich mit **b** einer Holzwespe (*Sirex gigas*, Siricoidea; nach Taschenberg) (aus Hertwig 1924)

kat[55] oder ***Attribut*** (Mahner u. Bunge 2000, S. 9)." Ein Prädikat kann aber nicht nur für reale Eigenschaften, z. B. Körpergewicht, sondern auch für das Fehlen realer Eigenschaften, z. B. Flügellosigkeit, stehen (Abb. 6.1). Deshalb ist es in der Tat falsch, diese Begriffe gleichzusetzen (siehe Abb. 6.2). Zum zweiten ist die oben erwähnte uneinheitliche Verwendung des Begriffs Merkmal zu nennen. Wenn von einem Merkmal die Rede ist, kann somit eine reale Eigenschaft oder ein Prädikat gemeint sein.

Diese Unstimmigkeiten lassen sich offenbar nur dadurch auflösen, daß weder der Begriff Merkmal noch der Begriff Merkmalszustand im Sinne einer physikalischen Eigenschaft definiert wird. Stattdessen läßt sich ein Merkmal als eine Variable und ein Merkmalszustand als ein bestimmter Wert dieser Variablen auffassen (Pimentel u. Riggins 1987; Minelli 1993, S. 16).

> - In diesem Sinne sind Merkmalszustände qualitative oder quantitative Prädikate, die wir bestimmten Organismen zuweisen. Merkmale dagegen sind übergeordnete Konstrukte, nämlich Variablen, die verschiedene Werte einnehmen können. Der Zustand eines Merkmals ist also nicht als Eigenschaft einer Eigenschaft, sondern als Wert einer Variablen zu verstehen.

In der Variablen Merkmal werden dabei Teile zu vergleichender Organismen durch ein geeignetes Konzept als vergleichbare Objekte erfaßt. In der biologischen Systematik ist dies üblicherweise das Konzept der **Homologie** (siehe Kap. 7). Der Merkmalszustand als Wert dieser Variablen repräsentiert eine Eigenschaft, die im

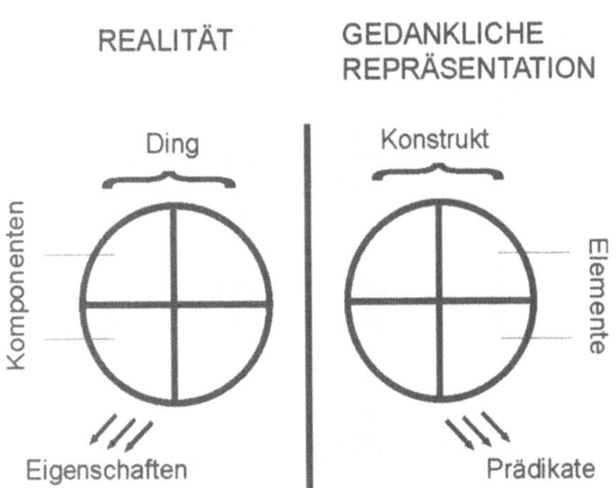

Abb. 6.2. Begriffliche Gegenüberstellung von realen Gegebenheiten und ihren gedanklichen Repräsentationen (Termini in Anlehnung an Mahner u. Bunge 2000)

---

[55] Hervorhebung der Begriffe „Prädikat" und „Attribut" durch die Autoren (BW, HR, WH)

Einzelfall bei einem solchen Teil eines Organismus auftritt, oder er repräsentiert auch das Fehlen einer solchen Eigenschaft. Merkmalszustände sind also Prädikate (s. o.).

In bezug auf das oben erwähnte Beispiel der Blütenfarbe bedeutet dies, daß wir zunächst die Blüten verschiedener Pflanzen als vergleichbare Objekte auffassen, z. B. weil wir sie abstammungsgeschichtlich von Teilen eines gemeinsamen Vorfahren ableiten. Wir definieren daher für diese vergleichbaren Objekte die Merkmalsvariable Blütenfarbe, bezüglich der wir verschiedenen Blüten, die wir untersuchen, einen Beobachtungswert wie rot oder gelb zuweisen. Dabei steht die Variable Blütenfarbe für ein Merkmal, die Werte rot und gelb für Merkmalszustände (Abb. 6.3).

Für die Praxis der Systematik ist es wichtig zu bemerken, daß Merkmale innerhalb derselben genetischen Einheit, also innerhalb eines Individuums, einer Art, oder einer monophyletischen Gruppe, variieren können, d. h., daß sich die Zugehörigkeit zu einer bestimmten genetischen Einheit nicht direkt aus den Merkmalen erschließt. So haben beispielsweise nicht alle Vertreter der Säugetiere Milchdrüsen, sondern nur die Weibchen. Dennoch ist das Merkmal „Milchdrüse" ein wichtiges Merkmal für die Klassifikation der Säugetiere.

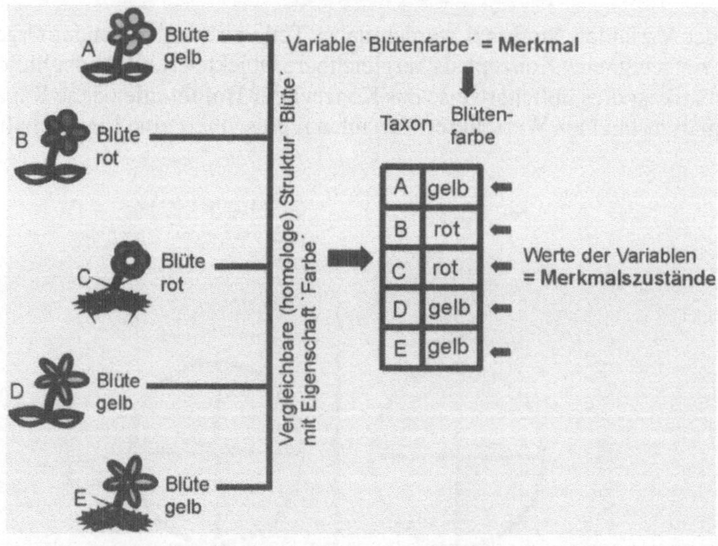

Abb. 6.3. Merkmale und Merkmalszustände als Repräsentationen empirischer Beobachtungen. Durch ein geeignetes Konzept – in der phylogenetischen Systematik das Homologiekonzept – werden Strukturen verschiedener Organismen, die unterschiedliche Eigenschaften haben, als vergleichbar interpretiert und in einer Merkmalsvariablen zusammengefaßt. Die jeweiligen Werte der Variablen sind die Merkmalszustände

6.2 Der Metamorphismus

Den Begriff **Metamorphismus**[56] hat Hennig (1950) für innerartliche Unterschiede eingeführt, die auf Veränderungen im Laufe der Ontogenese beruhen. Er ist weiter und auch klarer gefaßt als der bekanntere Begriff **Metamorphose**, wie er in der Zoologie Verwendung findet. Von einer Metamorphose spricht man in der Regel nur dann, wenn im Laufe der Ontogenese erhebliche Veränderungen auftreten, wie der Wandel von einer Larve zu einer adulten Form. Dabei ist auch nicht eindeutig festgelegt, welches Ausmaß die Unterschiede zwischen jungen und adulten Entwicklungsstadien erreichen müssen, um von einer Metamorphose sprechen zu können.

Der Begriff Metamorphismus dagegen schließt alle Unterschiede ein, die auf ontogenetischer Veränderung beruhen, also auch solche wie Wachstum, Reifung oder Alterung, die weniger tiefgreifend sind als metamorphotische Veränderungen. Dabei können durchaus auch in solchen Fällen, in denen nicht von Metamorphose gesprochen wird, Unterschiede auftreten, die man für **Artunterschiede** halten könnte, wenn der ontogenetische Übergang von einer Form zur anderen unbekannt ist. So lassen sich etwa bei Jungpflanzen vieler *Eucalyptus*-Arten rundliche, gegenständige Blätter beobachten, während die adulten Bäume derselben Art lanzettförmige, wechselständige Blätter aufweisen (Abb. 6.4). Ein weiteres Beispiel ist der Zahnwechsel der Säugetiere. Die Zähne des Dauergebisses haben nicht nur eine deutlich andere Form, sondern ihre Anzahl ist auch höher als die des Milchgebisses, so daß zwischen dem Gebiß im Kindes- und Erwachsenenalter erhebliche Unterschiede bestehen (Abb. 6.5). Die Merkmale eines Individuums können sich auch periodisch ändern, etwa im Zusammenhang mit den Jahreszeiten. Auf diese Möglichkeit werden wir in Kap. 6.4 näher eingehen.

In den Fällen, in denen von Metamorphose die Rede ist, wie z. B. bei Insekten oder Amphibien (Abb. 6.6), ist das Ausmaß der Unterschiede noch erheblich größer. Bei ursprünglichen Insekten folgt auf mehrere Larvenstadien das Vollinsekt (Imago, adultes Insekt), bei den weiterentwickelten Holometabola, ist zwischen letztem Larvenstadium und Imago zusätzlich ein Puppenstadium eingeschaltet. Larve, Puppe und Imago sehen so unterschiedlich aus, daß man ohne eine direkte Beobachtung der Ontogenese oder molekulargenetische Vergleiche nicht in der Lage wäre, sie derselben Art oder gar demselben Individuum zuzuordnen. Die wohl extremsten Metamorphosen finden sich bei den Stachelhäutern (Echinodermata), bei denen sich selbst die Symmetrieverhältnisse drastisch ändern. Aus bilateralsymmetrischen Larven werden fünfstrahlig radialsymmetrische Seeigel oder Seesterne.

---

[56] metamorphosis (gr.) = Verwandlung, Umgestaltung

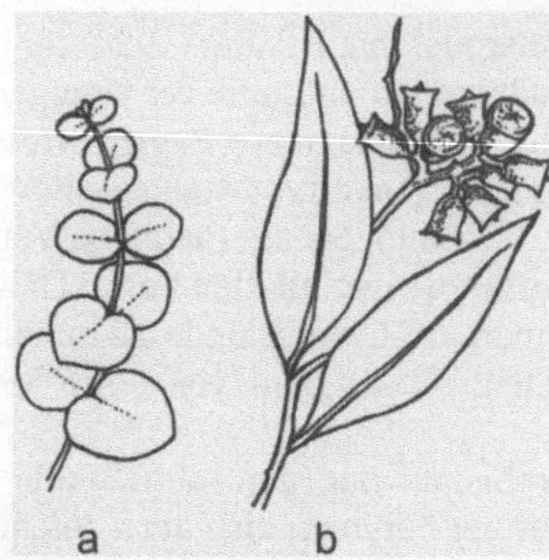

Abb. 6.4. Vergleich der Blattform und Blattstellung bei **a** juvenilen und **b** adulten Pflanzen der australischen Spezies *Eucalyptus gunnii* (Myrthaceae). Während Jungpflanzen rundliche, gegenständige Blätter haben, sind die Blätter adulter Bäume gebogen lanzettförmig und wechselständig (nach Leathart 1977, Coombes 1992)

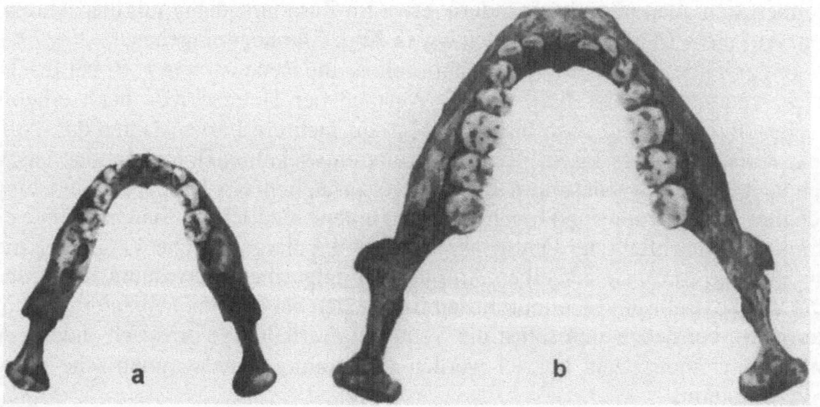

Abb. 6.5. a Unterkiefer eines ca. 2jährigen Kindes mit Milchbezahnung; **b** Unterkiefer eines Erwachsenen mit Dauerbezahnung

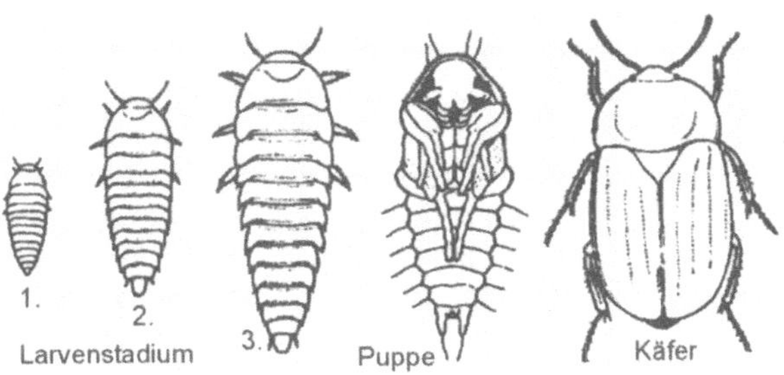

Abb. 6.6. Metamorphose eines Aaskäfers (*Blitophaga undata*, Silphidae, Coleoptera) als Beispiel für eine typische Metamorphose holometaboler Insekten mit Larvenstadien, Puppe und Imago (Euholometabolie) (nach Weber 1966)

6.3 Der Polymorphismus

Von Polymorphismus[57] spricht man in der Regel dann, wenn innerhalb derselben Population verschiedene eigenständige Formen auftreten, wie z. B. Männchen und Weibchen oder Arbeiterinnen und Königinnen.

Sudhaus u. Rehfeld (1992, S. 27) grenzen den Begriff stärker ein. Als Polymorphismus bezeichnen sie nur solche Fälle, bei denen das Zustandekommen distinkter Formen ausschließlich genetisch determiniert ist. Wenn dagegen Umwelteinflüsse eine entscheidende Rolle für die Ausbildung unterschiedlicher Formen spielen, indem sie genetische Dispositionen in die eine oder andere Richtung beeinflussen, sprechen sie von Polyphänismus.

So hat z. B. bei Schildkröten und Alligatoren die Temperatur (Wehner u. Gehring 1990), bei einigen Korallenfischarten, z. B. *Dascyllus*, die Anzahl der Sexualpartner im Streifgebiet (Schwarz u. Smith 1990) einen Einfluß auf die Ausbildung der Geschlechtszugehörigkeit. Bei weiblichen Larven der Honigbiene bestimmt die Zusammensetzung des Futters, ob diese sich zu einer Arbeiterin oder zu einer Königin entwickeln (Wehner u. Gehring 1990).

In der Praxis erweist sich diese Begriffsunterscheidung allerdings oft als schwierig, denn auch von einigen Tieren mit genetischer Geschlechtsdetermination ist bekannt, daß Hormongaben zu einer Geschlechtsumwandlung führen können (Wehner u. Gehring 1990). Es gibt vermutlich viele Grenzfälle, in denen nicht ohne weiteres entschieden werden kann, ob Umwelteinflüsse bestimmend sind oder nicht.

Im Gegensatz zu SUDHAUS und REHFELD hat Hennig (1950, 1982) den Begriff Polymorphismus nicht eingegrenzt sondern ausgedehnt. Er bezeichnet alle Unter-

---

[57] poly (gr., als Vorsilbe) = viel; morphe (gr.) = Gestalt

schiede als Polymorphismus *sensu lato*, die im Zusammenhang mit genetischen Beziehungen zwischen verschiedenen Individuen derselben Art stehen (tokogenetische Beziehungen, s. Kap. 3.2). Diese Begriffsbestimmung steht in der Tat auch am besten im Einklang mit seiner Theorie, daß es innerhalb der Art zweierlei genetische Beziehungen gibt, die ontogenetischen und die tokogenetischen (Kap. 3). Merkmalsunterschiede im Zusammenhang mit ontogenetischen Beziehungen werden als Metamorphismus bezeichnet (Kap. 6.2), solche, die mit tokogenetischen Beziehungen zusammenhängen, indes als Polymorphismus.

In diesem weitest gefaßten Sinn kann auch jede individuelle Variabilität innerhalb einer Population als Polymorphismus bezeichnet werden, ohne daß dabei distinkte Typen abgrenzbar sein müssen. Diese individuellen Unterschiede nehmen bisweilen ein beachtliches Maß an (Abb. 6.7). Ferner fällt auch die Differenzierung einer Art in verschiedene Unterarten unter diesen erweiterten Begriff des Polymorphismus.

Die häufigste Form von Polymorphismus *sensu stricto*, also die Ausbildung distinkter Formen innerhalb einer Population, ist im Tierreich der Sexualdimorphismus. Dazu gehören generell alle Unterschiede, die zwischen männlichem und weiblichem Geschlecht auftreten, also primäre (Fortpflanzungsorgane), sekundäre (alle weiteren morphologisch-anatomischen Merkmale), tertiäre (Verhaltensunterschiede etc.) Geschlechtsmerkmale sowie genetische Unterschiede im Falle einer

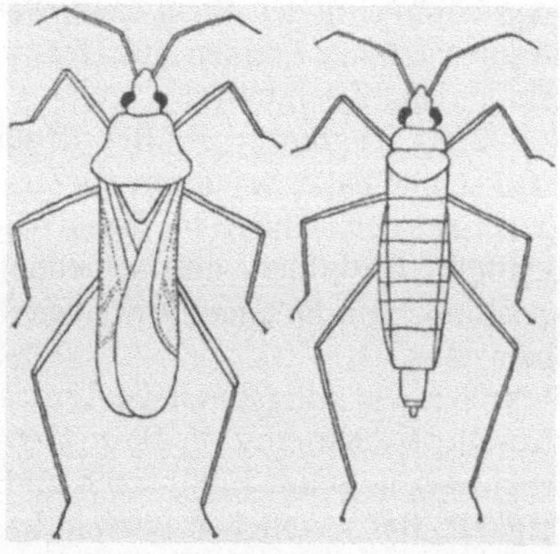

Abb. 6.7. Zwei individuelle Wanzen der Spezies *Mesovelia fructata*, die aus derselben Population stammen und sich im gleichen Ontogenesestadium befinden. Dennoch existieren auffällige Unterschiede zwischen den beiden Individuen, die in diesem Fall größtenteils auf die genetische Vielfalt biologischer Populationen zurückzuführen sind (nach Remane 1952)

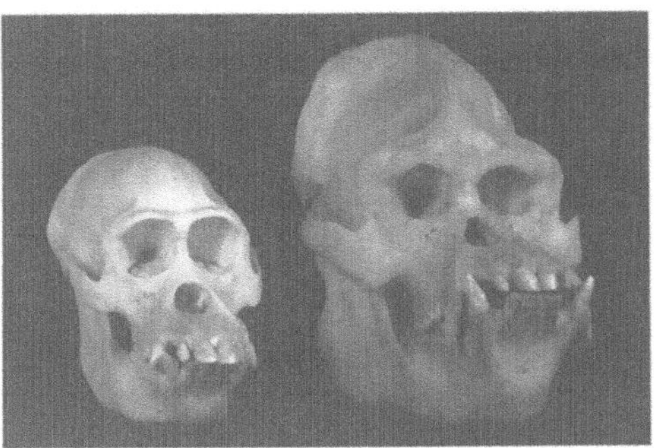

Abb. 6.8. Geschlechtsunterschiede am Schädel des Orang-Utan (*Pongo pygmaeus*, Primates). *Links* ist ein weiblicher, *rechts* ein männlicher Schädel abgebildet. Neben dem deutlichen Größenunterschied zeichnet sich das weibliche Exemplar vor allem durch eine stärker gerundete Form des Schädeldaches, das männliche Exemplar durch prominente Knochenwülste und Knochenkämme sowie Eckzähne aus

genetischen Geschlechtsdetermination. Wenn in der Praxis der Systematik von **Sexualdimorphismus** die Rede ist, bezieht sich das allerdings überwiegend auf die sekundären Geschlechtsmerkmale. So haben etwa beim erwachsenen Menschen die weiblichen Individuen durch Milchdrüsen vergrößerte Brüste, während die männlichen Individuen durch stärkeren Bartwuchs ausgezeichnet sind (siehe z. B. Conrad 1963). Bei manchen anderen Primaten, z. B. den Pavianen (*Papio*) oder dem Orang-Utan (*Pongo*), sind die Unterschiede zwischen den Geschlechtern noch größer (Abb. 6.8). Geschlechtsunterschiede können ein solches Ausmaß annehmen, daß sich erst durch den Nachweis einer gemeinsamen Fortpflanzung auf eine gemeinsame Artzugehörigkeit schließen läßt (z. B. bei *Schistosoma mansoni*, Plathelminthes, Trematoda).

Neben einer Differenzierung in zwei Geschlechter können weitere Formtypen auftreten. So kommen bei europäischen Ohrwürmern (Dermaptera) z. B. zweierlei Männchenformen vor, von denen eine stärker den Weibchen ähnelt (Hennig 1982, S. 44ff). Bei staatenbildenden Insekten, z. B. Termiten, sind verschiedene Kasten ausgebildet, die sich morphologisch voneinander unterscheiden. Es gibt Königinnen, Könige, Arbeiter und Soldaten, und innerhalb dieser allgemeinen Kasten können weitere unterschiedliche Formen auftreten (Abb. 6.9).

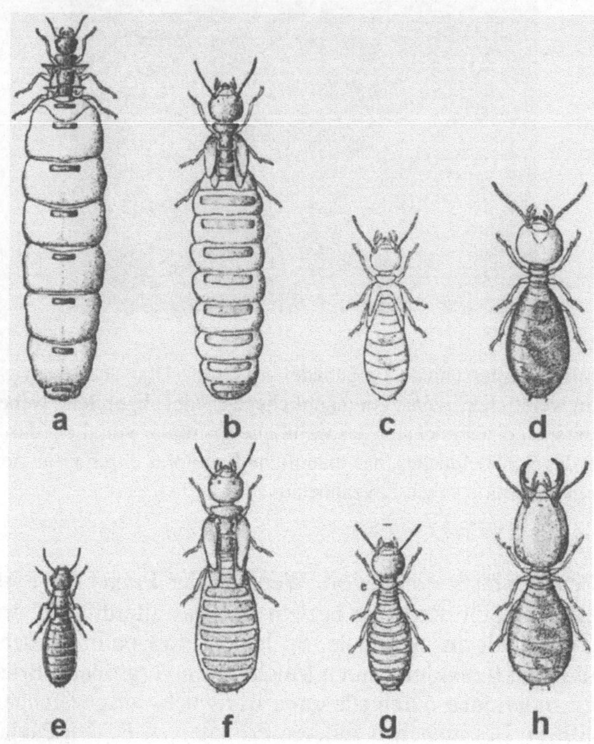

Abb. 6.9 a–h. Kasten der südafrikanischen Termitenart *Amitermes atlanticus*. **a** primäre Königin; **b** sekundäre Königin; **c** tertiäre Königin; **d** Arbeiter; **e** primärer König; **f** sekundärer König; **g** tertiärer König; **h** Soldat (nach Skaife 1954)

6.4 Der Cyclomorphismus

Bei der Betrachtung der Zeitdimension innerartlicher Merkmalsvariation fällt auf, daß die Merkmale einer Organismengruppe sich periodisch ändern können. Hennig (1950, 1982) hat hierfür den Begriff **Cyclomorphismus** eingeführt.

Die Begriffe Metamorphismus und Polymorphismus erfassen alle innerartlichen Variationen von Merkmalen, denn ersterer bezieht sich auf ontogenetische, letzterer auf tokogenetische Beziehungen. Da weitere genetische Beziehungen innerhalb einer Art nicht auftreten, ist der Cyclomorphismus daher nicht eine zusätzliche Form innerartlicher Variation, die sich gegen Polymorphismus und Metamorphismus abgrenzen läßt, sondern ein Spezialfall periodischer Merkmalsänderung, die sich aus Metamorphismen und Polymorphismen zusammensetzt.

Dabei ist nicht auszuschließen, daß es sich um einen reinen Metamorphismus handelt, denn viele Individuen ändern ihr Aussehen im Laufe der Jahreszeiten. So gibt es z. B. in der kalten und gemäßigten Zone sehr viele Baumarten, die im

Herbst das Laub abwerfen und im Frühling neue Blätter treiben, sowie Säugetier- und Vogelarten, die im gleichen Rhythmus das Sommer- und Winterfell bzw. Sommer- und Wintergefieder wechseln. Sehr auffällig wird dieser Fell- bzw. Gefiederwechsel, wenn die Farbe zum Zwecke der Tarnung an die Jahreszeit angepaßt wird, z. B. bei Schneehasen, Eisfüchsen, Hermelinen oder Schneehühnern (Abb. 6.10). Oft stehen jahreszeitliche Veränderungen der Merkmale auch mit saisonaler Paarung in Zusammenhang. So verfärben sich viele männliche Fische, etwa der dreistachlige Stichling (*Gasterosteus aculeatus*), zur Paarungszeit auffällig bunt, oder männliche Säugetiere, z. B. männliche Totenkopfaffen (*Saimiri*), ändern ihre äußeren Proportionen durch Anlage großer Fettpolster (*fatted male condition*, DuMond 1968). Für derartige jahreszeitliche Veränderungen desselben Individuums sind auch Begriffe wie **Cyclomorphose**, **Saisondimorphismus** oder **Saisondiphänismus**[58] gebräuchlich. Auch tageszeitliche Rhythmen wie das Öffnen und Schließen der Blüten vieler Pflanzen können als Cyclomorphismen aufgefaßt werden, die sich allein aus Metamorphismen zusammensetzen.

Sehr häufig besteht ein Cyclomorphismus aber auch aus einer periodischen Abfolge von Meta- und Polymorphismen. Das gilt vor allem für Arten, bei denen ein Generationswechsel auftritt (siehe auch Kap. 3.2). Viele Parasiten, z. B. die Digenea, eine Untergruppe der Trematoda (Saugwürmer), zeichnen sich durch anatomisch sehr unterschiedliche Stadien aus: adulte Würmer, Miracidien, Cercarien und Metacercarien (Mehlhorn u. Piekarski 1989, S. 156ff). Der Übergang von ei-

Abb. 6.10 Jahreszeitliche Unterschiede der äußeren Gestalt beim Alpenschneehuhn (*Lagopus*); links im Winter- (*L. mutus*), rechts im Sommergefieder (*L. leucurus*). Diese Unterschiede sind auf einen zyklischen Metamorphismus zurückzuführen, d. h. nicht nur innerhalb derselben Art, sondern auch bei ein und demselben Individuum treten jahreszeitliche Gestaltveränderungen auf (Fotos: OKAPIA)

---

[58] Sudhaus u. Rehfeld (1992) verwenden hier, ähnlich wie bei den in Kap. 6.3 erwähnten Polymorphismus-Beispielen, den Ausdruck Polyphänismus, weil Umwelteinflüsse eine entscheidende Rolle spielen.

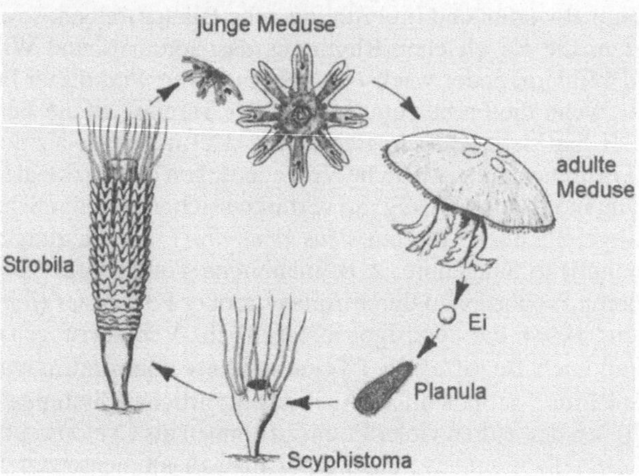

Abb. 6.11. Lebenszyklus der Ohrenqualle *Aurelia* (Scyphozoa, Cnidaria), bei dem ein Generationswechsel zwischen Polypen und Medusen in Verbindung mit Metamorphosen zu einer zyklischen Abfolge sehr unterschiedlicher Erscheinungsformen führt, die aber aufgrund ihrer genetischen Beziehungen alle derselben Art zuzurechnen sind (nach Ruppert u. Barnes 1994)

ner Form zur anderen ist einmal mit einem Generationswechsel und einmal mit einer Metamorphose verbunden, d. h. es handelt sich um eine zyklische Abfolge von Poly- und Metamorphismen. Sehr große zyklische Formunterschiede können auch bei Nesseltieren (Cnidaria) auftreten. So findet bei der Ohrenqualle (*Aurelia*) ein Generationswechsel zwischen sessilen Polypen und freischwimmenden Medusen statt. Sowohl die Polypen als auch die Medusen durchlaufen darüber hinaus eine Metamorphose, so daß sich sehr unterschiedliche Formen ergeben, die aber alle derselben Art angehören (Abb. 6.11).

6.5 Unterschiede zwischen Arten bzw. monophyletischen Gruppen

Die phylogenetische Systematik benötigt für die Rekonstruktion der Stammesgeschichte bestimmter Organismen Merkmale von Arten bzw. monophyletischen Gruppen (siehe Kap 6.2-6.4). Dabei ist zu beachten, daß es sich bei einem festgestellten Unterschied zwischen verschiedenen Untersuchungsobjekten um eine **innerartliche Variation** handeln könnte. Aus diesem Grunde ist es wichtig, daß bei der Datenerhebung Informationen, wie biologisches Alter, Geschlecht, geographische Herkunft und sogar die Jahreszeit, in der das Material gesammelt wurde, möglichst genau dokumentiert werden. Auch die Größe der untersuchten Stichproben ist in diesem Zusammenhang von erheblicher Bedeutung, um einen repräsentativen Überblick über individuelle Unterschiede zu bekommen. Dadurch lassen sich innerartliche Variationen als solche erkennen.

In der Praxis sind die Möglichkeiten, alle diese Umstände zu berücksichtigen, allerdings häufig eingeschränkt, weil die Herkunft des verfügbaren Materials mangelhaft dokumentiert ist, weil überhaupt nur wenig Material vorhanden ist oder die Analyse großer Stichproben bei manchen Projekten zu aufwendig wäre. Über diese Lückenhaftigkeit der gegebenen Information sollten Systematiker sich immer im klaren sein, um keine vorschnellen Schlußfolgerungen zu ziehen.

Die Merkmale bzw. Merkmalszustände einer Art können sich während deren Existenzdauer ändern, ohne daß dies zur Artentstehung führen würde (siehe auch Kap. 4), da Arten nur durch Aufspaltung einer Stammart entstehen. Dieser Aspekt ist besonders dann zu berücksichtigen, wenn Fossilien untersucht werden (siehe Kap. 10).

Die Nachkommen einer Stammart können sich in ihren Merkmalen gegenüber letzterer verändern. Deshalb haben alle Arten, die einer monophyletischen Gruppe angehören, mehr oder weniger verschiedene **Merkmalsmuster**, worunter die Gesamtheit aller Merkmalszustände eines Organismus zu verstehen ist. Die Merkmale, die eine monophyletische Gruppe kennzeichnen, sind Merkmale, die von der gemeinsamen Stammart übernommen wurden. Ob es sich dabei um essentielle oder typische Merkmale handelt (siehe Kap. 1.1), spielt dabei keine Rolle. Weil sich die Folgearten dieser Stammart verändern, ist aber auch damit zu rechnen, daß solche charakteristischen Merkmalszustände in einigen Untergruppen verlorengehen. Es ist sogar möglich, daß Merkmalszustände entstehen, die denen anderer Stammartvertreter außerhalb der betreffenden monophyletischen Gruppe ähneln. Solche Merkmalsübereinstimmungen, die in der Praxis in Konflikt mit Monophyliehypothesen geraten, werden als **Homoplasien**[59] bezeichnet (siehe Kap. 9).

Charakteristisch für eine monophyletische Gruppe ist, unter Berücksichtigung der Möglichkeit oben erwähnten Gestaltwandels, das sogenannte **Grundmuster**, welches für das Merkmalsmuster der letzten gemeinsamen Vorfahren steht:

> • Das Grundmuster einer monophyletischen Gruppe ist das Merkmalsmuster ihrer Stammart zum Zeitpunkt ihres Erlöschens durch Aufspaltung in zwei Tochterarten.

Die Stammart kann demnach zu einem früheren Zeitpunkt ihrer Existenz ein anderes Merkmalsmuster aufgewiesen haben (siehe Kap. 4), und auch alle Folgearten können sich in bestimmten Merkmalen vom Grundmuster unterscheiden. In den allermeisten Fällen trifft dies auch tatsächlich zu.

---

[59] homos (gr.) = ähnlich, gleich; plasis (gr.) = das Bilden, die Form

6.6 Genotypische und phänotypische Merkmale

Die phylogenetische Systematik ist bestrebt, die Artenvielfalt auf evolutionstheoretischer Grundlage zu erklären. Beim wissenschaftlichen Erklärungsansatz
spielt daher der Gedanke der Abstammung mit evolutiver Veränderung (Kluge 1999)[60] eine zentrale Rolle.

Abstammung von Merkmalen wird für die Systematik demnach erst dann relevant, wenn sie mit Veränderung kombiniert ist. Merkmale, die in der untersuchten
Gruppe keine Unterschiede aufweisen, da sie in unverändertem Zustand weiterge-
geben wurden, liefern keinerlei Informationen, die für eine **Stammbaumrekonstruktion** verwertbar sind.

Der Transformation von Merkmalen kommt somit eine bedeutende Rolle zu,
denn durch sie geht aus einer Plesiomorphie eine Apomorphie hervor. In der Molekularbiologie wird die Ursache für den Transformationsprozess des Merkmals,
der letztlich zur Veränderung von Artmerkmalen führt, überwiegend in der Mutation[61], die am Genotyp[62] ansetzt, gesehen, während in der Morphologie die Ursache für den Artwandel vor allem in der Selektion gesehen wird, die am Phänotyp
ansetzt. Diese unterschiedliche Sichtweise ist vornehmlich darauf zurückzuführen,
daß sich die Molekularbiologie überwiegend mit genotypischen, die Morphologie
dagegen ausschließlich mit phänotypischen Merkmalen befaßt.

Mutation der genetischen Information ist dafür verantwortlich, daß Merkmalsunterschiede, die für die Phylogenetik von Interesse sind, überhaupt entstehen.
Phylogenetisch irrelevant sind dagegen solche Merkmale, die nicht genetisch fi-
xiert sind. Daraus ergibt sich eine besondere Schwierigkeit für die Morphologie.
Bei phänotypischen Merkmalen muß immer damit gerechnet werden, daß beobachtete Merkmalsunterschiede nicht genetisch bedingt sind, sondern durch unterschiedliche Umwelteinflüsse hervorgerufen wurden. Die Untersuchung phänotypischer Merkmale ist somit mit dem zusätzlichen Problem des **Polyphänismus**
(*sensu* Sudhaus u. Rehfeld 1992; siehe Kap. 6.3) konfrontiert, welches bei genotypischen Merkmalen nicht auftritt.

In der genetischen Information gibt es ferner keine Metamorphismen, oder sie
sind zumindest sehr unwahrscheinlich.[63] In der Morphologie spielen ontogenetische Veränderungen zweifellos eine ungleich größere Rolle und führen daher zu
zusätzlichen Schwierigkeiten bei der Interpretation von **Merkmalsunterschieden**
(siehe Kap. 6.2). Die Molekularbiologie konzentriert sich durch die Wahl des Un-
tersuchungsmaterials von vornherein auf Merkmale, die erblich und ontogenetisch

---

[60] Kluge (1999) spricht von „*descent, with modification*". Der Begriff „Modifikation" erscheint uns allerdings zu weit gefaßt, weshalb wir ihn durch den präziseren Begriff „evolutionäre Veränderung"
ersetzen.

[61] mutare (lat.) = sich verändern, sich wandeln

[62] genos (gr.) = Gattung, Geschlecht; typos (gr.) = Typ, Gestalt

[63] Eventuell läßt sich die sogenannte Autogamie von Einzellern, vor allem Ciliaten, als Gen-
Metamorphismus bezeichnen, denn bei dieser Gruppe eliminiert ein Individuum einen seiner Chro-
mosomensätze und ersetzt ihn durch eine Kopie des anderen (siehe z. B. Wehner u. Gehring 1990,
S. 164ff).

unveränderlich sind, und umgeht damit die Probleme, mit denen die Morphologie durch Polyphänismus und Metamorphismus konfrontiert ist.

Da die Selektion am Phänotyp ansetzt, sind phänotypische Merkmale unterschiedlich gut an die jeweiligen Lebensbedingungen angepaßt. Daher haben Individuen, deren phänotypische Merkmale divergieren, statistisch gesehen ungleiche Chancen zu überleben und sich fortzupflanzen. Diese üben wiederum einen Einfluß auf das Ausmaß aus, in dem unterschiedliche Individuen ihre genetische Information an die nachfolgenden Generationen vererben können (Fitneß im evolutionstheoretischen Sinn, siehe z B. Futuyma 1990). Aus diesem Grunde haben, unter evolutiven Gesichtspunkten betrachtet, Phänotypen auch einen Einfluß auf die Fortpflanzung von Genotypen, d. h. Gene und Phäne beeinflussen sich wechselseitig. Bei den Phänen spielen adaptive Aspekte eine entscheidende Rolle, deren Berücksichtigung für das Verständnis eines Merkmalswandels nützlich ist, denn funktional-adaptive Gesichtspunkte können Hinweise auf die Richtung des **Merkmalswandels** liefern (siehe Kap. 8.4) und sind deshalb für die phylogenetische Systematik von Bedeutung, weil sie bei der Unterscheidung von Plesiomorphie und Apomorphie Entscheidungshilfen bieten. Dagegen ist die adaptive Bedeutung eines genotypischen Merkmals in der Regel weitgehend unverstanden,[64] wodurch die Molekularbiologie in dieser Hinsicht auf größere Schwierigkeiten stößt als die Morphologie.

6.7 Qualität und Quantität von Merkmalen

Einerseits ist die Berücksichtigung möglichst vieler Merkmale in phylogenetischen Analysen erstrebenswert, um die Zuverlässigkeit der Ergebnisse zu erhöhen, andererseits ist es aber ebenso erstrebenswert, vorab die Eignung eines jeden Merkmals zur Stammbaumrekonstruktion zu prüfen (siehe Kap. 8.1). Dadurch entsteht ein Zwiespalt zwischen zwei Zielen, der Quantität und der Qualität der verwendeten Merkmale, denn hohe Quantität kann unter Umständen die Qualität beeinträchtigen und *vice versa* hohe Qualität die angestrebte Datengrundlage minimieren.

In dieser Hinsicht tendieren **Morphologie** und **Molekularbiologie** in der Regel dazu, unterschiedliche Wege zu gehen. In der Molekularbiologie wird meistens umfangreiches Material von DNA-Sequenzen analysiert. Jede Basenposition einer DNA-Sequenz wird als ein Merkmal bewertet, so daß nach Sequenzierung tausender solcher Positionen einige hundert Unterschiede resultieren können. Die Molekularbiologie ist der Morphologie somit hinsichtlich der Anzahl verfügbarer Merkmale weit überlegen (siehe Übersichten in Page u. Holmes 1998, Schmitt 1998, Wägele 2000). Ferner ist die operationale Exaktheit bei der Datenerhebung optimal, weil alle Basenpositionen scharf gegeneinander abgegrenzte Informationseinhei-

---

[64] Strenggenommen betrifft Adaptation nur den Phänotyp. Eine adaptive Bedeutung läßt sich genotypischen Merkmalen nur über eine Analyse der durch sie bewirkten phänotypischen Merkmale beimessen.

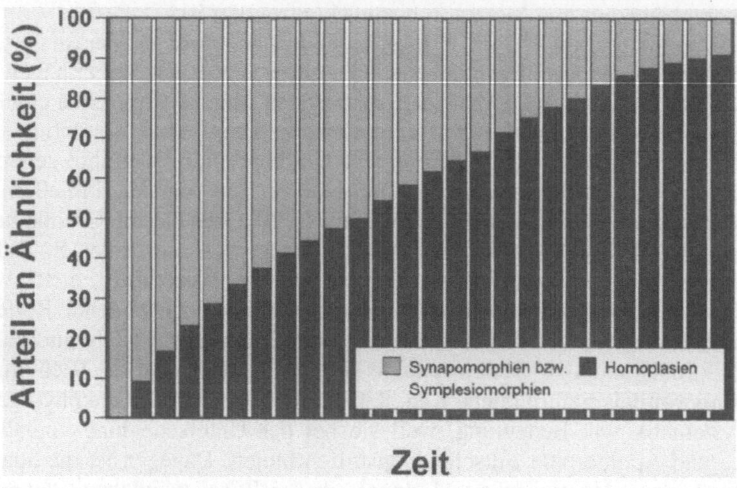

Abb. 6.12. Zeitliche Zunahme des Anteils von Homoplasien an der Gesamtähnlichkeit. Homoplasien treten zunehmend an die Stelle von Symplesiomorphien bzw. Synapomorphien und zerstören damit phylogenetisch verwertbare Informationen. Dieser Prozeß vollzieht sich um so schneller, je höher die Evolutionsrate ist und je weniger komplex die Merkmale sind. Mit einfachen und schnell veränderlichen Merkmalen ist daher schon nach kurzer Zeit - in geologischen Maßstäben gemessen - keine verläßliche Stammbaumrekonstruktion mehr zu erzielen

ten darstellen. Morphologische Strukturen gehen dagegen oft kontinuierlich ineinander über. Die **Merkmalsqualität** kann bei DNA-Daten angesichts einer solch großen Anzahl jedoch nur sehr begrenzt begutachtet werden. Diese dürfte in der Regel jedoch eher gering sein, denn eine DNA-Position stellt kein besonders komplexes Merkmal dar. Es gibt nur vier mögliche Merkmalszustände und in Verbindung mit der meist hohen Evolutionsrate der untersuchten Moleküle kommt es nach relativ kurzer Evolutionsdauer zu einem hohen Anteil von Homoplasien. Diese treten an den Platz von Synapomorphien und vernichten damit zunehmend Informationen, die für die Stammbaumrekonstruktion von Bedeutung sind (Abb. 6.12). Die Verläßlichkeit des resultierenden Stammbaums wird dadurch beeinträchtigt.

In der klassischen Morphologie ist es üblich, jedes Einzelmerkmal auf seine Tauglichkeit für phylogenetische Analysen detailliert zu prüfen. Allerdings sind meist erheblich weniger Merkmale verfügbar als in der Molekularbiologie. So lassen sich bestimmte Verwandtschaftshypothesen oftmals nur durch ein einziges Merkmal stützen und sind dementsprechend unsicher. Morphologische Analysen können hingegen oft auf sehr **komplexe Merkmale** zurückgreifen, deren mehrmalige, voneinander unabhängige Evolution weniger wahrscheinlich ist. Dadurch verursachen morphologische Merkmale geringere Homoplasieprobleme als DNA-Positionen.

Die hier dargestellten Unterschiede stellen allerdings keinen absoluten Kontrast zwischen molekularen und morphologischen Merkmalen dar, sondern nur Tendenzen, die sich möglicherweise in der Zukunft ändern. In der Genetik gibt es Bestrebungen, komplexere Merkmale zu finden. So wird beispielsweise nach längeren **Sequenzabschnitten** gesucht, die an einer ganz bestimmten Stelle in einen DNA-Strang eingefügt wurden (Rokas u. Holland 2000). In diesem Zusammenhang wird die Suche nach sogenannten *short* bzw. *long interspersed elements* (SINEs bzw. LINEs) von manchen Molekularbiologen hoch geschätzt. Dabei handelt es sich um durch reverse Transkription entstandene Kopien von RNA, die z. B. durch Viren in ein Wirtsgenom integriert wurden. Ein beeindruckendes Beispiel ist eine Analyse von SINEs und LINEs bei Paarhufern (Artiodactyla) und verwandten Gruppen mit dem überraschenden Ergebnis, daß die Wale (Cetacea) die Schwestergruppe der Flußpferde (Hippopotamidae) sind (Abb. 6.13; Nikaido et al. 1999; für Primaten siehe z. B. Schmitz et al. 2001; allgemeine Übersicht in Storch et al. 2001). In der Morphologie gibt es demgegenüber Bestrebungen, durch möglichst viele Messungen eine große Anzahl von Merkmalen zu erhalten, die dann ohne eingehendere **Qualitätsanalysen** weiter verarbeitet werden. Beide

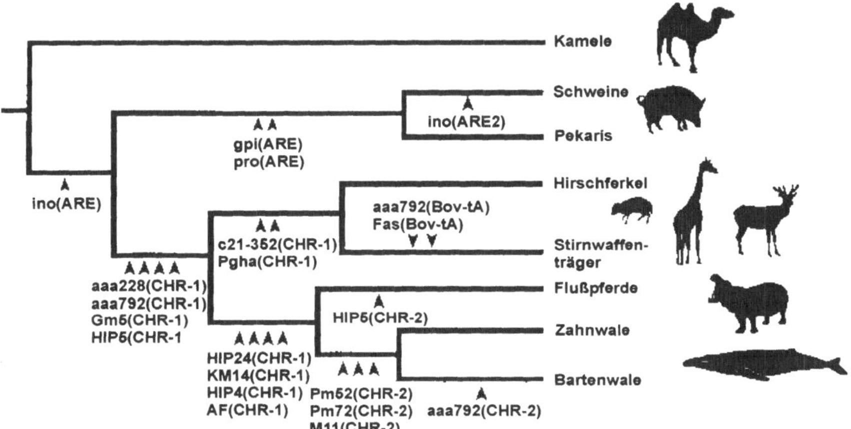

Abb. 6.13. Phylogenetische Beziehungen zwischen Paarhufern und Walen, wie sie sich aus einer Analyse von SINEs und LINEs ergeben. Jeder Pfeil kennzeichnet die Insertion eines bestimmten SINE bzw. LINE an einem bestimmten Locus. So bedeutet beispielsweise „ino(ARE2)", daß das Sequenzmuster „ARE2" am Locus „ino" zu finden ist. Im Gegensatz zu herkömmlichen DNA-Analysen werden hier sehr komplexe Merkmalsübereinstimmungen untersucht, was den Ergebnissen eine hohe Belegkraft verleiht (nach Nikaido et al. 1999)

Disziplinen werden daher vermutlich auf ein vergleichbares Verhältnis von Qualität und Quantität zusteuern. Es ist wünschenswert, daß sich dieses Verhältnis im Bereich eines guten Kompromisses einpendelt, denn weder die Maximierung der Qualität noch die der Quantität scheint der optimale Weg zu sein.

6.8 Proportionen als Merkmale

Zwischen verschiedenen Arten lassen sich bisweilen nur Proportionsunterschiede entdecken. Bestimmte Organe sind länger oder kürzer, dicker oder dünner, näher oder weiter voneinander entfernt. In solchen Fällen kann es strittig sein, ob wirklich ein diskreter Unterschied vorliegt, was daher in jedem Fall durch eine statistische Analyse vom Meßwerten näher untersucht werden muß (siehe hierzu auch Box 2.1).

Erschwerend kommen hierbei allerdings **allometrische**[65] Einflüsse hinzu, d. h. daß bei einer Größenänderung eines Organismus die einzelnen Organe sich in ihrer Größe nicht nur absolut, sondern auch relativ zur Körpergröße ändern können. Dies hat offenbar funktionsmorphologische Gründe. Wenn man etwa ein sich vierfüßig (quadruped) fortbewegendes Tier in allen Dimensionen proportional vergrößerte, so würden sein Volumen und Gewicht als dreidimensionale Größen in der dritten Potenz zunehmen. Der Querschnitt der Extremitäten würde aber als zweidimensionale Größe nur in der zweiten Potenz wachsen. Demzufolge würde der Druck, der auf den Beinen lastet, mit zunehmender Vergrößerung des Körpers stetig steigen, bis er vom betreffenden Organismus nicht mehr kompensiert werden könnte. Um dies zu vermeiden, müssen bei einer Größenzunahme des Körpers die Extremitäten nicht nur absolut, sondern auch relativ zur Körpergröße an Durchmesser zunehmen, wie der Vergleich der Beine eines Elefanten (Säulenbeine) mit denen einer Gazelle (Sprinterbeine) eindrucksvoll veranschaulicht.

Beim Vergleich von Proportionen läßt sich Allometrie berücksichtigen, indem man Meßwerte logarithmiert und gegeneinander aufträgt. Legt man hierfür beispielsweise die Nasenbein- und Jochbogenbreite von Vertretern der Pitheciinae, einer südamerikanischen Affengruppe, zugrunde, so zeigt sich, daß die Meßwerte für die Gattung *Pithecia* (Saki) einer anderen Geraden folgen als die der Gattungen *Chiropotes* (Bartsaki) und *Cacajao* (Uakari) (Abb. 6.14). Damit ist ein echter **Proportionsunterschied** im Sinne der Allometrielehre aufgedeckt. Aus diesem Befund darf nun allerdings nicht voreilig der Schluß gezogen werden, daß *Chiropotes* und *Cacajao* näher miteinander verwandt wären. Mit diesem Vergleich ist nur eine Ähnlichkeit zwischen diesen beiden Taxa festgestellt worden, die in der phylogenetischen Systematik dahingehend näher analysiert werden muß, ob sie ursprünglich oder abgeleitet ist (siehe Kap. 8). Ferner ist zu prüfen, ob sie einmalig oder mehrmals voneinander unabhängig entstanden ist (siehe Kap. 9).

---

[65] allo (gr.) = fremd, anders, andersartig; metron (gr.) = das Maß

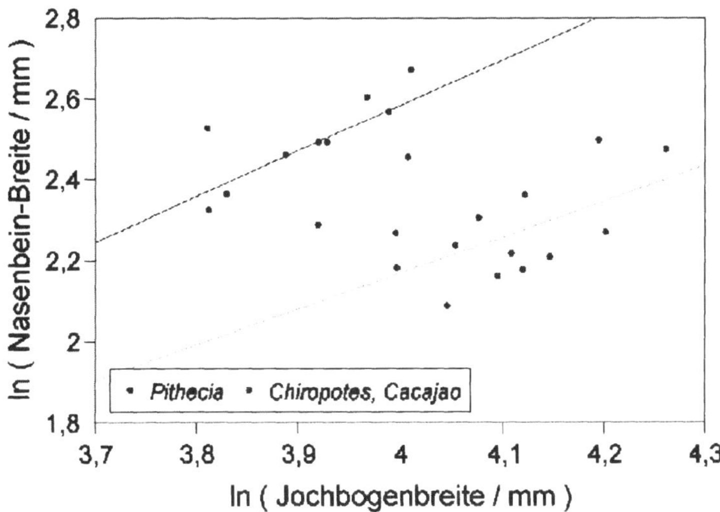

Abb. 6.14. Graphische Auftragung von logarithmierten Meßwerten zum Vergleich der Nasenbeinbreite von Sakis (*Pithecia*), Bartsakis (*Chiropotes*) und Uakaris (*Cacajao*). Die Jochbogenbreite dient als Bezugsmaß, um den Einfluß der Körpergröße zu erfassen. Es fällt auf, daß die Nasenbeine von Sakis breiter sind (nach Wiesemüller u. Rothe 1999, modifiziert)

6.9 Überblick

Beim Vergleich verschiedener Organismen offenbart sich eine Fülle von Merkmalsunterschieden, die auf verschiedensten Ursachen beruhen können und daher nicht immer Differenzen zwischen Taxa des phylogenetischen Systems widerspiegeln. Neben ontogenetischen Veränderungen und Unterschieden, die mit innerartlichen Fortpflanzungsbeziehungen zusammenhängen, kommen auch solche Unterschiede in Betracht, die durch Umwelteinflüsse hervorgerufen wurden. Um Merkmale zu erhalten, die es erlauben, Taxa voneinander zu trennen, müssen alle diese anderen Unterschiede als solche identifiziert und ausgeschlossen werden.

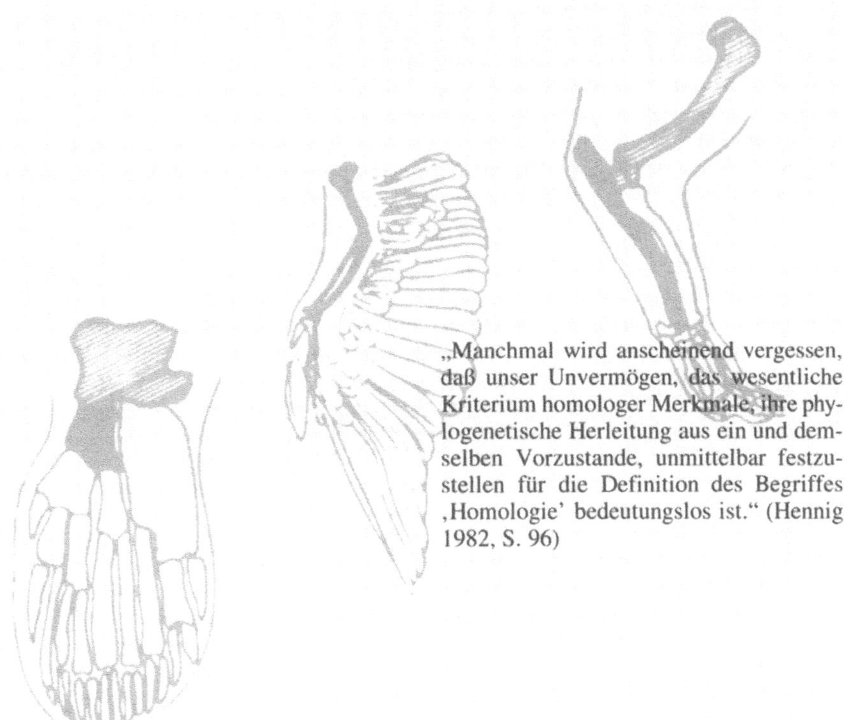

7 Homologie

Homologie ist ein Thema, das in der Praxis der modernen Systematik oft nur wenig Beachtung findet, während es in der Theorie immer wieder lebhafte Diskussionen anregt (siehe z. B. Hall 1994, Novartis Foundation 1999, Scotland u. Pennington 2000). Ursprünglich geht es dabei seit DARWIN um ein Konzept, das
Merkmale untersuchter Arten auf Merkmale gemeinsamer Vorfahren zurückführt.
Dieser Ansatz wird jedoch von vielen Autoren, insbesondere von jenen, die
musterkladistisch arbeiten, nicht akzeptiert. Darüber hinaus gibt es zahlreiche
Vorschläge, den Homologiebegriff neu zu definieren.

In der Praxis geht es vor allem darum, Merkmale verschiedener Arten als vergleichbare Prädikate (siehe Kap. 6.1) einander zuzuordnen. Wenn ein System, das
auf dieser Grundlage ermittelt wird, als phylogenetisches System interpretierbar
sein soll, sollte diese Zuordnung zweckmäßigerweise so gewählt werden, daß sie
sich mit hoher Wahrscheinlichkeit mit einem Homologiebegriff im Sinne einer
gemeinsamen Abstammung deckt. Für diese Zwecke lassen sich Homologiekriterien heranziehen, die Strukturen vor allem im Hinblick auf ihre Lage und spezielle Beschaffenheit miteinander vergleichen.

7.1 Homologie als Abstammungsbegriff

Der Homologiebegriff wurde unter dem Einfluß der Evolutionstheorie im Sinne einer gemeinsamen Abstammung von Merkmalen neu definiert (siehe Kap. 1.4). An den Methoden, mit denen man Merkmale in der Praxis homologisiert (Kap. 7.3), d. h. als homolog hypothetisiert, hat sich dadurch nichts geändert. Neu daran ist jedoch die Erklärung, die für die Vergleichbarkeit bestimmter Merkmale angeführt wird. War es früher ein Archetyp (siehe Kap. 1.3, Kap. 1.4), also ein rein gedanklicher Grundbauplan, auf den die Merkmalsmuster verschiedener Arten zurückgeführt wurden, so tritt an dessen Stelle nun ein hypothetischer **gemeinsamer Vorfahr**, von dem diese Arten abstammen. Merkmale verschiedener Arten, die auf dasselbe Merkmal eines solchen Vorfahren zurückgehen, sind in diesem Sinne homolog. Man legt dem Begriff somit nicht mehr bloß die Annahme eines allgemeinen Schöpfungsplans zugrunde, sondern konkrete historische Prozesse, die sich in der Vergangenheit ereignet haben.

> • Der Archetyp ist nicht mehr bloß eine abstrakte Idee, sondern das Merkmalsmuster von Vorfahren, die tatsächlich existierten.

Mayr (1982) vertritt die Ansicht, daß eine Homologiedefinition, die eine gemeinsame Abstammung von Merkmalen beinhaltet, seit 1859 (dem Erscheinungsjahr von DARWINS *Origin of Species*) die einzig sinnvolle sei. Ein derartiger Standpunkt ist vorsichtiger zu formulieren. Denn wenn man sich auf die Befürwortung der Evolutionstheorie einläßt, was wohl alle Biologen heute mit gutem Grund tun, dann ist es naheliegend, daß **Homologie** abstammungstheoretisch interpretiert werden sollte. Es gibt jedoch verschiedene Ansichten darüber, ob man Abstammung unmittelbar in die Definition des Homologiebegriffs aufnehmen oder Homologie eher als einen operationalen Begriff definieren und die Ergebnisse erst im Nachhinein abstammungstheoretisch interpretieren sollte. Ersteres ist die ursprüngliche Auffassung in der Theorie der phylogenetischen Systematik und war für ihr Zustandekommen auch von grundlegender Bedeutung. Wir folgen dieser Ansicht und gehen auf andere Standpunkte in Kap. 7.2 näher ein.

HENNIG hat bei der Entwicklung der phylogenetischen Systematik den Homologiebegriff zugrundegelegt, der schon in der neuen Systematik (siehe Kap. 1.6) eine wesentliche Rolle spielte. Hinsichtlich des Homologiebegriffs gibt es daher auch keine Meinungsverschiedenheiten zwischen den Vertretern der evolutionären und der phylogenetischen Systematik (siehe Kap. 2). Bei HENNIG rückt jedoch verstärkt das Homologisieren von unterschiedlichen Merkmalen verschiedener Arten in den Vordergrund. Während die meisten Arbeiten, die sich mit Homologie befassen, wie etwa die zur gleichen Zeit ausgearbeiteten Homologiekriterien von Remane (1952), ihr Augenmerk auf Ähnlichkeiten richten, konzentriert sich Hennig (1950, 1966, 1982) auf Merkmale, zwischen denen Unterschiede bestehen, und definiert homologe Merkmale als verschiedene Merkmale, die als Transformationsstufen ein und desselben Ausgangszustandes anzusehen sind. Mit dem Begriff **Transformation** denkt Hennig (1982, S. 96) an einen realhistorischen Evolutionsprozeß, wodurch besonders deutlich zum Ausdruck kommt, daß in HENNIGS Theorie operationale Fragen eine nachgeordnete Rolle spielen, denn durch Transformation können beliebig große Unterschiede entstehen bis zu einem Ausmaß, bei dem die Identifikation homologer Strukturen extrem schwierig wird. In der Tat ist man in der Praxis auf die Feststellung von Ähnlichkeiten angewiesen, um Merkmale begründet homologisieren zu können. Im Vordergrund steht aus naturwissenschaftlicher Sicht die Tatsache, daß es solche Prozesse tatsächlich gibt, während unsere Möglichkeiten, sie aufzudecken, ein untergeordnetes Problem darstellen. Ein solcher Ansatz ist in der Praxis zwar unbequem, aber wissenschaftlich notwendig.

Bei der Rekonstruktion phylogenetischer Beziehungen sind nur solche homologen Merkmale relevant, zwischen denen deutliche Unterschiede vorliegen (Kap. 8.1). HENNIGs anfängliche **transformationale Homologiedefinition** (siehe Kap. 7.2) bezog sich nur auf verschiedene Merkmale. Durch diese Definition werden Merkmale, die sich bei den Nachkommen eines gemeinsamen Vorfahren nicht verändert haben und somit ähnlich geblieben sind, nicht erfaßt. Daher hat HENNIG den Homologiebegriff später neu definiert:

> • „Homologe Merkmale sind Merkmale, die verändert oder unverändert aus einem Merkmal der ihren Trägern gemeinsamen Stammart hervorgegangen sind." (Hennig 1984, S. 37)

Der Passus „verändert oder unverändert" ist entbehrlich, weil es keine weiteren Alternativen gibt. HENNIG hebt mit dieser Formulierung hervor, daß auch Merkmale, die nicht verschieden sind, homologisiert werden können. In seiner früheren Homologiedefinition ist das nicht berücksichtigt worden.

Hennig (1984) versuchte ferner, den Homologiebegriff zu erweitern und zu ergänzen. Eine Erweiterung muß dem Umstand Rechnung tragen, daß homologe Merkmale verschiedener Arten einander nicht immer im Verhältnis 1:1 gegenüberstehen. Strukturen können sich aufspalten oder miteinander verschmelzen, so daß einem bestimmten Teil eines Organismus eventuell zwei distinkte Teile eines anderen homolog sind. So sind beispielsweise das Schienbein (Tibia) und das Wadenbein (Fibula), die man in der Regel bei Landwirbeltieren unterscheiden kann, bei Vögeln zu einem einzigen Knochen miteinander verschmolzen. Besonders problematisch wird die Anwendung des Homologiebegriffs aber, wenn Strukturen völlig neu entstehen oder verschwinden. In solchen Fällen ist für eine Struktur, die sich bei der einen Art beobachten läßt, bei einer anderen Art keine homologe Struktur vorhanden. Solche **Negativmerkmale**, die im Fehlen bestimmter Strukturen bestehen, die aber bei verwandten Gruppen vorhanden sind, können für die Systematik bedeutsam sein. So sind innerhalb der Insekten Flügel als Abgliederung des Meso- und Metathorax entstanden, bei einigen Gruppen (z. B. Flöhe (Siphonaptera), Schildläuse (Coccoidea)) jedoch vollständig zurückgebildet worden. Hennig (1984) hat deshalb vorgeschlagen, den Homologiebegriff auf Negativmerkmale auszudehnen. Eine solche Erweiterung ist allerdings umstritten, Ax (1984, 1988) hält sie sogar für unmöglich. Tatsache ist allerdings, daß es oft notwendig ist, das Vorhandensein einer Struktur bei bestimmten Taxa und das Fehlen bei anderen Taxa als Zustände eines Merkmals einander gegenüberzustellen. Deshalb kommt HENNIGs Vorschlag eine nicht unerhebliche Bedeutung zu und sollte weiter diskutiert werden.

Die Ergänzung, die Hennig (1984) für den Homologiebegriff vorschlägt, besteht in der Einführung zusätzlicher Begriffe zur Unterscheidung zwischen ursprünglichen (**plesiomorphen**[66]) und abgeleiteten (**apomorphen**[67]) Merkmalsähnlichkeiten[68] (siehe Kap. 8). Sie spielen bereits seit der Begründung der phylogenetischen Systematik eine wichtige Rolle (Hennig 1950).

Die Molekulargenetik hat manche Autoren inzwischen auch dazu angeregt, phänotypische Merkmale auf genotypischer Basis miteinander zu homologisieren.[69] So sieht Minelli (1993, S. 20) in Anlehnung an Van Valen (1982) einen *common informational background* als Homologiekriterium an. Dieses *common* geht aber offenbar nicht über das *the same* aus dem Homologiebegriff von Owen (1848, siehe Kap. 1.3) hinaus. Selbst wenn man als *informational background* die genetische Information annimmt, die in Nukleinsäuren gespeichert wird, erhebt sich die Frage, ob Sequenzen, die sich auch nur in einer Position unterscheiden, als *common* oder *the same* bezeichnet werden dürfen. Auch hier scheint daher eine abstammungstheoretische Definition nützlich zu sein, die Veränderungen der genetischen Information berücksichtigt:

> • „Homologien in der Biologie sind Übereinstimmungen, die auf identischen oder partiell mutierten Kopien von DNA- (oder RNA-) Molekülen eines gemeinsamen Vorfahren beruhen" (Wägele 2000, S. 117).

Diese Definition entspricht einer Übersetzung von HENNIGS Homologiebegriff in eine molekularbiologische Terminologie. Damit sollen insbesondere Probleme gelöst werden, die sich ergeben, wenn etwa dieselben Gene die Bildung vergleichbarer Strukturen aus unterschiedlichen Geweben bewirken. So ist beispielsweise bekannt, daß die Augenlinse von Amphibien-Embryonen nach Entfernen regeneriert wird. Die regenerierte Linse wird aber aus einem anderen Gewebe gebildet als die ursprüngliche Linse. In solchen Fällen läßt eine **molekulargenetische Definition** eine Homologisierung von Strukturen zu, die aus unterschiedlichen Geweben entstanden sind, wenn sie von homologen Genen hervorgerufen wurden. Andererseits läßt sich hier einwenden, daß unterschiedliche Gewebe wahrscheinlich auch durch unterschiedliche Gene produziert werden und daß in diesem Sinne Strukturen, die aus unterschiedlichen Geweben entstanden sind, auch nach einer molekulargenetischen Definition nicht-homolog sind. Bei solchen Überlegungen scheint der Vorschlag, einen **partialen Homologiebegriff** einzu-

---

[66] plesios (gr.) = nahe; morphe (gr.) = Gestalt

[67] apo (gr., als Vorsilbe) = von, weg; morphe (gr.) = Gestalt; apomorphos (gr.) = fremdartig, ungestaltig

[68] Statt von Übereinstimmung (engl. *correspondence*) wird heute oft von Ähnlichkeit (engl. *similarity*) gesprochen, um der Einsicht Rechnung zu tragen, daß es hundertprozentige Übereinstimmung in der Natur nicht gibt.

[69] Das in den sechziger Jahren von Florkin (1966) vorgestellte Isologie-Konzept (isos (gr.) = gleich; logos (gr.) = Lehre) als Homologieverfahren für molekulare bzw. biochemische Merkmale (siehe auch Vogel 1971) hat heute nur noch historischen Wert.

führen (Sattler 1984, 1994), nicht abwegig zu sein. SATTLERS Theorie (siehe Box 7.1) ist jedoch nicht phylogenetisch fundiert und in ihrer gegenwärtigen Form auch nicht mit der phylogenetischen Systematik vereinbar. Sie könnte jedoch für zukünftige Diskussionen über Probleme und Fragen der Systematik in der Biologie von heuristischem Interesse sein (Weston 2000).

Box 7.1 Prozeßmorphologie und partiale Homologie

Die Prozeßmorphologie ist eine Theorie, die von ROLF SATTLER entwickelt wurde und deren Besonderheit darin besteht, daß Organismen nicht als Strukturen mit Prozessen einer Entwicklung aufgefaßt werden, sondern als Prozesse schlechthin: Organismen sind Prozesse.

Sattler (1991) führt aus, daß es üblich ist, Strukturen als existierende Objekte anzusehen, die einen statischen Rahmen liefern, in dem sich Prozesse abspielen. So impliziert die Formulierung „ein Blatt wächst" den Ablauf eines Wachstumsprozesses innerhalb der Blattstruktur. Dadurch entsteht ein begrifflicher Kontrast zwischen Prozessen, die dynamisch sind, und Strukturen, die statisch sind. Dabei wird auch häufig der Prozeß als der Weg und die Struktur als das Ergebnis angesehen. Tatsächlich kann jedoch jeder Abschnitt aus der Entwicklung eines Organismus als Struktur aufgefaßt werden, wobei diese Struktur allerdings nicht statisch ist, sondern sich stetig ändert. Daraus folgt, daß Strukturen dynamisch sind und sich somit nicht von Prozessen unterscheiden: Strukturen sind Prozesse.

Aus dieser Sicht erscheinen Organismen nicht mehr als gegliederte Strukturen, sondern als kontinuierliche Prozesse, oder präziser, Kombinationen vieler Prozesse. Auch die Organe, aus denen sie bestehen, sind Kombinationen kontinuierlicher Prozesse. Daher ist es nach Sattler (1996) unangemessen, Merkmale entweder als homolog oder als nicht-homolog aufzufassen. Die Merkmale setzen sich vielmehr im Laufe der Zeit zu unterschiedlichen Anteilen aus verschiedenen Komponenten zusammen (Abb. 7.1), so daß zur adäquaten Beschreibung der Verhältnisse ein **partialer Homologiebegriff** erforderlich wäre. Danach könnten etwa zwei Merkmale verschiedener Organismen zu 60% homolog sein, während die verbleibenden 40% nicht-homolog sind.

Prozeßmorphologie und phylogenetische Systematik stehen einander aufgrund ihrer sehr verschiedenen Betrachtungsweisen bislang noch beziehungslos gegenüber. Der Versuch, ein partiales Homologiekonzept in die Methoden der phylogenetischen Systematik zu integrieren, wurde bisher nicht unternommen, wäre aber nach Weston (2000) holistisch,[70] weil er die Chance böte, die beiden Theorien zu vereinen.

---

[70] holos (gr.) = ganz; to holon (gr.) = das Ganze

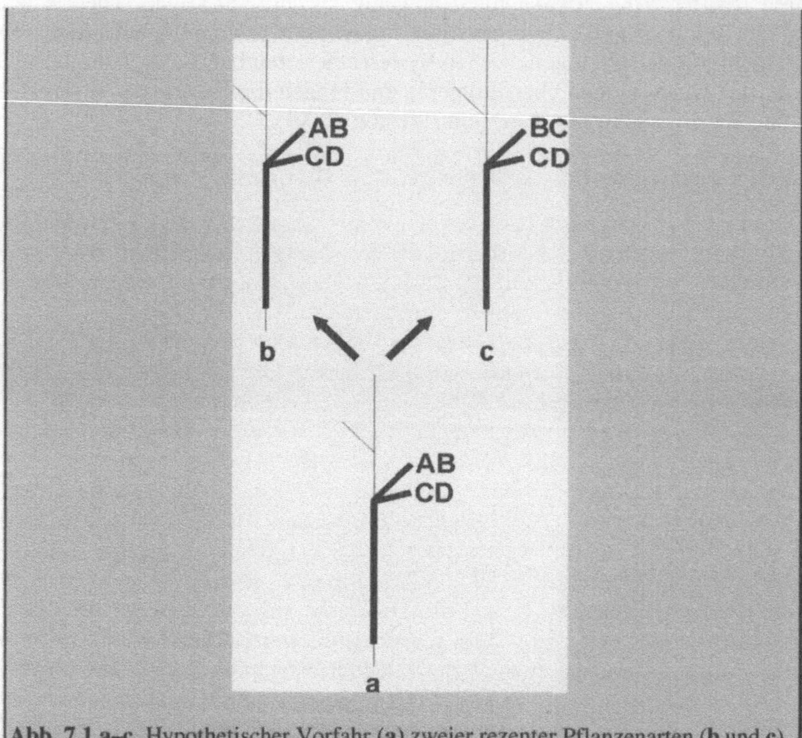

Abb. 7.1 a–c. Hypothetischer Vorfahr (**a**) zweier rezenter Pflanzenarten (**b** und **c**). In Art **c** ist der axillare Zweig (AB) durch eine Hybridstruktur (BC) ersetzt. Der axillare Zweig von **c** (BC) ist deshalb nur zum Teil dem axillaren Zweig von **b** (AB), zu einem anderen Teil dagegen dessen Blatt (CD) homolog (nach Sattler 1994)

Gegenwärtig besteht die Lösung in solch schwierigen Fällen jedoch eher darin, zu versuchen, ein Merkmal in **Untermerkmale** aufzulösen. In diesem Sinne können etwa die Gene, die zur Ausbildung einer Augenlinse bei Amphibien führen, homolog, die Gewebe, aus denen sie produziert werden, dagegen nicht-homolog sein. Mit solchen Problemfällen muß in der Praxis der Systematik immer gerechnet werden. Wenn man in diesem Fall nicht einfach die Augenlinse als Merkmal auffaßt, sondern die Beteiligung von Gen X an der Bildung der Augenlinse und die Beteiligung von Gewebe Y an der Bildung der Augenlinse als zwei separate Merkmale, läßt sich das Problem lösen, denn bei diesem Ansatz erscheinen die an der Bildung der Augenlinse beteiligten Gene eindeutig als homolog, die beteiligten Gewebe eindeutig als nicht-homolog.

7.2 Kontroversen zum Homologiebegriff

Der abstammungstheoretische Homologiebegriff (siehe Kap. 7.1) ist von **Musterkladisten** vielfach kritisiert und neu definiert worden. Das hervorstechendste Argument in diesem Zusammenhang ist, daß die Integration von Abstammung in die Homologiedefinition ein Element darstellt, das sich der unmittelbaren Beobachtung entzieht. Dieser Einwand ist älter als die phylogenetische Systematik. Schon Boyden (1947, S. 649) bemängelte: „*Today the pendulum has swung so far from the original implication in homology that some recommend that we define homology as any similarity due to common ancestry, as though we could know the ancestry independently of the analysis of similarities!*" Dieses Argument wurde vor allem von Brady (1985) ausgebaut und fand seitdem viel Zuspruch. BRADY unterscheidet zwischen dem *explanandum* (dem zu Erklärenden) und dem *explanans* (dem Erklärenden), und vertritt die Ansicht, daß das zu Erklärende als beobachtbares Faktum an erster Stelle stehen muß, während die Erklärung als hypothetisches Konstrukt erst danach aus beobachteten Fakten abzuleiten ist (Abb. 7.2). Solche Argumente haben bei unbefangenen Lesern eine enorme Überzeugungskraft. Man sollte sich aber zunächst vergegenwärtigen, daß die experimentellen Wissenschaften mit noch größerer Überzeugungskraft genau umgekehrt argumentieren. An erster Stelle steht dort eine erklärende Theorie (*explanans*), mit deren Hilfe man spezielle Dinge voraussagt (*explanandum*). Diese Vorhersage wird dann im Experiment überprüft (siehe auch Box 7.2).

Box 7.2 Die erkenntnistheoretische Beurteilung der phylogenetischen Systematik

Wissenschaften, die wie die phylogenetische Systematik mit historischen Begründungen argumentieren, geraten häufig in eine erkenntnistheoretische Kritik, die an Maßstäben experimenteller Wissenschaften wie der Physik oder Chemie orientiert ist.

Ein alter (Wenzl 1938) und anhaltender (Fitzhugh 1998) Vorwurf gegen die Phylogenetik ist, daß ihre Argumentation **zirkulär** sei: Man ziehe aus Merkmalsgefügen Rückschlüsse auf die Phylogenese und versuche anschließend, über die Phylogenese die Merkmalsbefunde zu erklären. Dieser Vorwurf ist jedoch unberechtigt, weil die phylogenetische Systematik tatsächlich nicht bloße Merkmalsähnlichkeiten in phylogenetische Beziehungen umdeutet. Vielmehr werden Ähnlichkeiten zur Aufstellung von Verwandtschaftshypothesen verwendet. Sich daraus ergebende neue Ähnlichkeitsbeziehungen unterzieht man anschließend weiteren Analysen. Die daraus gewonnenen Ergebnisse werden wiederum zur Verfeinerung der Verwandtschaftshypothesen herangezogen usw. (Steiner 1937, Hennig 1950, 1982, Kluge, 1999). Hennig (1950, S. 26) bezeichnet dieses Vorgehen als „Modell der wechselseitigen Erhellung". Man darf es deshalb nicht als zirkulär bezeichnen, nur weil in jeden dieser wechselseitigen Schritte neue Erklärungsansätze und Interpretationen einfließen.

Von größerer Bedeutung sind die Kritiken, die der phylogenetischen Systematik seitens der Forschungslogik von Popper (1935) entgegengebracht werden können. Nach POPPER ist **Induktion**, d. h. die Ableitung allgemeiner Gesetze aus speziellen Beobachtungen, kein wissenschaftlich akzeptables Verfahren zur Festigung von Theorien. Hierzu muß indes der umgekehrte Weg der **Deduktion** beschritten werden, die aus einer allgemeinen Theorie spezielle Vorhersagen ableitet. Diese lassen sich dann experimentell überprüfen, um die Zuverlässigkeit der Theorie zu testen. Kluge (1999) hat zwar versucht, die Argumentation der phylogenetischen Systematik als deduktiv darzustellen, es muß aber betont werden, daß eine experimentelle Überprüfung von Vorhersagen, wie sie beispielsweise in der Physik existiert und von POPPER generell gefordert wird, in der phylogenetischen Systematik nicht möglich ist. Denn alle Begründungen der Phylogenetik beziehen sich auf einmalige, vergangene Ereignisse, die im Nachhinein nicht mehr beobachtbar oder wiederholbar sind.

In dieser Hinsicht ist die phylogenetische Systematik den experimentellen Wissenschaften methodisch unterlegen. Sie ist aber dennoch in der Lage, Aussagen zu treffen, die Vorhersagen gewissermaßen ebenbürtig sind. Unter der Vorannahme bestimmter Verwandtschaftshypothesen ist es nämlich möglich, Aussagen über Merkmale von Organismen zu treffen, die in der Vergangenheit existiert haben, aber fossil bisher nicht überliefert sind. Wenn künftig Fossilien gefunden werden, die rekonstruierte Vorfahrenmerkmale tatsächlich aufweisen, so reicht dieser Sachverhalt an die wissenschaftliche Belegkraft experimenteller Befunde heran.

Solche Forschungsansätze sind zwar in einer Wissenschaft wie der phylogenetischen Systematik, die historische Zusammenhänge zu erforschen sucht, nicht möglich. Sie zeigen aber, daß es wissenschaftlich korrekt ist, das *explanans* dem *explanandum* vorzuordnen. Und auch in der phylogenetischen Systematik ist nicht zu erwarten, Ergebnisse phylogenetisch interpretieren zu können, wenn die Datenerhebungsmethoden nicht auf der Basis phylogenetischer Überlegungen operationalisiert worden sind. Merkmale ließen sich zum Beispiel auch nach dem **Analogiebegriff** miteinander vergleichen. Dabei würden allerdings nicht Merkmale gleicher Abstammung, sondern Merkmale gleicher Funktion einander gegenübergestellt. Auch mit diesem Ansatz ist es durchaus möglich, zu einer Klassifikation zu gelangen. Man kann sich jedoch nicht darauf verlassen, daß sich diese Klassifikation mit dem phylogenetischen System deckt, weil ihr keine phylogenetischen Operationalisierungen zugrundeliegen.[71]

In der Homologiedebatte spielt ferner die Unterscheidung zwischen **transformationalen** und **taxischen** Homologiekonzepten eine Rolle. Dieses Begriffspaar geht auf Eldredge (1979) zurück, der damit unterschiedliche Ansätze der Evolutionstheorie kennzeichnen wollte. Als transformational bezeichnete er dabei Aspek-

---

[71] Zur näheren Auseinandersetzung mit dieser Thematik empfehlen wir die jüngste musterkladistische Arbeit von Brower (2000a) und eine kritische Stellungnahme von Kluge (2001).

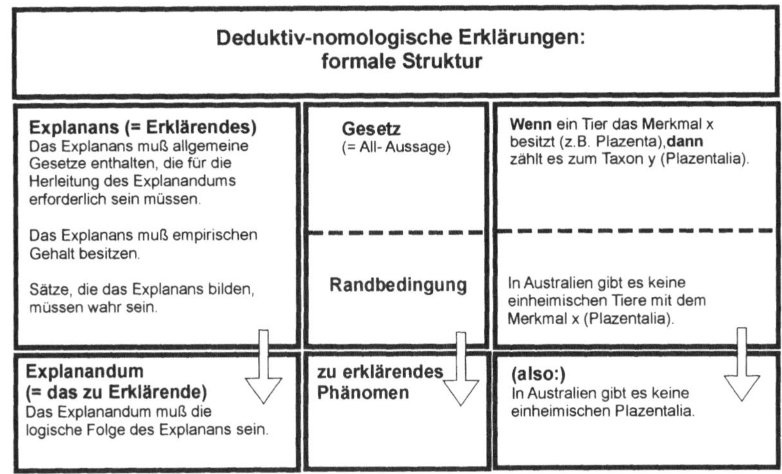

Abb. 7.2 Formale Struktur der deduktiv-nomologischen[72] Erklärung nach dem Hempel-Oppenheim-Schema (1948) (in Anlehnung an Schnell et al. 1999).

te, die sich auf die Veränderung von Merkmalen beziehen, als taxisch dagegen Aspekte der Aufspaltung von Taxa in neue Taxa. ELDREDGE bemängelte dabei, daß sich die meisten Autoren, die über Evolution schreiben, auf den transformationalen Aspekt beschränken und den taxischen Aspekt vernachlässigen.[73] Andererseits hat Hennig (1950) die transformationalen Vorgänge als Evolution und die taxischen Vorgänge als Phylogenese definiert. Die Begriffe transformational und taxisch von ELDREDGE decken sich daher offenbar mit den Begriffen **evolutionär** und **phylogenetisch** von HENNIG, und die taxischen Aspekte der Evolution wurden daher vermutlich gar nicht in ELDREDGES Sinne vernachlässigt, sondern unter dem Namen Phylogenese diskutiert.

Patterson (1982) hat das Begriffspaar auf verschiedene Homologiekonzepte (siehe hierzu auch Box 7.3) übertragen.

- Ein transformationales Homologiekonzept betrachtet Merkmale als Transformationen eines Ausgangszustandes (siehe auch Kap. 7.1). Ein taxisches Homologiekonzept richtet dagegen sein Augenmerk auf Merkmalszustände, die Taxa im System kennzeichnen. Charakteristisch für monophyletische Gruppen, die supraspezifischen Taxa des phylogenetischen Systems, sind Synapomorphien (siehe Kap. 8).

---

[72] nomoi (gr.) = Gesetz, Ordnung

[73] Diese Unterscheidung zwischen transformationalen und taxischen Gesichtspunkten steht mit dem Zwiespalt zwischen Gradualismus und Punktualismus im Zusammenhang. Ersterer postuliert, daß Evolution ein kontinuierlicher Prozeß ist, während letzterer von sprunghaften Veränderungen ausgeht

Ganz in diesem Sinne hat PATTERSON vorgeschlagen, den Begriff Homologie mit dem Begriff **Synapomorphie** gleichzusetzen. Dieser Vorschlag fand bei Musterkladisten großen Anklang, und so sprechen sich z. B. de Pinna (1991), Nelson (1994) sowie Brower u. Schawaroch (1996) für eine solche Gleichsetzung aus. Rieppel (1980, 1988, 1994) befürwortet ein taxisches Homologiekonzept, lehnt aber die Gleichsetzung von Homologie und Synapomorphie ab, da Synapomorphie *und* **Symplesiomorphie**[74] als relatives Begriffspaar unter den taxischen Homologiebegriff fallen, d. h. für RIEPPEL ist Homologie das Gegenteil von Homoplasie (siehe Kap. 9).

Box 7.3 Transformationale und taxische Homologiekonzepte

Das Begriffspaar transformational – taxisch kann grundsätzlich auf die verschiedensten Homologiekonzepte, auf die der prädarwinistischen idealistischen Morphologie bis hin zu denen der modernen phylogenetischen Systematik, angewandt werden.

So gab es laut Rieppel (1989) zwischen GEOFFROY SAINT-HILAIRE und CUVIER (siehe auch Kap. 1.3) bereits um 1830 eine Kontroverse zur Homologisierung des Kiefers der Fische und der Gehörknochen der Säugetiere. GEOFFROY SAINT-HILAIRE stellte fest, daß diese Strukturen die gleiche Position im Verbindungsgefüge der Merkmale haben und hielt sie daher für homolog („analog" nach der Terminologie von Geoffroy Saint-Hilaire 1830). CUVIER dagegen richtete sein Augenmerk auf die Unterschiedlichkeit dieser Strukturen und sah deshalb den Unterkiefer der Fische und die Gehörknochen der Säugetiere als jeweils einzigartige, essentielle Merkmale an, die nichts miteinander zu tun haben. Der Ansatz von GEOFFROY SAINT-HILAIRE ist somit transformational, weil er sehr unterschiedliche Strukturen gedanklich miteinander homologisiert, während der Ansatz von CUVIER taxisch ist, weil er solche idealen Transformationen nicht vornimmt und stattdessen sein Augenmerk auf Eigenheiten von Taxa richtet.

In der phylogenetischen Systematik vertritt HENNIG ein eindeutig transformationales Homologiekonzept. In den grundlegenden Schriften zur phylogenetischen Systematik (Hennig 1950, 1966, 1982) erwähnt er im Zusammenhang mit dem Homologiebegriff sogar nur solche Merkmale, die als Transformationen von Merkmalen gemeinsamer Vorfahren aufzufassen sind. Erst später (Hennig 1984) ergänzt er, daß Merkmale auch unverändert von Vorfahren übernommen werden können. Ganz im Gegensatz dazu spricht sich Patterson (1982) für die Gleichsetzung des Homologiebegriffs mit dem Synapomorphiebegriff aus, wodurch Homologie, wie von CUVIER formuliert, zu einer einzigartigen Eigenschaft von Taxa wird. Diese Unterscheidung zwischen transformationalen und taxischen Homologiekonzepten hat außerhalb theoretischer Diskussionen bisher kaum Beachtung gefunden, weshalb die Bedeutung des Begriffs Homologie in vielen Schriften unklar ist und sich meist nur aus dem Kontext erschließen läßt.

---

[74] syn (gr., als Vorsilbe) = zusammen; plesios (gr.) = nahe; morphe (gr.) = Gestalt

Nach Hennig (1984, S. 38) sind in diesem Zusammenhang drei Eigenschaften des ursprünglichen Homologiebegriffs hervorzuheben, die sich deutlich vom Begriff Synapomorphie unterscheiden:

- Erstens kann sich der Begriff Homologie auf Strukturen beziehen, die sehr unterschiedlich sind. So erlaubt bereits OWENs Homologiekonzept (siehe Kap. 1.3) beliebig große Unterschiede zwischen homologen Organen. Der Synapomorphiebegriff dagegen bezieht sich auf übereinstimmende oder ähnliche Merkmale, d. h., er ist ein Ähnlichkeitsbegriff.

- Zweitens sagt der Homologiebegriff nichts über die Richtung der Evolution aus, während der Synapomorphiebegriff ein abgeleitetes Merkmal einer ursprünglicheren Alternative gegenüberstellt. Synapomorphie ist somit auch ein relativer Begriff, der nur auf einer bestimmten Hierarchieebene des Systems seine Gültigkeit hat (siehe Kap. 8). Homologe Merkmale sind dagegen stets, unabhängig von der Betrachtungsebene, als homolog anzusehen.

- Drittens läßt sich der Homologiebegriff nicht zwanglos auf Negativmerkmale anwenden (siehe Kap. 7.1), was jedoch beim Synapomorphiebegriff keine Probleme bereitet.

Es zeigt sich somit, daß der Homologiebegriff ursprünglich etwas anderes bezeichnete als der Terminus Synapomorphie. Bei Gleichsetzung der beiden Begriffe ginge ein wichtiger Terminus verloren, was nicht erstrebenswert ist.

De Pinna (1991) wendet den Homologiebegriff bei verschiedenen Schritten der phylogenetischen Analyse an. So spricht er von **primärer Homologie** bei der Merkmalszuordnung vor Beginn der Stammbaumrekonstruktion und von **sekundärer Homologie** bei deren Abschluß. Brower u. Schawaroch (1996) nennen weitere Schritte, die bei der Bildung von Homologiehypothesen eine Rolle spielen. Der Begriff Homologie wird von diesen Autoren auf nahezu alles ausgedehnt, was in irgendeiner Weise kongruent oder vereinbar ist.

Offensichtlich haben alle diese Diskussionen mit dem Ziel der Musterkladisten zu tun, die Systematik von evolutionstheoretischen Vorannahmen zu bereinigen. Wir halten diesen Ansatz aus oben genannten Gründen für nicht geeignet, um zu einem System mit wissenschaftlichem Erklärungswert zu gelangen.

7.3 Homologiekriterien

Da sich die Abstammung von Merkmalen der unmittelbaren Beobachtung entzieht, ist die Systematik in der Praxis auf Kriterien angewiesen, auf operationale Ansätze, mit deren Hilfe sich Merkmale homologisieren lassen. Diese praktischen Hilfen werden gewöhnlich als **Homologiekriterien** bezeichnet. Mit der Formulierung solcher Kriterien haben sich vor allem Remane (1952) und Patterson (1982) befaßt.

Kriterium der Lage (Remane 1952): Hierbei handelt es sich um das wichtigste Homologiekriterium, das schon bei GEOFFROY (siehe Kap. 1) als *principe des connexions* in Erscheinung tritt. Tatsächlich spielen dabei die Verbindungen zwischen einzelnen Teilen des Organismus eine wesentlichere Rolle als deren Lage Abb. 7.3). Vergleicht man die beiden Figuren in Abb. 7.4, so fällt auf, daß sich die einzelnen Punkte in ihrer Lage etwas verschoben haben. Die Art und Weise, in der sie miteinander zu einem Gesamtgefüge verbunden sind, ist aber in beiden Fällen die gleiche, und so fällt es nicht schwer, die Punkte a und a₁, b und b₁ usw. miteinander zu homologisieren. Man könnte somit besser vom Kriterium der Verbindungen (*connections*, *connectivity*) als vom Kriterium der Lage sprechen. Ein Beispiel, das diesen Umstand deutlich macht, ist die Verlagerung der Hoden vieler Säugetiere in ein Skrotum außerhalb des Bauches (Riedl 1975, Rieppel 1988, S. 45). In diesem Falle nehmen die Hoden relativ zu anderen Organen eine völlig andere Lage ein. Die Verbindung mit anderen Organen durch Samenleiter, Blutgefäße etc. ist jedoch die gleiche wie bei Säugern, deren Hoden innerhalb der Bauchhöhle liegen. Wenn man also sein Augenmerk nicht auf eine grobe topographische Lage richtet, sondern vielmehr auf die Lage innerhalb eines Verbindungsgefüges, bereitet auch in diesem Fall eine Homologisierung keine allzu großen Schwierigkeiten.

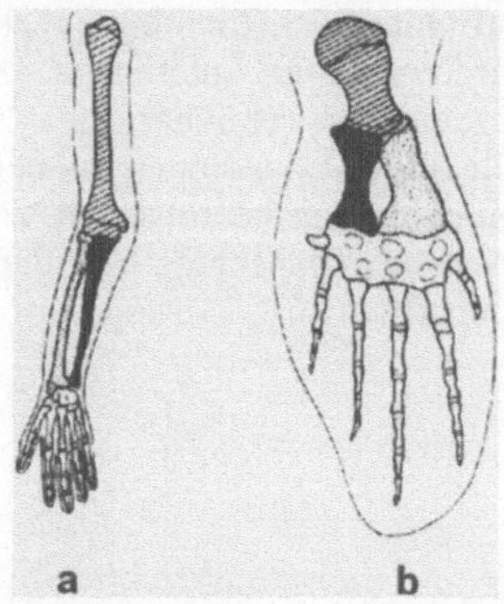

Abb. 7.3 a,b. Homologie-Beispiel für das Kriterium der Lage. **a** Obere Extremität des Menschen (*Homo*); **b** Vorderextremität eines Delphins (*Delphinus*); *schwarz:* Elle (Ulna); (aus Starck 1978)

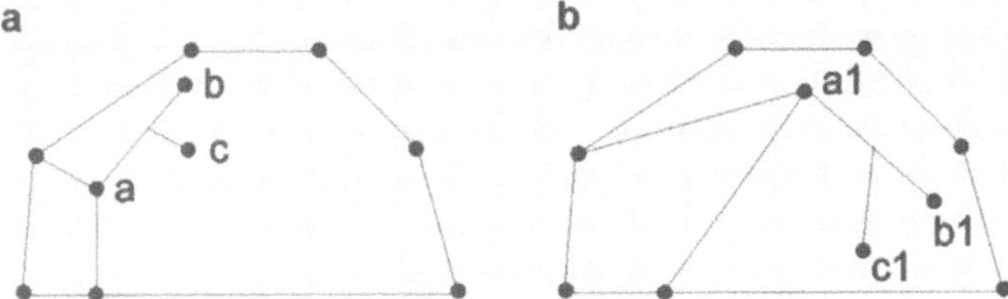

Abb. 7.4 a,b. Abstrakte Veranschaulichung des Kriteriums der Lage nach Remane (1952). Obwohl die Punkte a, b, c bzw. a1, b1, c1 eine sehr unterschiedliche Position im Merkmalsgefüge einnehmen, sind sie durch ihre Verbindungen zueinander und zu anderen Punkten miteinander homologisierbar. Die Bezeichnung *principe des connexions* (GEOFFROY) ist demnach eigentlich eine trefflichere Bezeichnung für dieses Homologiekriterium

Kriterium der speziellen Qualität der Strukturen (Remane 1952): Es ist jedoch auch möglich, daß im Verbindungsgefüge der Strukturen Veränderungen auftreten. So können bei Verlagerungen, Reduktionen oder Neubildungen von Organen Kontakte zwischen Strukturen verlorengehen oder neue Kontakte entstehen. Beim Vergleich von Abb. 7.5a und 7.5b fällt auf, daß an der Stelle, wo bei a zwei Punkte (X und Y) zu finden sind, in b nur ein Punkt (Z) vorliegt. Es wäre in diesem Beispiel denkbar, daß Z homolog zu X, oder aber zu Y ist, während der jeweils andere Punkt in b nicht vorhanden ist. Es wäre aber auch möglich, daß Z ein Verschmelzungsprodukt von X und Y darstellt und somit zu beiden homolog wäre.

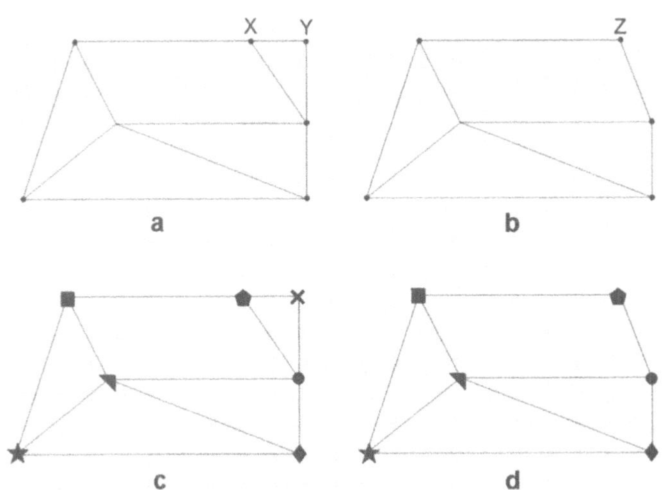

Abb. 7.5 a–d. Kriterium der speziellen Qualität der Strukturen. Beim Vergleich der Merkmalsgefüge **a** und **b** läßt sich nicht entscheiden, ob der Punkt Z in **b** dem Punkt X oder dem Punkt Y in **a** homolog ist. Berücksichtigt man jedoch die spezielle Qualität der Strukturen, die in **c** und **d** durch unterschiedliche Symbole wiedergegeben wird, so folgt, daß Punkt Z und Punkt X unter diesem Gesichtspunkt homologisierbar sind (nach Remane 1952)

Solche Problemfälle lassen sich meistens lösen, wenn man die spezielle Beschaffenheit der Strukturen berücksichtigt, was für obiges Beispiel in Abb. 7.5c und 7.5d veranschaulicht wird. Die verschiedenen Symbole an den Verbindungspunkten stehen für die spezielle Qualität der Strukturen. Dabei wird schnell deutlich, daß Punkt x in a Punkt z in b homolog ist, weil er mit diesem, im Gegensatz zu f, in der speziellen Struktur übereinstimmt.

Dieses Kriterium ähnelt Pattersons (1982) Kriterium der Ähnlichkeit (*similarity test*), wobei allerdings letzteres auch Ähnlichkeiten in Lage und Verbindungen einschließt. Im Grunde betrachtet man auch bei der speziellen Qualität wieder Verbindungen und Lagebeziehungen, nur in detaillierterer Weise, indem man die Feinstruktur der Organe berücksichtigt.

Kriterium der Verknüpfung durch Zwischenformen (Remane 1952): Wenn Strukturen sich stark verändert haben, so daß die Homologisierung von Merkmalen beim direkten Vergleich zweier Organismen Schwierigkeiten bereitet, können eventuelle Zwischenformen hilfreich sein, anhand derer der Übergang von einer Struktur zu einer anderen deutlich wird. Vergleicht man beispielsweise die beiden Krebse in Abb. 7.6a und 7.6b, so findet man bei beiden Tieren ein unpaares Scheitelauge, und es scheint zunächst nahezuliegen, diese Augen als homologe Strukturen anzusehen. Beim weiteren Vergleich mit verwandten Krebsen, die in Abb. 7.6c und 7.6d dargestellt sind, zeigt sich jedoch, daß das Scheitelauge von a aus einer Verschmelzung paariger Seitenaugen hervorgegangen ist, während das Scheitelauge von b eine Modifikation des unpaaren Naupliusauges darstellt. Die Zwischenformen decken in diesem Falle also auf, daß die unpaaren Augen in a und b nicht-homolog sind.

Conjunction test (Patterson 1982): Das englische Wort *conjunction* könnte man wie *connection* oder *connectivity* mit Verbindung übersetzen. Bei diesem von PATTERSON formulierten Homologiekriterium geht es aber nicht um die oben besprochene Lage in einem Verbindungsgefüge, sondern um das gemeinsame Auftreten zweier Strukturen in ein und demselben Organismus. Es besagt, daß zwei Strukturen nicht homolog sein können, wenn sie gleichzeitig in demselben Organismus auftreten. In diesem Sinne muß z. B. die Hypothese einer Homologie zwischen den Scheitelaugen in Abb. 7.6a und 7.6b aufgrund der Beobachtung verworfen werden, daß beide Strukturen in Abb. 7.6c bei demselben Organismus vorhanden sind.

Dieses Kriterium setzt voraus, daß der Homologiebegriff nur auf Strukturen verschiedener Organismen anwendbar ist. Bei einander entsprechenden Strukturen innerhalb desselben Organismus, wie z. B. den sich wiederholenden Organen in den Segmenten eines Regenwurms oder den aufeinanderfolgenden Wirbeln eines Fischskeletts, spricht man stattdessen von **homonomen** Strukturen (siehe z. B. Ax 1989). Dieser Umstand bedeutet aber auch, daß PATTERSONs *conjunction test* nicht immer zu eindeutigen Ergebnissen führt, weil man sich im Einzelfall nicht immer sicher sein kann, ob homologe oder homonome Strukturen vorliegen. Dieses Problem werden wir in unserem fiktiven Beispiel in Box 7.4 genauer erläutern.

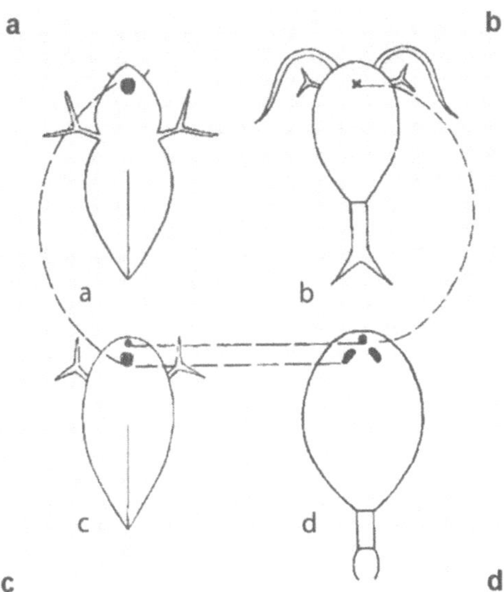

Abb. 7.6 a–d. Beispiel für eine Verknüpfung durch Zwischenformen, die zu einer Reinterpretation der Homologieverhältnisse führt. Die beiden abgebildeten Kleinkrebse (**a** *Diaphanosoma*, Cladocera; **b** *Cyclops*, Copepoda) besitzen beide ein unpaares Auge. Bei alleiniger Betrachtung dieser Taxa wäre der Schluß naheliegend, daß diese Augen einander homolog sind. Ein Vergleich mit anderen Formen der Cladocera (**c, d**), deutet jedoch daraufhin, daß das Auge von *Cyclops* dem Naupliusauge homolog ist, während das unpaare Auge von *Diaphanosoma* ein Verschmelzungsprodukt der paarigen Seitenaugen darstellt, die es bei den Copepoda gar nicht gibt (nach Remane 1952)

Congruence test (Patterson 1982): Hier geht es um ein Verfahren, das nicht mit der Homologisierung von Merkmalen vor Beginn der phylogenetischen Analyse zu tun hat, sondern erst danach zur Anwendung kommt. Dabei handelt es sich nicht um Hypothesen über Homologie nach der in Kap. 7.1 gegebenen Definition, sondern über die Gewinnung von **Homoplasiehypothesen**. Nur wenn man Homologie so definiert, daß sie zum Gegenteil von Homoplasie (Rieppel 1988) oder zum Synonym von Synapomorphie (Patterson 1982, de Pinna 1991 u. a.) wird, erscheint dieses Verfahren als Homologietest. Fehler bei der Zuordnung homologer Merkmale vor Beginn der Analyse lassen sich dadurch jedoch nicht aufdecken. Sie können nur durch Merkmalsanalysen vor der Stammbaumrekonstruktion vermieden werden (siehe Brower 2000b). Der von Patterson (1982) vorgeschlagene und von de Pinna (1991) besonders hervorgehobene Kongruenztest hat unseres Erachtens aber weniger mit Homologie als vielmehr mit Homoplasie zu tun (siehe Kap. 9).

Box 7.4 *Hydropithecus* – Teil 1

Zur Veranschaulichung des praktischen Vorgehens in der phylogenetischen Systematik wird ein fiktives Beispiel verwendet. Die als *Hydropithecus* bezeichneten Taxa sind frei erfunden.

Nehmen wir an, daß Biologen bei einer Afrika-Exkursion eine bisher unbekannte Gruppe von Affen entdecken. Die Tiere sind mit einem Gewicht von 300-400 g verhältnismäßig klein und unterscheiden sich ferner von anderen Primaten durch Spezialisierungen, die ihnen die Jagd auf wasserbewohnende Tiere erlauben. So verfügen sie über Hände mit verlängerten Fingern und Schwimmhäuten, vergrößerte Lungen, die ein langes Anhalten der Luft ermöglichen, und ein glattes Fell, das durch wachsartige Ausscheidungen der Talgdrüsen die Haut vor Schädigung durch Wasser ausreichend schützt. Die meisten Vertreter sind nachtaktiv. Sie stimmen mit den bisher bekannten Altweltaffen (Catarrhini) darin überein, daß sie nur zwei Prämolaren pro Kieferquadrant besitzen, haben aber weit voneinander entfernte Nasenöffnungen, die in seitliche (laterale) Richtung weisen, was mehr an Neuweltaffen (Platyrrhini) erinnert.

Wegen der Anpassungen an den Aufenthalt im Wasser werden die neu entdeckten Tiere unter dem Namen *Hydropithecus* (Wasseraffe) beschrieben. Das Biologenteam entdeckt vier sehr unterschiedliche Formen, zwischen denen keine Kreuzungen oder Zwischenformen festgestellt werden können (Abb. 7.7). Sie werden daher als verschiedene Arten beschrieben: Die typische Art *H. vulgaris*, die durch ungewöhnliche Rückenstacheln gekennzeichnete Form *H. acutus*, die mit einer zur Verankerung im Wasser pfeilartig umgebildeten Schwanzspitze bewehrte Art *H. ancorarius* und die seltene, mit Hörnern bewehrte Art *H. satanas*.

Beim Vergleich der vier Taxa (Abb. 7.7) fallen mehrere Unterschiede auf, und in den meisten Fällen bereitet die Homologisierung verschiedener Merkmale bei den einzelnen Taxa wenig Probleme, weil sie in Struktur und Lage weitgehend übereinstimmen. So haben beispielsweise die Augen immer die gleiche Position und die gleiche Grundstruktur. Sie sind aber bei *H. vulgaris*, *H. ancorarius* und *H. satanas* größer als bei *H. acutus*. Ferner sind die Pupillen von *H. satanas* vertikal schlitzförmig, während sie bei den übrigen Arten kreisrund sind. Ähnlich bereitet auch das Homologisieren anderer Strukturen, an denen Unterschiede ins Auge fallen, nämlich der Finger und Zehen und deren Nägel, der Ohren und der Eckzähne, keine Schwierigkeiten.

In anderen Fällen finden sich bei einigen Taxa Strukturen, die bei anderen nicht vorhanden sind. So hat *H. satanas* Hörner, die sich bei keiner anderen der untersuchten Arten finden. *H. acutus* verfügt über einzigartige Rückenstacheln. *H. ancorarius* und *H. vulgaris* haben einen Finger weniger als die übrigen Taxa. In diesem Fall erhebt sich die Frage, welcher der fünf Finger diesen beiden Arten fehlt. Röntgenaufnahmen der Hände belegen, daß bei beiden Taxa rudimentäre fünfte Mittelhandknochen vorliegen, denen keine Fingerknochen zugeordnet sind. Daraus läßt sich schlußfolgern, daß der fünfte, also der kleine Finger nicht vorhanden ist.

Schwieriger gestaltet sich das Homologisieren der Brustwarzen und Zitzen. Während die meisten *Hydropithecus*-Vertreter brustständige Zitzen haben, ist *H. ancorarius* durch bauchständige Zitzen gekennzeichnet. Eine mögliche Erklärung für das Zustandekommen dieses Unterschieds wäre die Verlagerung der Zitzen von der Brust- in die Bauchregion. Allerdings gibt es andere Primaten, z. B. Lemurenartige, bei denen brust- und bauchständige Zitzen bei demselben Individuum zugleich auftreten. Nach dem Kriterium der Verknüpfung durch Zwischenformen läge daher der Schluß nahe, daß die bauchständigen Zitzen von *H. ancorarius* nicht mit brustständigen Zitzen der übrigen Taxa zu homologisieren sind. Kenntnisse über die Beziehungen der bisher bekannten Primaten sprechen jedoch gegen eine solche Interpretation, denn Lemurenartige sind recht entfernte Verwandte der Affen, die als Zwischenformen in diesem Fall nicht in Frage kommen. Es ist davon auszugehen, daß bauchständige Zitzen bereits im Grundmuster der Affen nicht mehr existierten. Sie müßten demnach bei *H. ancorarius* neu gebildet worden, oder eben doch, wie oben vermutet wurde, aus einer Verlagerung der brustständigen Zitzen in die Bauchregion entstanden sein. Letztere Erklärung erscheint weniger aufwendig - d. h. ist sparsamer - und wird deshalb bevorzugt.

Nach diesen Analysen lassen sich die homologisierten Merkmale, bei denen Unterschiede zu beobachten sind, tabellarisch auflisten.

Tabelle 7.1 Merkmalsliste für die Arten von *Hydropithecus*

	Augengröße	Pupillenform	Hörner	ankerförmige Schwanzspitze	Rückenstacheln	Ohrenform	2. Zehe opponierbar	kleiner Finger	Eckzähne	Krallen	Lage der Zitzen/ Mamillen
H. vulgaris	groß	rund	nein	nein	nein	rund	ja	nein	kurz	nein	Brust
H. ancorarius	groß	rund	nein	ja	nein	spitz	nein	nein	kurz	ja	Bauch
H. satanas	klein	schlitzförmig	ja	ja	nein	spitz	nein	ja	lang	ja	Brust
H. acutus	klein	rund	nein	nein	ja	rund	nein	ja	lang	nein	Brust

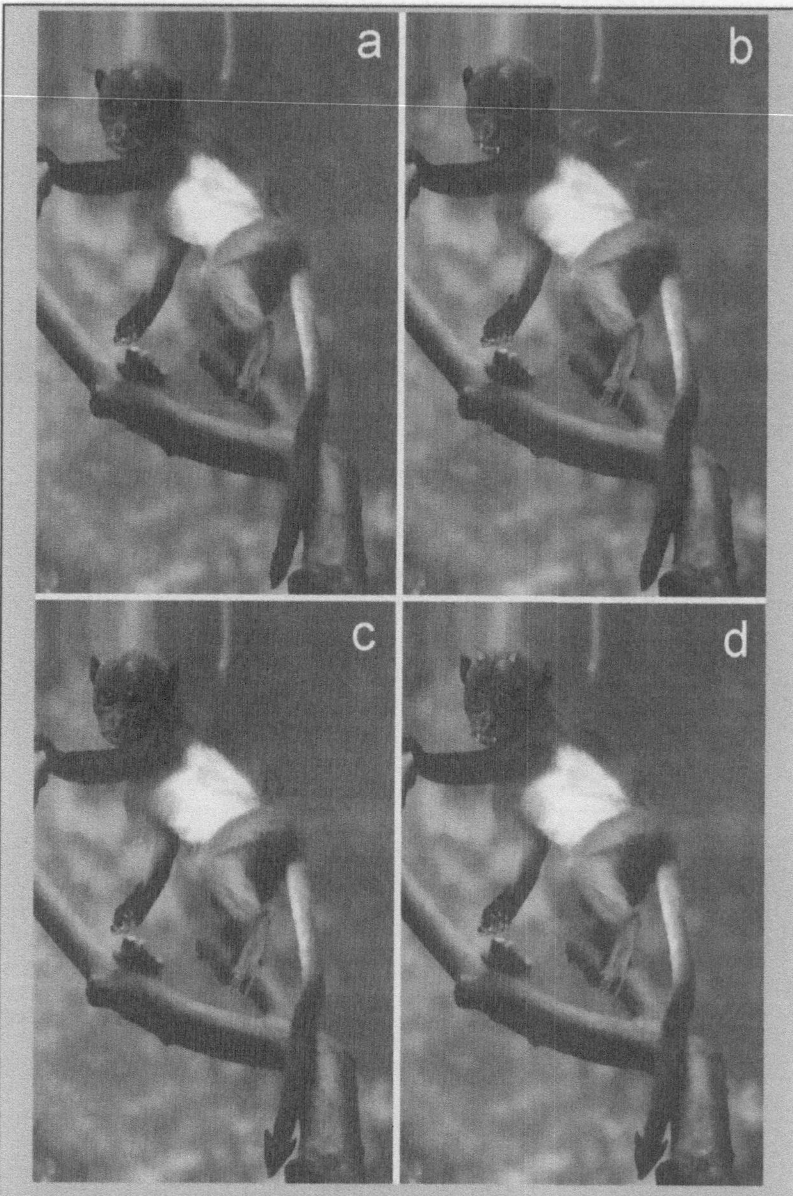

Abb. 7.7 a–d Die vier Arten des fiktiven Taxon *Hydropithecus*. **a** *H. vulgaris*; **b** *H. acutus*; **c** *H. ancorarius*; **d** *H. satanas*

7.4 Überblick

Trotz der großen Bedeutung, die Synapomorphien in der phylogenetischen Systematik zukommt (Kap. 8 und Kap. 9), bleibt Homologie (*sensu* Hennig, 1984) ein wichtiger und umfassenderer Aspekt. Erst durch das Homologisieren von Merkmalen wird es möglich, sie phylogenetisch zu vergleichen und zu bewerten. Synapomorphiehypothesen setzen somit Homologiehypothesen voraus. Bei der Aufstellung letzterer ist man auf Kriterien angewiesen, die aus einer eingehenden Analyse von Bau und Struktur verschiedener Individuen gewonnen werden.

„Die phylogenetische Systematik versucht, auf Grund von deduktiven Überlegungen, die aber von empirisch gewonnenen Prämissen ausgehen, die zwischen verschiedenen Arten bestehenden Übereinstimmungen in verschiedene Kategorien einzuordnen, von denen nur die eine, nämlich die Synapomorphie dazu dienen kann, die Annahme engerer phylogenetischer Verwandtschaft zu begründen." (Hennig 1971, S. 9)

8 Plesiomorphie und Apomorphie

Nicht alle Merkmale sind für die Rekonstruktion der Phylogenese gleichermaßen von Interesse. Eine wichtige Voraussetzung für die Eignung eines Merkmals für die Stammbaumrekonstruktion ist das Vorliegen deutlicher Unterschiede zwischen den verglichenen Taxa. Darüber hinaus ist aber auch nicht jede Ähnlichkeit ein Indikator für phylogenetische Verwandtschaft. Denn nur Ähnlichkeiten in solchen Merkmalszuständen, die als abgeleiteter Zustand einer ursprünglicheren Alternative anzusehen sind, gelten als Beleg für eine verwandtschaftliche Beziehung. Die Darlegung des Unterschiedes zwischen ursprünglichen (plesiomorphen) und abgeleiteten (apomorphen) Ähnlichkeiten ist Gegenstand des vorliegenden Kapitels.

8.1 Identifikation unterschiedlicher Merkmalszustände

Grundsätzlich ist es erstrebenswert, daß für eine phylogenetische Analyse möglichst viele Merkmale berücksichtigt werden. Nicht alle Merkmale bieten hierfür brauchbare Information. Wenn sich beispielsweise in einem bestimmten homologen Merkmal die untersuchten Arten nicht unterscheiden, so ist es für die Beurteilung der phylogenetischen Beziehungen unerheblich, da nur Merkmale, in denen Unterschiede zwischen den untersuchten Arten auftreten, verwertbare Informationen über **Merkmalstransformationen** liefern (siehe auch Kap. 7.1). Deshalb sollten diejenigen Merkmale von der Analyse ausgeschlossen werden, die diese Information nicht bieten (Hennig 1984, S. 40).

Bei jeder Analyse ist zu beachten, was in der empirischen Wissenschaft als echter Unterschied angesehen werden darf (siehe hierzu Köhler et al. 1996). Wenn beispielsweise zwei Datenstichproben von Organismen verschiedener Arten statistisch miteinander verglichen werden, so lassen sich in den errechneten Durchschnittswerten in der Regel mehr oder weniger große Unterschiede beobachten. Es ist allerdings nicht ausgeschlossen, daß solche Unterschiede allein auf zufälligen Schwankungen in den gewählten Stichproben beruhen, d. h. statistisch nicht signifikant sind. Je geringer dabei der Stichprobenumfang ist, desto größer ist die Wahrscheinlichkeit, sich zu irren, wenn man von Unterschieden in statistischen Mittelwerten auf das Vorliegen tatsächlicher Unterschiede schließt. Ein Unterschied ohne **statistische Signifikanz** ist kein Beleg dafür, daß die untersuchten Taxa sich wirklich im betreffenden Merkmal unterscheiden, und sollte deshalb nicht als Unterschied zwischen Merkmalszuständen in eine phylogenetische Analyse einfließen.

Selbst wenn ein Unterschied signifikant ist, ist zu prüfen, mit welcher Zuverlässigkeit er Rückschlüsse auf phylogenetische Beziehungen erlaubt. Eine sehr geringe **Merkmalsdifferenz** zwischen zwei verglichenen Arten kann zwar mit hinreichend großen Stichproben empirisch belegt werden, hat aber für Stammbaumrekonstruktionen dennoch einen verhältnismäßig geringen Wert (siehe hierzu Wiesemüller u. Rothe 2001). Wenn beispielsweise ein bestimmter Merkmalszustand in einer Art A bei 40% der Individuen, in einer Art B dagegen bei 60% auftritt, so ist das zwar ein deutlicher Unterschied, welcher dennoch die beiden Arten nicht scharf statistisch voneinander trennt. Eine solche Trennung ist aber für eine phylogenetische Analyse erstrebenswert, denn unscharfe Unterschiede können mit hoher Wahrscheinlichkeit auch das Resultat unabhängiger Evolutionsprozesse sein.

Liegen die für die Analyse verfügbaren Daten nicht als Häufigkeiten, sondern als Meßwerte vor, wie es z. B. beim Vergleich von Proportionen der Fall ist, läßt sich die Größe eines Unterschiedes abschätzen, indem die Mittelwertsdifferenz mit der Standardabweichung als Maß für die Streuung der Meßwerte verglichen wird. Nur wenn der Mittelwertsunterschied im Verhältnis zur Streuung relativ groß ist, resultiert eine scharfe Trennung der verglichenen Gruppen. Die in Abb. 8.1a miteinander verglichenen Gruppen unterscheiden sich so geringfügig,

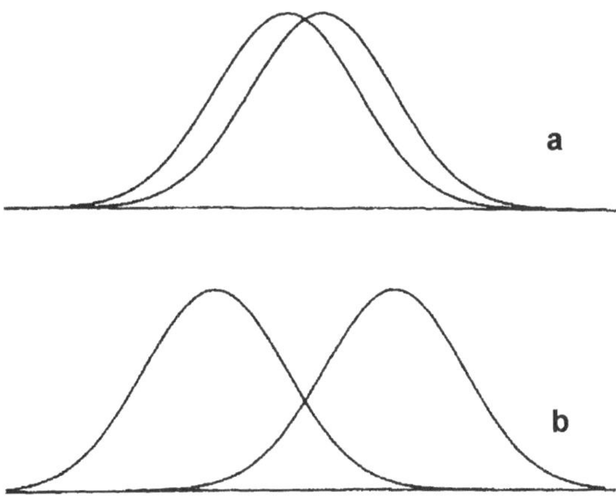

Abb. 8.1 a,b. Unterschiede verschiedener Größe; **a** ein Mittelwertunterschied von 0,5 Standardabweichungen, der die verglichenen Gruppen zu ca. 60% voneinander trennt; **b** eine 90-prozentige Trennung wird bei einer Mittelwertdifferenz von 2,56 Standardabweichungen erreicht. Ein Merkmal, welches sich in den zu vergleichenden Gruppen in dieser Größe unterscheidet, eignet sich besser zur Stammbaumrekonstruktion als ein Merkmal, das geringere Unterschiede aufweist. Optimal wäre eine vollständige Trennung der beiden verglichenen Gruppen (nach Wiesemüller u. Rothe 2001)

daß sich ihre **Verteilungskurven** weitgehend überlappen. In Abb. 8.1b aber ist der Unterschied immerhin so groß, daß die beiden Taxa sich mit einer Zuverlässigkeit von 90% voneinander trennen lassen. Dieses Merkmal ist daher besser für eine Stammbaumrekonstruktion geeignet. Für eine phylogenetische Analyse werden demnach homologe Merkmale benötigt, die statistisch signifikante Unterschiede zwischen den untersuchten Gruppen belegen.

8.2 Geordnete und ungeordnete Merkmale

Gelegentlich lassen sich für ein Merkmal mehr als zwei alternative Ausprägungen unterscheiden. In derartigen Fällen ist zu ermitteln, ob ein unmittelbarer Übergang von einem Merkmalszustand zu einem beliebigen anderen möglich ist, oder aber die Merkmalszustände eine geordnete Reihenfolge bilden, bei der etwa der Übergang von Zustand A zu Zustand C über den Zwischenzustand B erfolgen muß (Abb. 8.2).

Von **ungeordneten Merkmalen** ist z. B. bei den vier alternativen Nukleinbasen an einer bestimmten Position eines DNA-Stranges auszugehen. Hier lassen sich die Zustände A (Adenin), T (Thymin), G (Guanin) und C (Cytosin) unter-

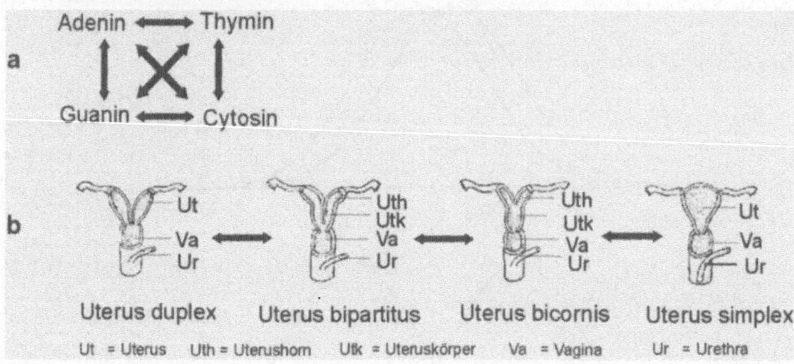

Abb. 8.2 a,b. Ungeordnete und geordnete Merkmale. **a** Bei den vier Basen einer DNA-Position ist davon auszugehen, daß jeder Übergang von einer Base zu einer anderen ohne Zwischenschritt möglich ist; **b** beim Übergang vom paarigen Uterus duplex zum unpaaren Uterus simplex bei den Säugetieren finden sich Stadien, die als notwendige Zwischenstufen aufzufassen sind (**b** nach Romer u. Parsons 1991)

scheiden. Zwischen allen Zuständen ist ein direkter Übergang möglich, weil jede Base durch jede andere substituiert werden kann, ohne daß dazu ein Zwischenzustand erforderlich wäre (Abb. 8.2).

Eine andere Situation bietet sich, wenn eher von einem kontinuierlichen Gestaltwandel auszugehen ist, etwa bei der Veränderung von Proportionen. Wenn sich für die Größe eines bestimmten Organs die Zustände „klein", „mittel" und „groß" scharf gegeneinander abgrenzen lassen, so ergibt sich eine Rangfolge, bei der es naheliegend ist, daß „mittel" einen Übergangszustand zwischen „klein" und „groß" darstellt. In derartigen Fällen spricht man von **geordneten Merkmalen**.

Die Etablierung geordneter Merkmale ist nicht ganz unproblematisch, weil sie zusätzliche Annahmen über Evolutionsprozesse voraussetzt. Inkorrekte Vorannahmen können eine Verfälschung der Ergebnisse zur Folge haben. Die Insekten weisen beispielsweise geflügelte und ungeflügelte Arten auf. Bei den Zweiflüglern (Diptera) aber sind die Hinterflügel zu kleinen Stummeln, sogenannten Halteren, reduziert (Abb. 8.3). Ein unbefangener Betrachter könnte hier zu der Auffassung gelangen, daß die Halteren einen Zwischenzustand zwischen dem Fehlen und dem Vorhandensein von Hinterflügeln darstellen. Infolgedessen ließe sich eine geordnete Merkmalsreihe „flügellos" – „mit Halteren" – „geflügelt" konstruieren. Dadurch würde jedoch postuliert, daß der Übergang von einem ungeflügelten zu einem geflügelten Insekt, und umgekehrt, stets über eine Zwischenform mit Halteren erfolgen müsse. Nach allem, was über die Stammesgeschichte der Insekten bekannt ist, ist dies jedoch unzutreffend. Es gibt primär flügellose Insekten wie Springschwänze (Colembola) und Silberfischchen (*Lepisma*) und sekundär flügellose Insekten wie Flöhe (Siphonaptera) und Schildläuse (Coccoidea). Das Vorhandensein von Halteren bei den Zweiflüglern ist aber weder als ein Übergang

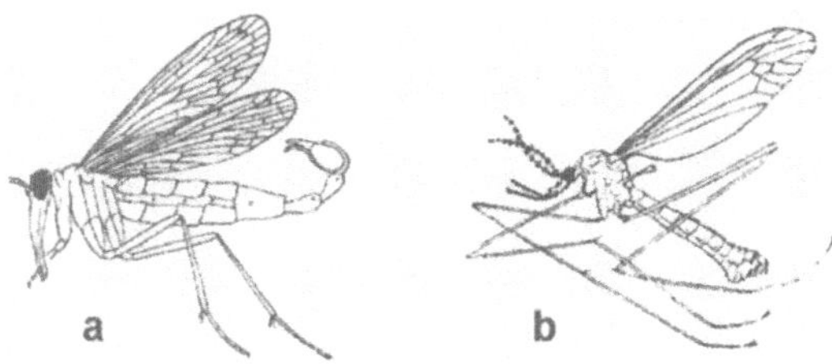

Abb. 8.3 a,b. Reduktion des hinteren Flügelpaares zu kleinen hantelförmigen Gebilden, die als Halteren bezeichnet werden. **a** Eine Skorpionsfliege (*Planorpa* sp., Mecoptera), bei der alle vier Flügel komplett ausgebildet sind; **b** eine Schnake (*Tipula fusca*, Diptera), deren Hinterflügel zu Halteren reduziert sind (nach Hennig 1986, Weber 1954, Mannheims 1952)

von den primär flügellosen zu den geflügelten Insekten, noch als Übergang zwischen geflügelten und bestimmten sekundär flügellosen Insekten anzusehen, sondern stellt vielmehr eine eigene, unabhängige Entwicklung dar.

Hypothetisierte, geordnete Merkmale sollten also gewissenhaft begründet sein, was allerdings nicht immer problemlos zu leisten ist. Manche Autoren raten daher eher davon ab, solche Vorannahmen zu treffen (z. B. Rieppel 1999, S. 51ff; Brower 2000b, S. 15). In einigen Fällen, wie zum Beispiel bei den oben erwähnten Veränderungen von Körperproportionen, kann die Annahme geordneter Merkmale bisweilen jedoch begründet und angebracht sein.

8.3 Die besondere Bedeutung abgeleiteter Merkmalszustände

Monophyletische Gruppen sind die einzigen supraspezifischen Gruppierungen, die im phylogenetischen System vorkommen (siehe auch Kap. 5). Bei allem, was bisher bei der Besprechung von Merkmalen berücksichtigt wurde, lassen sich jedoch nur bestimmte Ähnlichkeiten zwischen Arten feststellen. Ähnlichkeiten können jedoch auch bei Gruppen von Arten auftreten, die nicht monophyletisch sind.

Die Abb. 8.4 veranschaulicht diesen Aspekt. In einer gemeinsamen Stammart der heute lebenden Arten C und D ist eine **Merkmalsveränderung** vom Zustand „weiß" zum Zustand „schwarz" aufgetreten. Tatsächlich sind diese beiden Arten auch phylogenetisch näher miteinander verwandt als mit den Arten A und B, und zwar deshalb, weil sie eine gemeinsame Stammart haben, die nicht zugleich Stammart von A oder B ist. Der Merkmalszustand „schwarz" scheint daher ein brauchbares Indiz für die nähere Verwandtschaft dieser beiden Arten zu sein.

Ferner ähneln sich aber auch die Arten A und B durch das Vorhandensein des Merkmalszustandes „weiß". In diesem Fall liegt jedoch keine engere Verwandtschaft vor, denn die letzte gemeinsame Stammart von A und B ist zugleich auch

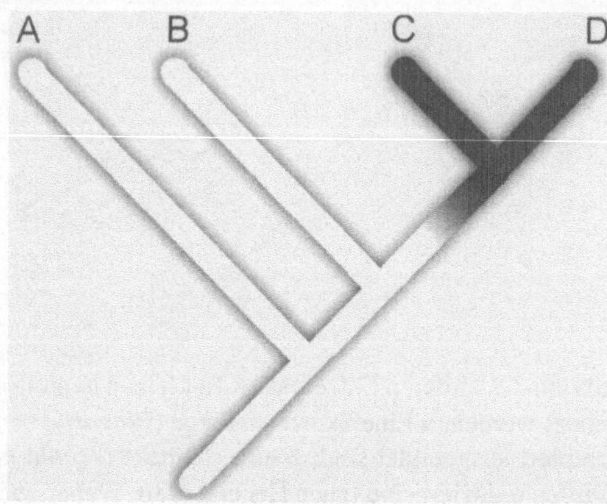

Abb. 8.4. Ähnlichkeit zeigt nicht immer phylogenetische Verwandtschaft an. In diesem Beispiel wird angenommen, daß in einer nur den Taxa B und C gemeinsamen Stammlinie ein Übergang vom Merkmalszustand „weiß" zum Zustand „schwarz" stattgefunden hat. Offensichtlich ähnelt das Taxon B dem Taxon A darin, daß es ebenfalls den ursprünglichen Zustand „weiß" aufweist. Taxon B ist jedoch phylogenetisch näher mit C und D verwandt, weil es mit ihnen eine Stammart gemeinsam hat, von der A nicht abstammt. Die Übereinstimmung zwischen C und D im abgeleiteten Zustand „schwarz" spiegelt dagegen tatsächlich eine nähere phylogenetische Verwandtschaft wider. Daraus ergibt sich, daß nur abgeleitete Merkmalsübereinstimmungen für die Rekonstruktion phylogenetischer Beziehungen von Bedeutung sind

Stammart von C und D. Gemäß dem **Artaufspaltungsmuster** ist sogar Art B eindeutig näher mit den Arten C und D verwandt, weil sie mit diesen eine Stammart gemeinsam hat, die nicht Stammart von A ist.

Offensichtlich haben die beiden alternativen Merkmalszustände „schwarz" und „weiß" in diesem Beispiel nicht die gleiche Bedeutung für die Beurteilung der phylogenetischen Verwandtschaft. Der wesentliche Unterschied aus evolutionstheoretischer Sicht ist naheliegend. Während „schwarz" auf eine evolutive Veränderung im Laufe der Existenz einer gemeinsamen **Stammart** hinweist, ist „weiß" ein ursprünglicher Zustand, der schon bei der letzten Stammart aller vier heutigen Arten vorhanden war und bei den Arten A und B unabhängig voneinander erhalten geblieben ist.

Aus diesem Grunde ist es für die Beurteilung der phylogenetischen Verwandtschaft von außerordentlichem Interesse, zwischen **plesiomorphen** und **apomorphen** Merkmalszuständen zu unterscheiden.

> • „Wir nennen im folgenden die [...] Merkmalszustände, von denen innerhalb einer monophyletischen Gruppe die Transformation ausgegangen ist [...] plesiomorph, die abgeleiteten Folgezustände [...] apomorph" (Hennig 1982, S. 93).

Plesiomorphie und Apomorphie sind relative Begriffe. Wenn ein Merkmal etwa im Laufe der Evolution nacheinander die Zustände 0, 1 und 2 durchlaufen hat, so ist 1 apomorph im Vergleich zu 0, aber plesiomorph im Vergleich zu 2 (siehe hierzu auch Abb. 8.2, Kap. 8.2).

Übereinstimmungen in plesiomorphen Zuständen werden als **Symplesiomorphie**, solche in apomorphen Zuständen als **Synapomorphie** bezeichnet:

> - „Wenn zwei oder mehr Arten im Besitze eines plesiomorphen Merkmales übereinstimmen, sprechen wir auch von Symplesiomorphie" (Hennig 1984, S. 41).
>
> - „Eine Synapomorphie ist der gemeinsame Besitz eines abgeleiteten Merkmals bei Schwestertaxa" (Sudhaus u. Rehfeld 1992, S. 106).

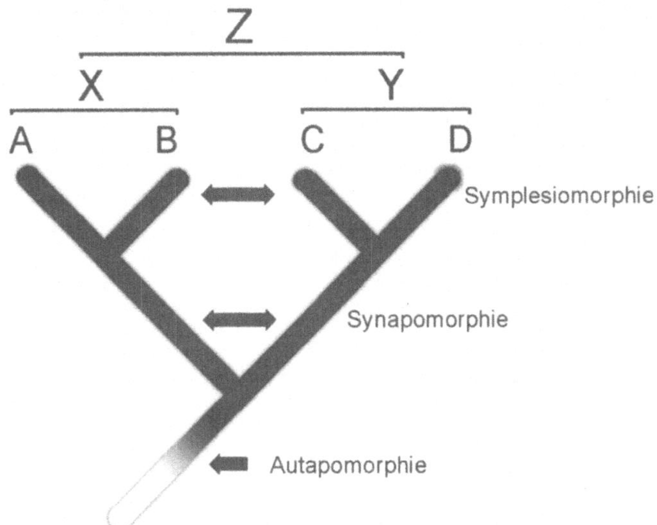

Abb. 8.5. Relativität der Begriffe Symplesiomorphie und Synapomorphie. Die Übereinstimmung im abgeleiteten Merkmalszustand „schwarz" stellt als Ähnlichkeit zwischen den Schwestergruppen X und Y eine Synapomorphie dar. Als Ähnlichkeit zwischen den inklusiveren Gruppen B und C ist sie dagegen als Symplesiomorphie aufzufassen. Die Apomorphie „schwarz" wird im Hinblick darauf, daß sie die Monophylie des Taxon Z begründet, auch als Autapomorphie des Taxon Z bezeichnet

Auch diese Begriffe sind relativ. Sie hängen von der Hierarchieebene ab, auf der man eine Übereinstimmung betrachtet (Abb. 8.5). Dort, wo ein Merkmalszustand in einer Stammart als evolutive Neuheit aufgetreten ist und an Folgearten vererbt wurde, spricht man auch von einer **Autapomorphie**[75] der resultierenden monophyletischen Gruppe. Beim Vergleich der aus der Spaltung dieser Stammart hervorgegangenen Schwestergruppen liegt eine Synapomorphie vor. Dieselbe Merkmalsübereinstimmung ist dagegen als Symplesiomorphie aufzufassen, wenn man hierarchisch weiter untergeordnete Teilgruppen innerhalb der monophyletischen Gruppe miteinander vergleicht.

Gemeinsam ist Symplesiomorphien und Synapomorphien, daß sie auf einer einmaligen Evolution eines Merkmalszustandes beruhen. Darüber hinaus ist aber auch an Ähnlichkeiten zu denken, die auf mehrmaliger, voneinander unabhängiger Evolution beruhen (siehe Kap. 9).

Box 8.1 Mosaikevolution

Jede Art verfügt über eine Vielzahl von Merkmalen, die man in ihrer Gesamtheit als Merkmalsmuster der betreffenden Art bezeichnen kann. In diesem Zusammenhang ist gelegentlich von „Mosaiktieren" (bzw. „-pflanzen") die Rede, deren Merkmalsmuster sich angeblich mosaikartig aus Merkmalen verschiedener Taxa zusammensetzt und somit einen Übergang belegen soll. Diese Vorstellung eines Übergangs von einem supraspezifischen Taxon in ein anderes ist offensichtlich nicht mit der Theorie der phylogenetischen Systematik vereinbar, sondern an Auffassungen der evolutionären Klassifikation (Kap. 2.2) orientiert.

In Merkmalsmustern kommt es immer wieder zu Transformationen, wobei manche Merkmale ursprünglich bleiben, während andere sich verändern. Dadurch stellt jedes Merkmalsmuster ein Mosaik aus plesiomorphen und apomorphen Merkmalen dar, und jedes Tier ist somit im Grunde ein Mosaiktier.

Im Speziellen ist aber nur dann von Mosaiktieren die Rede, wenn es sich um seltene Exemplare handelt, die eine umfangreichere Transformation von Merkmalsmustern belegen. Bei Fossilien spricht man dann oft von *missing links*, weil sie eine große Lücke des Merkmalswandels in der fossilen Überlieferung ausfüllen. Ein bekanntes Beispiel ist der Urvogel *Archeopteryx* (Abb. 8.6), der ein auffälliges abgeleitetes Merkmal der Vögel, nämlich Federn, besaß, aber ansonsten wesentlich ursprünglicher aussah. Wenn *Archaeopteryx* keine Federn hätte, so wäre er nach Auffassung von Caroll (1993) nicht als Vogel erkannt worden. Tatsächlich hat man ein fast

---

[75] auto (gr.) = selbst; apo (gr., als Vorsilbe) = von, weg; morphe (gr.) = Gestalt

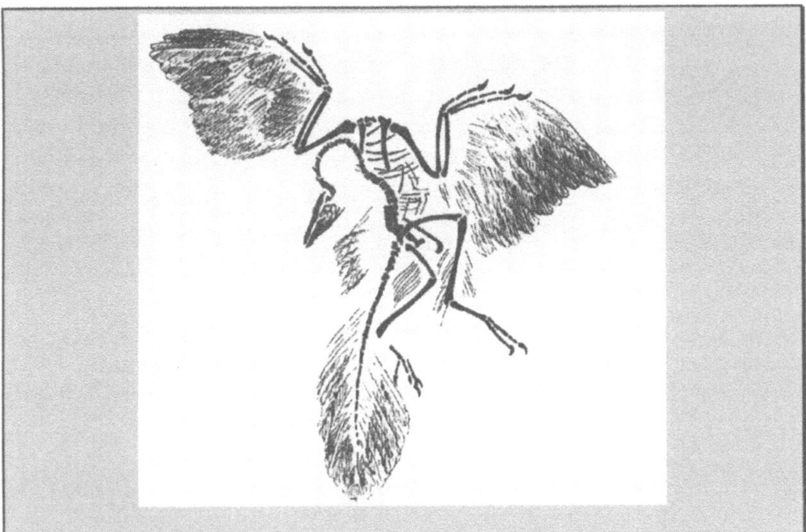

Abb. 8.6. Exemplar des Urvogels *Archaeopteryx* (nach Chatterjee 1997)

komplettes Skelett, bei dem keine Federn erkennbar waren, anfangs als Dinosaurier klassifiziert. Caroll (1993, S. 352) bezeichnet *Archaeopteryx* daher als „eine Gattung, die die Position eines „missing link" innehat, das 2 Wirbeltiergruppen vereinigt." Gemeint ist damit der Übergang von den „Reptilien" zu den Vögeln. Daß erstere keine natürliche Gruppe darstellen, wurde bereits in Kap. 2.2 erörtert. Im phylogenetischen System gibt es keine „Reptilien". Den Vögeln stehen ranggleich die Krokodile gegenüber, und mit Krokodilen hat *Archaeopteryx* keine Apomorphien gemeinsam. Das Vorhandensein von Federn, ein apomorpher Merkmalszustand, belegt aber, daß es sich um einen frühen Vertreter der Vögel handelt. Von einem Übergang zwischen zwei Wirbeltiergruppen kann hierbei also nicht die Rede sein. Bei der Beschreibung rezenter Arten ist gelegentlich von „lebenden Fossilien" die Rede. Auch hier handelt es sich um Organismengruppen, die aus einer oder nur wenigen Arten bestehen und eine große Lücke der Transformation schließen. Oft weisen sie ein Merkmalsmuster auf, das an fossile Gruppen erinnert, die einmal sehr häufig waren. Eines von vielen Beispielen ist der Pfeilschwanzkrebs *Limulus* (Abb. 8.7), der übrigens kein Krebs ist, sondern ein Vertreter der Chelicerata, zu denen vor allem die Spinnentiere (Arachnida) gehören. Im Gegensatz zu letzteren ist *Limulus* in vielen Merkmalen ursprünglicher. So weisen Pfeilschwanzkrebse als einzige rezente Cheliceraten noch paarige Komplexaugen und ursprünglichere Extremitäten auf (für genauere Angaben siehe Hennig 1986, S. 55ff) und sind durch eine primär aquatische Lebensweise gekennzeichnet. Ihre Larven zeigen große Ähnlichkeit zu den ausgestorbenen Trilobiten. Die verwandtschaftliche Nähe zu den Arachnida läßt sich durch eine Reihe von Synapomorphien belegen, vor allem das Vorhandensein von Cheliceren (scherenförmige Extremitäten), die Gliederung des Körpers und das Fehlen des ersten Antennenpaares (Details in Hennig, 1986, S. 53ff). Schließlich ist jedoch festzustellen, daß das Merkmalsmuster von *Limulus* nicht einfach einen Übergang von ursprünglichen, aquatischen Cheliceraten zu abgeleiteten, terrestrischen Formen belegt, sondern eigene Apomorphien aufweist, wie Feinheiten in der Gliederung der Körpersegmente und eine Reduktion von Kiemenanhängen an den Extremitäten des Genitalsegments (Hennig 1986, S. 57). Eine knappe Übersicht über bekannte ‚lebende Fossilien' der Tier- und Pflanzenwelt gibt Heinrichs (1988), zahlreiche Beispiele finden sich bei Thenius (1965).

Der phylogenetischen Systematik bereiten sogenannte Mosaikformen keine besonderen Probleme, weil zur Beurteilung der phylogenetischen Verwandtschaft nur abgeleitete Merkmalsübereinstimmungen relevant, ursprüngliche Merkmalszustände dagegen belanglos sind.

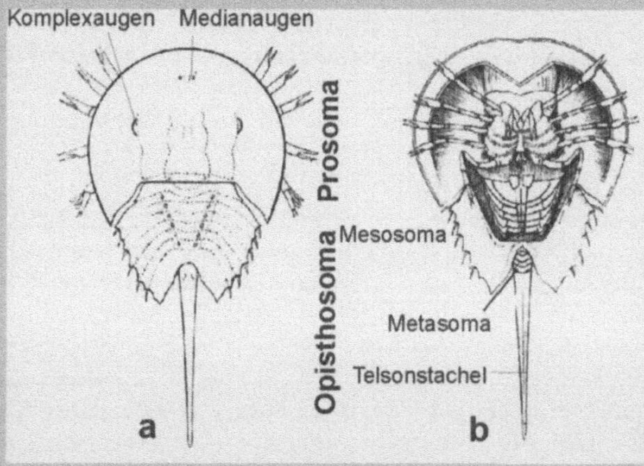

Abb. 8.7 a,b. Pfeilschwanzkrebs (*Limulus polyphemus*, Xiphosura, Chelicerata) als Beispiel für ein sogenanntes lebendes Fossil. **a** Dorsalansicht; **b** Ventralsicht (nach Hennig 1986)

8.4 Methoden zur Identifizierung von Plesiomorphie und Apomorphie

In der Praxis der phylogenetischen Systematik ergibt sich ganz allgemein das Problem, daß die Folge von Artaufspaltungen auf in der Vergangenheit abgelaufenen Prozessen beruht. Die für die Struktur des Systems maßgebenden Vorgänge sind also bereits abgeschlossen und entziehen sich deshalb der direkten Beobachtung in der Gegenwart (zum erkenntnistheoretischen Aspekt dieses Umstandes siehe z. B. Popper 1968, 1974). Ebenso fand auch der Übergang von plesiomorphen zu apomorphen Merkmalen und Merkmalszuständen vor sehr langer Zeit statt, und man kann daher nur versuchen, die vergangenen Ereignisse anhand von Spuren zu rekonstruieren. Solche Spuren können sich sowohl an **Fossilien** als auch an heute lebenden Organismen finden. Ersteres ist besonders naheliegend, denn schließlich sind Fossilien konserviert erhaltene Überreste von Lebewesen, die in der Vergangenheit gelebt haben. Allerdings ist diese Überlieferung oft sehr lückenhaft. Lebende Organismen dagegen bieten Zugang zu allen wie auch immer beobachtbaren Merkmalen (siehe hierzu auch Kap. 10 und Fußnote 88). Allgemein ist bei der Rekonstruktion historischer Vorgänge niemals eine Art von Beweisführung möglich wie sie in den experimentellen Naturwissenschaften praktiziert wird, denn das Interesse gilt der Analyse spezieller Prozesse und nicht der Aufdeckung allgemeiner Gesetzmäßigkeiten. Zur Identifizierung plesiomorpher und apomorpher Alternativen kann man sich verschiedener Ansätze bedienen, die sich in ihrer Zuverlässigkeit zum Teil deutlich voneinander unterscheiden.

Außengruppenvergleich: Dies ist die am weitesten verbreitete und auch im größten Umfang anwendbare Methode. Der Grundgedanke ist sehr einfach. Verschiedene Mitglieder einer mutmaßlich monophyletischen Gruppe, der **Innengruppe**, werden mit Vertretern der entfernteren Verwandtschaft, der **Außengruppe** verglichen (Abb. 8.8). Wenn ein Merkmal in der Innengruppe in zwei Zuständen auftritt, so ist wahrscheinlich derjenige Zustand ursprünglicher, der auch in der Außengruppe vorliegt.

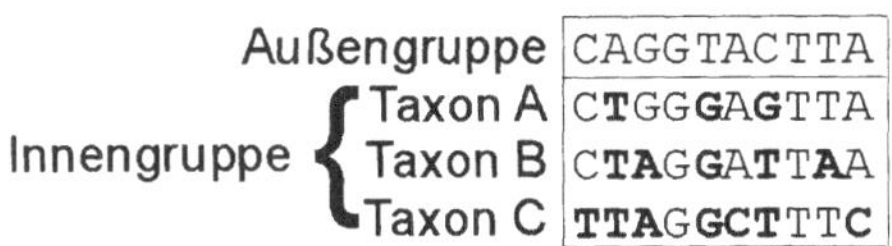

Abb. 8.8. Unterscheidung von Plesiomorphien und Apomorphien mit Hilfe des Außengruppenvergleichs am Beispiel eines DNA-Sequenzabschnitts. Merkmalszustände der Innengruppe, die in der Außengruppe wiederzufinden sind, werden als Plesiomorphien, alle anderen als Apomorphien interpretiert. Manchmal finden sich in der Innengruppe verschiedene Merkmalszustände, von denen keiner in der Außengruppe auftritt. In diesem Fall liefert der Außengruppenvergleich kein Ergebnis hinsichtlich der Frage, welcher Zustand innerhalb der Innengruppe der ursprünglichere ist

Dieser Ansatz basiert auf der Vorannahme, daß alle Vertreter der Innengruppe phylogenetisch näher miteinander verwandt sind als mit der Außengruppe. Diese Vorannahme sollte begründet sein, und sie kann im Einzelfall zu kritischen Entscheidungssituationen führen. Denn eine der Innengruppe möglichst nahe verwandte Außengruppe, am besten die **Schwestergruppe**, liefert einerseits häufig die eindeutigsten Ergebnisse beim Außengruppenvergleich. Andererseits besteht bei unzureichend untersuchten Taxa die Gefahr, daß man dabei ein Taxon als Außengruppe wählt, das mit einem Teil der Innengruppe näher verwandt ist und deshalb, in einem korrekten Ansatz, selbst zur Innengruppe gezählt werden müßte. In diesem Falle kann aufgrund falscher Vorannahmen auch nur ein falsches Ergebnis resultieren.

Der Außengruppenvergleich ist ein ausgesprochen wertvoller Ansatz, der sich fast immer auch dann anwenden läßt und auch recht zuverlässig ist, wenn die untersuchten Merkmale nicht zu schnell evolvieren (siehe Homoplasieproblem, Kap. 9). Nicht anwendbar ist dieser Ansatz hingegen, wenn keiner der in der Innengruppe zu findenden Merkmalszustände in der Außengruppe auftritt.

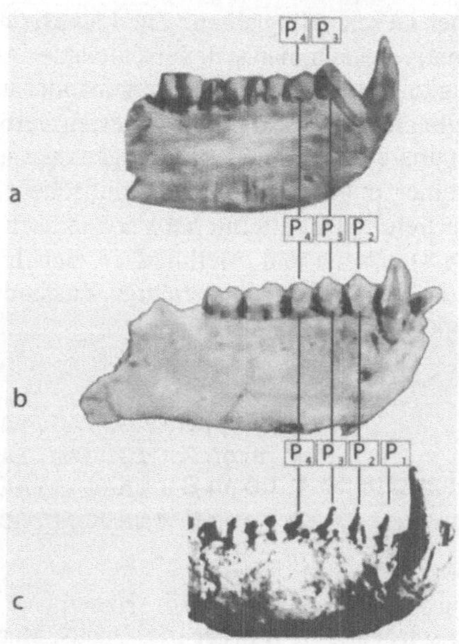

Abb. 8.9 a–c. Prämolarenreduktion im Verlaufe der Primatenevolution; **a** *Macaca sylvanus florentina*, Cercopithecoidea, Catarrhini; Miozän-Pleistozän, Europa, Asien; **b** *Neosaimiri fieldsi*, Ceboidea, Platyrrhini; mittleres Miozän, Südamerika; **c** *Notharctus nunienus*, Notharctidae, Adapoidea; mittleres Eozän, Nordamerika (nach Szalay u. Delson 1979)

Paläontologischer Ansatz: Je früher ein Merkmalszustand in der fossilen Überlieferung auftaucht, desto ursprünglicher ist er wahrscheinlich (Abb. 8.9). Dies ist der naheliegendste Ansatz, dessen Zuverlässigkeit allerdings durch die Lückenhaftigkeit der fossilen Überlieferung oft stark beeinträchtigt ist. Bei Gruppen, von denen es nur wenige Fossilien gibt - was keine Seltenheit ist -, muß damit gerechnet werden, daß ein bestimmter Merkmalszustand, der bisher nur von relativ jungen Fossilien bekannt ist, in Wirklichkeit viel älter ist, was sich aber nicht überprüfen läßt, da die Organismen, die dies belegen könnten, in der fossilen Überlieferung fehlen.

Eine Voraussetzung für die Anwendung des paläontologischen Ansatzes ist somit die begründete Überzeugung, daß das verfügbare Material an Fossilien sehr reichhaltig ist. Nicht anwendbar ist der Ansatz für Merkmale, die bei Fossilien in der Regel nicht erhalten sind, wie z. B. Weichteil- oder Molekülstrukturen.

Funktional-adaptive Analyse: Dieser Ansatz wird selten erwähnt und von Ax (1988) sogar kritisiert. Üblicherweise wird er so formuliert, daß die Evolutionstheorie eine bestimmte Richtung der Merkmalstransformation wahrscheinlich erscheinen läßt (z. B. Ridley 1986). Dies wird nicht zu Unrecht von Ax in Frage gestellt, weil dabei angenommen wird, daß in der Vergangenheit Selektionsprozesse stattgefunden haben, die nachträglich nicht mehr verifizierbar sind. Ax (1984) ist in seiner Kritik allerdings nicht stringent, denn einerseits argumentiert er nahezu musterkladistisch, wenn er evolutionstheoretische Vorannahmen als unnötig einstuft (z. B. S. 83). Andererseits vertritt er funktionale Ansätze (z. B. S. 84ff, Oviparie-Viviparie-Beispiel), ohne dabei jedoch adaptive Aspekte als relevant zu erachten.[76]

Ein anschauliches Beispiel für funktionale Zusammenhänge zwischen verschiedenen Merkmalen oder zwischen Merkmalen und Lebensweisen sind in diesem Zusammenhang die Flossen der Fische. Vergleichbare Organe gibt es in ihrer näheren Verwandtschaft nicht. Deshalb müßte ihr Vorhandensein bei einem reinen Vergleich von **Merkmalsmustern** eigentlich für eine Synapomorphie gehalten werden. Es gibt aber gute Gründe für die Annahme, daß die Flossen der Fische eine Anpassung an ein Leben im Wasser sind und daß das Wasser der ursprüngliche Lebensraum der Wirbeltiere ist. Daraus läßt sich schlußfolgern, daß die Flossen der Fische wahrscheinlich eine Symplesiomorphie darstellen.

Die Anwendbarkeit des funktional-adaptiven Ansatzes ist jedoch in der Praxis in der Tat recht begrenzt. Sie erfordert vertiefte Einblicke in funktionale Aspekte, die allerdings häufig nicht erkannt werden und/oder schwer zu untersuchen sind (Übersicht in Martin 1989). In diesem Zusammenhang ist etwa das Phänomen der Präadaptation zu erwähnen, worunter zu verstehen ist, daß Organismen aufgrund ihrer Merkmalsausstattung Eigenschaften besitzen, die in zukünftigen Umweltsituationen adaptiv sind. Solche Präadaptationen sind evolutionstheoretisch nicht etwa als Vorbereitungen auf zukünftige Situationen aufzufassen, sondern als Merkmale, die zufälligerweise gut zu den veränderten Umweltbedingungen passen. Bei der funktional-adaptiven Analyse solcher Merkmale ergibt sich das Problem, daß das Merkmal vor der Situation auftritt, für die es als adaptiv angesehen wird, so daß

---

[76] Die Autoren (BW, HR, WH) bezweifeln, daß funktionale Ansätze ohne Berücksichtigung von Adaptation schlüssig sein können.

eine sinnvolle Interpretation eines Zusammenhangs zwischen Umwelt und Merkmalen nicht gelingt (siehe auch Osche 1962, Vogel 1975).

Weitere Ansätze: Gelegentlich wird die von HAECKEL begründete Rekapitulationsregel (siehe Kap. 1.4) zur Unterscheidung von Plesiomorphie und Apomorphie herangezogen. Danach soll die Reihenfolge, in der Merkmale im Laufe der Ontogenese auftreten, die historische Reihenfolge der Evolution widerspiegeln. Dieser Ansatz ist jedoch nicht sehr zuverlässig. Vor allem, wenn frühe Ontogenesestadien Anpassungen an abgeleitete Lebensweisen zeigen, kann es zu erheblichen Abweichungen von dieser Regel kommen. So leben etwa die Larven vieler Mücken (Nematocera) im Wasser und haben als Anpassung daran eine Vielzahl abgeleiteter Merkmale, die adulten Mücken fehlen. Bei den ebenfalls sekundär aquatisch lebenden Libellen (Odonata) fällt das Labium auf, das zu einer Fangmaske umgebildet ist (Abb. 8.10). Auch dies ist eine Apomorphie, die bei adulten Tieren nicht vorhanden ist.

Ein anderer Ansatz besteht darin, daß der häufiger auftretende Merkmalszustand als der ursprünglichere angesehen wird. Auch hier ist die Zuverlässigkeit sehr begrenzt. Man denke nur an die Flügel bei den Insekten, die Schale bei den Mollusken (Mollusca), den Schädel bei den Chordatieren (Chordata). Alle diese Merkmale sind in den entsprechenden Gruppen sehr weit verbreitet, dennoch sind sie nicht ursprünglich.

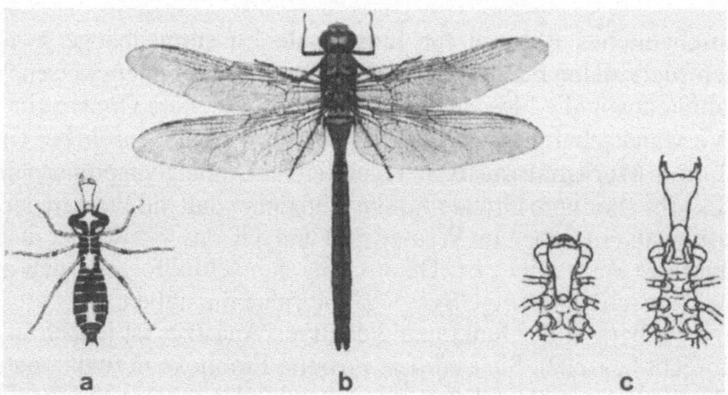

Abb. 8.10 a–c. Larve (**a**) und Imago (**b**) der großen Königslibelle (*Anax imperator*, Anisoptera, Odonata). Im Gegensatz zur Imago weist die Larve (hier von *Aeschna*) als abgeleitetes Merkmal eine Fangmaske (**c**) zum Ergreifen von Beutetieren auf; links mit eingezogener, rechts mit ausgeschleuderter Fangmaske (nach Robert 1959)

Weitere Hinweise auf die Richtung des evolutiven Wandels können schließlich sogenannte Atavismen[77] liefern. Dabei handelt es sich um ursprüngliche Merkmale, die in seltenen Fällen bei Individuen von Arten in Erscheinung treten, bei denen dieses Merkmal normalerweise nicht mehr vorhanden ist. So treten bei Pferden, deren Hufe evolutiv aus einem einzigen Finger von Vorfahren, die fünf Finger besaßen, hervorgegangen sind, in sehr seltenen Fällen polydaktyle (mehrfingerige) Hufe auf, die von dieser Abstammung zeugen (Abb. 8.11). Die Streifen der Zebras, die man auf den ersten Blick für ein einzigartiges abgeleitetes Merkmal halten könnte, das in der Stammlinie der Zebras evolviert wurde, tauchten in seltenen Fällen auch bei Pferden und Eseln auf (Sudhaus u. Rehfeld 1992). Daraus läßt sich der Schluß ziehen, daß bereits die gemeinsamen Vorfahren von Eseln, Pferden und Zebras gestreift waren und dieser Merkmalszustand später bei Eseln und Pferden wieder verlorenging. Bei Atavismen handelt es sich aber um seltene Beobachtungen, die vereinzelt die Interpretation der Merkmalsevolution beeinflussen können. Von einem allgemeinen Ansatz kann man in diesem Zusammenhang deshalb nicht sprechen.

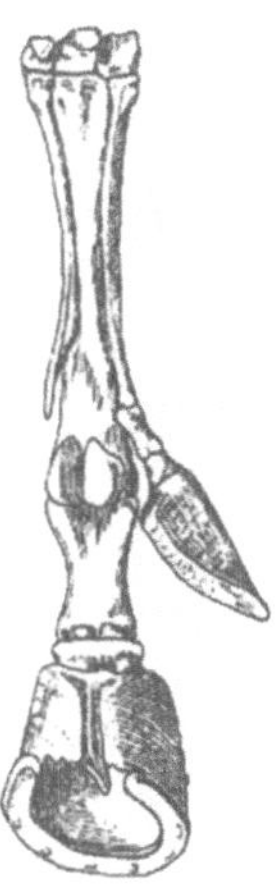

Abb. 8.11 Mehrstrahliger (polydaktyler) Fuß eines Hauspferdes als Beispiel für einen Atavismus. Dieses nur selten zu beobachtende Phänomen liefert einen Hinweis darauf, daß die Vorfahren der Pferde mehrstrahlige Cheiridien[78] besaßen (nach Rensch 1954).

---

[77] atavus (lat.) = Ahnes Ahne, Urgroßvater
[78] cheir (gr.) = Hand

Box 8.2 *Hydropithecus* – Teil 2

Die zuvor vorgestellten Methoden lassen sich auch auf unser fiktives Beispiel aus Box 7.4 anwenden. Daß es sich bei dem hypothetisierten Taxon *Hydropithecus* um eine monophyletische Gruppe handelt, läßt sich mit einer Reihe offensichtlich abgeleiteter Merkmale wie Schwimmhäuten, vergrößerten Lungen und Anpassungen des Fells begründen. Die Ähnlichkeit zu den Neuweltaffen hinsichtlich der Stellung der Nasenöffnungen ist als Symplesiomorphie aufzufassen, denn dieses Merkmal findet sich bereits außerhalb der Affen bei Koboldmakis, Loris und Lemuren. Die Reduktion von Prämolaren im Gebiß des Ober- und Unterkiefers ist dagegen als Synapomorphie zu den Altweltaffen aufzufassen, d.h. *Hydropithecus* ist mit den Altweltaffen phylogenetisch näher verwandt als mit den Neuweltaffen. Zum Zwecke des Außengruppenvergleichs empfiehlt es sich daher, einen möglichst ursprünglichen Vertreter der Altweltaffen als Außengruppe zu wählen. Hierzu erscheinen die Meerkatzen (*Cercopithecus*), bei denen verhältnismäßig viele ursprüngliche Merkmale der Altweltaffen erhalten sind, als geeignet.

Der Außengruppenvergleich führt in unserem Beispiel bei jedem Merkmal zu einem Ergebnis (Tabelle 8.1). Dabei werden Merkmalszustände, die in der Außengruppe nicht auftreten, als Apomorphien interpretiert. Für die Augengröße liefert der Ansatz der funktional-adaptiven Analyse einen weiteren Hinweis. Es wurde in Freilandstudien beobachtet, daß *H. acutus* als einziger Vertreter von *Hydropithecus* tagaktiv ist. Dies stellt sicherlich eine ursprüngliche Lebensweise der Affen dar. Nachtaktivität war bislang nur

Tabelle 8.1. Merkmalsauflistung für die Arten von *Hydropithecus* mit Unterscheidung von Plesiomorphien und Apomorphien nach einem Vergleich mit der Außengruppe *Cercopithecus*. Die apomorphen Merkmalszustände sind in den schwarzen Feldern vermerkt

	Augengröße	Pupillenform	Hörner	ankerförmige Schwanzspitze	Rückestacheln	Ohrenform	2. Zehe opponierbar	kleiner Finger	Eckzähne	Krallen	Lage der Zitzen/Mamillen
Cercopithecus	klein	rund	nein	nein	nein	rund	nein	ja	kurz	nein	Brust
H. vulgaris	groß	rund	nein	nein	nein	rund	ja	nein	kurz	nein	Brust
H. ancorarius	groß	rund	nein	ja	nein	spitz	nein	nein	kurz	ja	Bauch
H. satanas	klein	schlitzförmig	ja	ja	nein	spitz	nein	ja	lang	ja	Brust
H. acutus	klein	rund	nein	nein	ja	rund	nein	ja	lang	nein	Brust

von den südamerikanischen Nachtaffen (*Aotes*) bekannt, die *Hydropithecus* verwandtschaftlich aber sicher nicht nahestehen. Die großen Augen von *H. vulgaris*, *H. ancorarius* und *H. satanas* lassen sich somit als Anpassung an eine abgeleitete Lebensweise, die Nachtaktivität, interpretieren. Demnach sind sie als Apomorphien aufzufassen, was in Einklang mit dem Ergebnis des Außengruppenvergleichs steht, denn die Außengruppe *Cercopithecus* hat kleine Augen. Tabelle 8.1 zeigt eine Merkmalsauflistung für die einzelnen Taxa, bei der die Unterscheidung zwischen Plesiomorphie und Apomorphie berücksichtigt ist. Wenn man beachtet, daß nur apomorphe Übereinstimmungen für phylogenetische Verwandtschaft sprechen, werden die Verwandtschaftsverhältnisse klarer als in Box 7.4, es treten jedoch auch Widersprüche auf, auf die wir in Box 9.1 eingehen werden.

8.5 Überblick

In der phylogenetischen Systematik ist die Unterscheidung zwischen plesiomorphen und apomorphen Merkmalszuständen von zentraler Bedeutung für die Stammbaumrekonstruktion. Zur empirischen Beurteilung dieses Aspekts stehen verschiedene methodische Ansätze zur Verfügung, von denen der Außengruppenvergleich am vielseitigsten anwendbar ist. Für eine sorgfältige Analyse der Plesiomorphie-Apomorphie-Beziehung stehen ferner eine Reihe weiterer Verfahren zur Verfügung. Kein Ansatz liefert jedoch in jedem Fall ein Ergebnis, und jedes Resultat ist lediglich als Indiz aufzufassen. Deshalb sollten bei einer sorgfältigen phylogenetischen Analyse möglichst alle verfügbaren Hinweise berücksichtigt werden.

„Wenn apomorphe Merkmale, nach der Definition, solche sind, die sich gegenüber ihren homologen Merkmalspartnern verändert haben, dann muß auch mit der Möglichkeit gerechnet werden, daß übereinstimmende apomorphe Merkmale ganz unabhängig bei Arten entstanden sind, die keine nur ihnen gemeinsame Stammart haben." (Hennig 1984, S. 41)

9 Homoplasie und Merkmalskonflikte

Bei der phylogenetischen Bewertung von Merkmalsähnlichkeiten ist damit zu rechnen, daß ähnliche Merkmalszustände mehrmals voneinander unabhängig entstanden sein können. Diese unabhängige Evolution ähnlicher Merkmale ist ein häufiges Phänomen, welches in der Praxis der Systematik zu inkongruenten Befunden führt. Wenn verschiedene Merkmale nicht zu vereinbarende Synapomorphiehypothesen liefern, so kann es sich nur bei einem Teil der Merkmale um tatsächliche Synapomorphien handeln, während die verbleibenden Merkmale Ähnlichkeiten infolge unabhängiger Evolution aufweisen müssen. Die Erörterung von Lösungswegen für solche Merkmalskonflikte ist Gegenstand dieses Kapitels.

9.1 Kongruenz und Inkongruenz von Merkmalsbefunden

Diese Thematik hat Patterson (1982) sehr exakt analysiert. Er geht von einer Synapomorphiehypothese[79] aus, die sich aus der alleinigen Betrachtung eines einzelnen Merkmals ergibt und, für sich gesehen, für die Monophylie einer Gruppe X spricht. Anschließend wird untersucht, in welchem Verhältnis ein weiterer Einzelmerkmalsbefund hierzu stehen kann.

Dabei kommen genau fünf unterschiedliche Verhältnisse in Betracht (Abb. 9.1). Die zweite, aus einem weiteren Einzelmerkmal abgeleitete **Synapomorphiehypothese** unterstützt ihrerseits eine bestimmte Gruppierung, die sich in ihren Elementen in unterschiedlichem Ausmaß und unterschiedlicher Weise mit Gruppe X decken kann. Gruppe A in Abb. 9.1 hat keine gemeinsamen Elemente mit Gruppe X, sie ist völlig von dieser isoliert, während die Gruppen B bis C sich

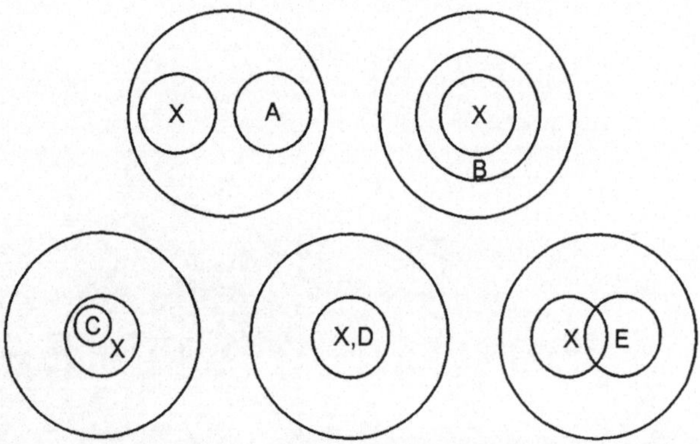

Abb. 9.1. Wenn eine bestimmte Gruppierung (X) gegeben ist, die aus einem Merkmalsbefund resultiert, so können weitere Gruppierungen (A-E), die aus einem anderen Merkmalsbefund hervorgehen, in fünf verschiedenen logischen Verhältnissen zu X stehen: Gruppe A ist hinsichtlich ihrer Elemente (Arten) gänzlich verschieden von X. B enthält X vollständig als Teilmenge. C ist komplett als Teilmenge in X enthalten. D ist identisch mit X. E schließlich hat eine Schnittmenge mit X, aber weder E ist vollkommen in X enthalten, noch umgekehrt. Nur dieses letzte Beispiel widerspricht der Annahme eines hierarchischen Systems und verursacht deshalb einen Konflikt zwischen zwei Merkmalsbefunden. Die Gruppierungen A-D sind dagegen mit X in einem hierarchischen System vereinbar (nach Patterson 1982)

---

[79] Patterson spricht in diesem Zusammenhang nicht nur von Synapomorphiehypothesen, sondern auch von Homologiehypothesen. Das erklärt sich daraus, daß Patterson die Begriffe Homologie und Synapomorphie gleichsetzt – ein Vorschlag, dem die Autoren (BW, HR, WH) nicht folgen (siehe Kap. 7.2).

mit Gruppe X überschneiden. Gruppe B ist eine umfassendere Gruppierung, die X vollständig einschließt, während hingegen Gruppe C eine Gruppierung von geringerem Umfang darstellt, die von X komplett eingeschlossen wird. Gruppe D deckt sich vollständig mit X, d. h. sie ist mit X identisch. In diesem Fall führen also beide Merkmale zu exakt demselben Ergebnis, wodurch der Befund des zweiten hinzugezogenen Merkmals den Befund des ersten Merkmals bestätigt. Aber auch die Gruppierungen A, B und C treten nicht mit X in Konflikt. Bis hierhin sind also alle Merkmalsbefunde kongruent.

Den Problemfall stellt Gruppe E dar, welche mit X teilweise überlappt, ohne daß dabei jedoch E völlig in X oder X völlig in E eingeschlossen ist. Im Gegensatz zur Situation bei den Gruppen A bis D läßt sich dieser Befund nicht mit einem hierarchischen System vereinbaren. Unter der Vorannahme, daß das phylogenetische System streng hierarchisch ist, kann somit nur eine der beiden Gruppen, X oder E, monophyletisch sein, während es sich bei der anderen um eine unnatürliche Gruppierung handeln muß. Die Synapomorphiehypothese, die zu ihrer Aufstellung geführt hat, ist demnach falsch. Das kann entweder darauf beruhen, daß die **Polarität** zwischen apomorphem und plesiomorphem Merkmalszustand falsch interpretiert worden ist (Kap. 8), d. h. die vermeintliche Synapomorphie ist in Wirklichkeit eine Symplesiomorphie. Oder es kann sich um eine Ähnlichkeit handeln, die auf mehrmaliger, voneinander unabhängiger Evolution beruht.

9.2 Drei Formen von Ähnlichkeit: Symplesiomorphie, Synapomorphie, Homoplasie

Neben Symplesiomorphie und Synapomorphie (siehe Kap. 8) gibt es eine weitere Form von Ähnlichkeit, die Homoplasie, die im Gegensatz zu den beiden ersteren nicht auf die einmalige Evolution eines Merkmalszustandes zurückzuführen ist (Sanderson u. Hufford 1996; siehe Beispiel in Abb. 9.2).

> • Eine Homoplasie ist eine Ähnlichkeit, die auf unabhängiger Evolution ähnlicher Merkmalszustände beruht.

Homoplasie steht in diesem Sinne den Begriffen Symplesiomorphie und Synapomorphie nicht als gleichrangige dritte Alternative gegenüber, denn Symplesiomorphie und Synapomorphie sind **relative Begriffe**. Eine Symplesiomorphie erscheint in einer bestimmten übergeordneten Ebene des Systems als Synapomorphie. Homoplasie dagegen steht diesen beiden Begriffen diametral gegenüber, weil sie im Gegensatz zu diesen nicht auf einer einmaligen Evolution beruht. Wenn es also um die Frage geht, ob eine bestimmte Ähnlichkeit eine Homoplasie ist oder nicht, so ist die Antwort darauf unabhängig von der Betrachtungsebene des Systems (siehe auch Abb. 8.5, Kap. 8.3).

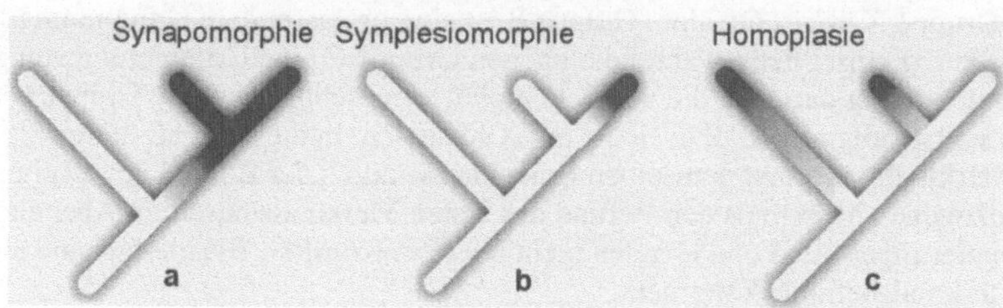

Abb. 9.2 a–c. Die drei Formen von Ähnlichkeit, die sich aus phylogenetischer Sicht unterscheiden lassen. In allen drei Stammbäumen ist der ursprüngliche Merkmalszustand weiß, abgeleitete Merkmalszustände sind *schwarz* dargestellt; **a** Synapomorphie: Zwei Taxa stimmen in einem abgeleiteten Zustand (*schwarz*) überein, und diese Übereinstimmung beruht auf einmaliger Evolution; **b** Symplesiomorphie: Auch hier liegt einmalige Evolution zugrunde, aber die beiden Taxa stimmen in einem ursprünglichen Merkmalszustand (*weiß*) überein; **c** Homoplasie: Die Übereinstimmung im abgeleiteten Zustand (*schwarz*) beruht in diesem Fall auf mehrmaliger unabhängiger Evolution

Für das Zustandekommen von Homoplasien ist oft die Analogie von Strukturen, also die Tatsache, daß sie die gleiche Funktion haben, verantwortlich. Wenn Organismen verschiedener phylogenetischer Abstammung eine ähnliche Lebensweise haben, so haben sie als Anpassung daran auch häufig eine ähnliche Körpergestalt entwickelt (Abb. 9.3). Ein Sonderfall, der zu ähnlichem Aussehen verschiedener Taxa führt, wird als Mimikry bezeichnet (Abb. 9.4). Dabei ahmen zumeist harmlose Organismen die Gestalt wehrhafter Formen nach. Der selektive Vorteil dieser Gestaltimitation erwächst daraus, daß Feinde, z. B. Beutegreifer, solche Individuen verschonen, weil sie sie aufgrund ihres Aussehens für gefährlich halten bzw. instinktiv meiden.

Es lassen sich grundsätzlich zwei Formen von Homoplasie unterscheiden, nämlich solche, die homologe, und solche, die nicht-homologe Merkmale betreffen.[80] In letzterem Fall stammen also die Merkmale, die einander ähnlich sind, nicht von demselben Merkmal der gemeinsamen Vorfahren ab. Diese Form von Homoplasie wird bei der Rekonstruktion eines Stammbaums nur dann problematisch, wenn Merkmale falsch homologisiert wurden. Im ersteren Fall handelt es sich dagegen um homologe Strukturen, die sich jedoch wiederum unabhängig in ähnlicher Weise entwickelt haben. Diese Form der Homoplasie wird **Parallelismus**[81] genannt, während Homoplasie, die sich auf die Ähnlichkeit nicht-homologer Merkmale bezieht, vor allem von Vertretern der evolutionären Systematik als **Konvergenz**[82] bezeichnet wird (z. B. Mayr 1976). Die meisten Verfechter der phylogenetischen Systematik halten diese Unterscheidung für weniger relevant und nennen daher beide Homoplasieformen Konvergenz (z. B. Hennig 1982, Ax 1984, Wägele

---

[80] An dieser Stelle müssen wir auf die in Kap. 7.1 gegebene Homologiedefinition hinweisen, auf die wir uns hier berufen. Andere Autoren verwenden Homologie und Homoplasie als Gegenbegriffe (siehe auch Kap. 7.2).

[81] parallelismos (gr.) = das Nebeneinanderstellen ähnlicher Dinge

[82] convergere (lat.) = sich hinneigen

2000). Wegen dieser terminologischen Unstimmigkeit wird hier der Begriff Konvergenz zugunsten der weniger mißverständlichen Bezeichnung Homoplasie vermieden.[83]

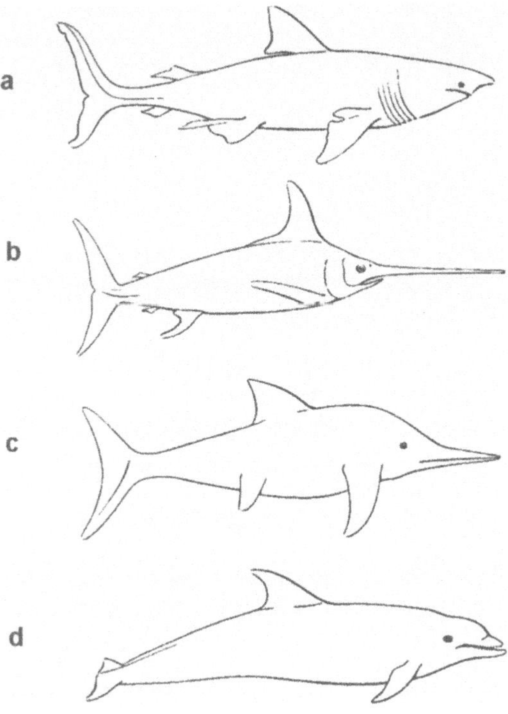

Abb. 9.3 a–d. Vier Wirbeltiere verschiedener Abstammung, die unabhängig voneinander eine ähnliche Körpergestalt entwickelt haben; **a** Haifisch (Elasmobranchii); **b** Schwertfisch (Teleostei); **c** Ichthyosaurier (fossile Amniota unklarer Abstammung); **d** Delphin (Mammalia) (nach Portmann 1976)

---

[83] Allerdings wird auch der Begriff Homoplasie nicht immer als Ähnlichkeit infolge mehrmaliger unabhängiger Evolution verstanden, sondern in einem mehr operationalistischen Sinne auch als Inkongruenz zwischen Merkmalsbefunden und phylogenetischen Hypothesen interpretiert (z. B. Kluge 1999, Wägele 2000).

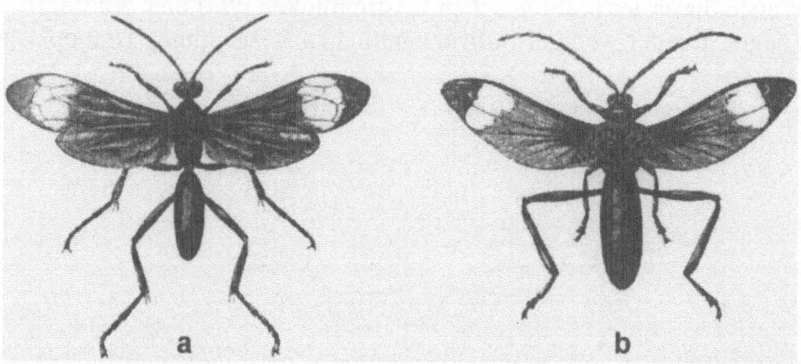

Abb. 9.4 a,b. Mimikry. Die Wespe *Mygnimia aviculus* (**a**) wird von dem Käfer *Coloborhombus fasciatipennis* (**b**) nachgeahmt (1/2 Gr.) (nach Wallace aus Hertwig 1924)

Bei jedem Merkmalsvergleich ist es somit unabdingbar, drei Formen von Ähnlichkeit zu unterscheiden: die Symplesiomorphie, die Synapomorphie und die Homoplasie. Nur Synapomorphien zeigen phylogenetische Verwandtschaft an.

9.3 Paraphyletische und polyphyletische Gruppen

Der Umstand, daß es neben Synapomorphien andere Ähnlichkeiten gibt, birgt die Gefahr in sich, daß man diese irrtümlicherweise für Synapomorphien hält und demzufolge unnatürliche Gruppierungen errichtet. Dabei lassen sich, neben den natürlichen **monophyletischen** Gruppen, die zweifelsfrei durch Synapomorphien gekennzeichnet sind, zwei Kategorien von unnatürlichen Gruppen unterscheiden, von denen die eine durch Symplesiomorphien, die andere durch Homoplasien gekennzeichnet ist. Erstere werden üblicherweise als **paraphyletische**[84], letztere als **polyphyletische**[85] Gruppen bezeichnet.

Manche Autoren (z. B. Willmann 1985, Schuh 2000) tendieren zu einer anderen Definition dieser Begriffe, die sich, wie die Definition der monophyletischen Gruppe (siehe Kap. 5.2), am Verzweigungsmuster der Arten orientiert. Danach wäre eine Gruppe paraphyletisch, wenn sie eine Stammart und einige, aber nicht alle ihrer Nachkommen enthält, und polyphyletisch, wenn sie die gemeinsame Stammart nicht einschließt (Schuh 2000, S. 223). Diese Definitionen sind klar, jedoch halten wir sie für weniger nützlich als die herkömmlichen Definitionen, da sich diese eher in einen Rahmen allgemeiner theoretischer Grundlagen einfügen (siehe Kap. 3-5). Theoretisch sind unnatürliche Gruppierungen aber völlig unerheblich, weil sie im phylogenetischen System keinen Platz haben. Relevant werden sie erst in der Praxis der phylogenetischen Systematik, wo sie als unerwünschte Artefakte in

---

[84] para (gr., als Vorsilbe) = neben; phylon (gr.) = Stamm, Geschlecht, Gattung

[85] poly (gr., als Vorsilbe) = viel; phylon (gr.) = Stamm, Geschlecht, Gattung

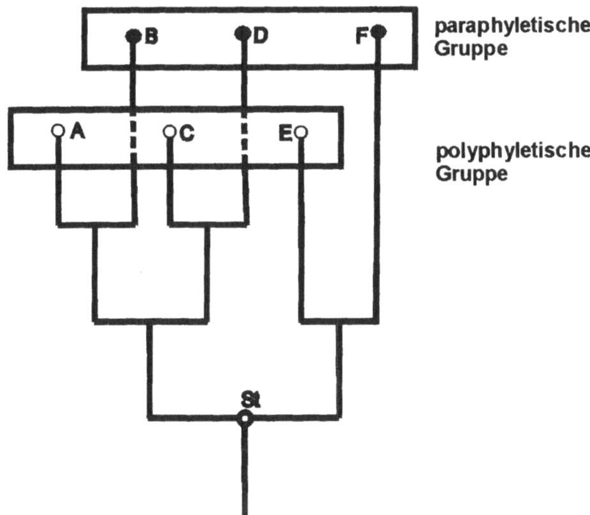

Abb. 9.5. Vergleich der Verwandtschaftsstrukturen einer paraphyletischen und einer polyphyletischen Gruppe. *Weiße Kreise* symbolisieren Plesiomorphien, *schwarze Kreise* Apomorphien. In diesem Beispiel weisen die paraphyletische und die polyphyletische Gruppe identische Verzweigungsmuster auf. Dadurch wird deutlich, daß sich para- und polyphyletische Gruppen hinsichtlich ihrer genealogischen Struktur nicht grundsätzlich unterscheiden (nach Hennig 1974)

Erscheinung treten. In diesem Zusammenhang sind jedoch nicht die Artverzweigungsmuster innerhalb einer solchen unnatürlichen Gruppe interessant, sondern die Ursachen für die irrtümliche Gruppierung, d. h. Symplesiomorphie oder Homoplasie. Deshalb ziehen wir die herkömmlichen Definitionen vor:

> • Eine nicht-monophyletische Gruppe, die durch Symplesiomorphien charakterisiert ist, wird als paraphyletisch, eine solche, die durch Homoplasien gekennzeichnet ist, als polyphyletisch bezeichnet.

Die Vertreter der evolutionären Klassifikation (siehe Kap. 2.2) und der phylogenetischen Systematik lehnen polyphyletische Gruppen im System ab, jedoch werden paraphyletische Gruppen von den Verfechtern der evolutionären Klassifikation als Taxa anerkannt. Dies wird mit vermeintlichen Unterschieden in den genealogischen Beziehungen innerhalb para- bzw. polyphyletischer Gruppen begründet (Ashlock 1971, Mayr 1974). Hennig (1974) hat jedoch mit *einem* **Baumdiagramm** veranschaulicht, daß in der genealogischen Struktur zwischen para- und polyphyletischen Gruppen kein grundsätzlicher Unterschied besteht (Abb. 9.5), so daß paraphyletische Gruppen ebenso zurückgewiesen werden müssen wie polyphyletische.

9.4 Ansätze zur Lösung von Merkmalskonflikten

Um ein allgemeines Kriterium zur Auffindung des wahrscheinlichsten Stammbaums zu nennen, hat Hennig (1984, S. 48) die **Vereinbarkeit** angeführt, um Widersprüche zwischen verschiedenen Merkmalsbefunden, d. h. sogenannte **Merkmalskonflikte**, aufzulösen. Als anschauliches Beispiel dafür, wie sich in diesem Sinne bei der näheren Betrachtung von Merkmalszusammenhängen die Evolution bestimmter Merkmalszustände hypothetisieren läßt, führt er die Irregularia, eine Teilgruppe der Seeigel (Echinoidea), an. Seeigel weisen eine fünfstrahlige Symmetrie auf, haben einen oralen und einen aboralen Pol. Im ursprünglichen Zustand befindet sich der Mund am oralen und der After am aboralen Pol, und beide sind durch einen axialen Darmtrakt miteinander verbunden. Ferner sind in radialer Ausrichtung fünf Gonaden vorhanden. Bei den Irregularia dagegen ist der After mehr oder weniger weit in Richtung des Mundes verlagert. Außerdem haben einige Arten nur vier Gonaden ausgebildet. Bei diesen Arten ist die Afteröffnung nur bis in eine äquatoriale Position verschoben, während die anderen Arten, deren Afteröffnung bis zum oralen Pol verlagert ist, fünf Gonaden aufweisen. Führt man einen bloßen Vergleich von Merkmalsmustern durch, ohne die Merkmale im Zusammenhang zu sehen, so treten zwischen diesen Merkmalsbefunden keine Widersprüche auf, denn ein erster Schritt der Verschiebung des Afters läßt sich als Synapomorphie der beiden Teilgruppen ansehen. Der zweite Schritt kann als Autapomorphie der einen, die Reduktion einer Gonade dagegen als **Autapomorphie** der anderen Teilgruppe aufgefaßt werden. Sieht man die beiden Merkmale aber in einem funktionalen Zusammenhang, so ergibt sich ein anderes Bild. Es fällt auf, daß bei den Formen mit vier Gonaden genau diejenige fehlt, in deren Interradius der After liegt. Dies legt den Schluß nahe, daß die Gonade zurückgebildet werden mußte, um dem hinteren Darmabschnitt Platz zu machen. Bei den Formen hingegen, bei denen der After weiter bis zum oralen Pol verlagert wurde, war die Gonade nicht mehr im Weg und konnte deshalb wiederhergestellt werden.

Der Begriff Vereinbarkeit liefert jedoch bestenfalls eine gewisse Richtlinie, aber keinen allgemeinen operationalen Ansatz für die Praxis. Die genauen Zusammenhänge zwischen Merkmalen sind oft sehr kompliziert und daher unzureichend bekannt, so daß sich Argumentationen wie die über die Anzahl der Gonaden bei Irregularia nur in seltenen Spezialfällen anführen lassen. Das Beispiel zeigt jedoch, daß es notwendig ist, auf eventuelle funktionale Zusammenhänge zu achten.

Ein allgemeiner Ansatz zur Lösung von Merkmalskonflikten folgt dem Prinzip der **Parsimonie**[86] (Sparsamkeit) (Übersicht in Kitching 1998) welches nach der sparsamsten Erklärung sucht (siehe auch Kap. 11.3). Dabei wird unter allen in Frage kommenden Phylogenien diejenige ermittelt, die sich mit einer minimalen Anzahl von **Evolutionsschritten** erklären läßt. Der Begriff 'Parsimonie' hat diesem Ansatz schon oft Kritik eingebracht, zumal sich viele Biologen einig sind, daß Evolution nicht immer sparsam verläuft (siehe z. B. Kluge 2001). Eine Eigenschaft, die den Parsimonieansatz dennoch zu einer wertvollen Methode macht, besteht darin, daß sie die Kongruenz zwischen den untersuchten Merkmalen maximiert und die Inkongruenz minimiert. In diesem Sinne wird ein Konflikt

---

[86] parsimonia (lat.) = Sparsamkeit

vernünftigerweise durch einen Kompromiß gelöst, der zu möglichst wenig Widersprüchen führt. Der **Kongruenztest** von Patterson (1982) entspricht seinem Wesen nach diesem Ansatz. Wenn die in Kap. 9.1 geführte Analyse von Merkmalskongruenzen und –inkongruenzen auf mehr als zwei Merkmale ausgedehnt wird, kann nach einer Lösung gesucht werden, die möglichst wenig Inkongruenzen enthält. Auch dabei können sich allerdings weitere Probleme ergeben, wie im Beispiel von Abb. 9.6a demonstriert wird. Gruppe X wird durch ein weiteres Merkmal bestätigt, welches die identische Gruppierung D stützt, während jedoch zwei andere Merkmale mit resultierenden Gruppen E_1, E_2 in Widerspruch zu X und D treten. Somit steht es 2:2 für die beiden alternativen Gruppierungen, und eine sichere Entscheidung ist auf der Grundlage dieser Merkmalsbefunde nicht möglich. In Abb. 9.6b jedoch wurden weitere Merkmalsbefunde einbezogen, und dort treten die Gruppierungen E_1, E_2 mit vier anderen Befunden (X, D, C, B_3) in Konflikt, während X, D nur mit zwei Befunden (E_1, E_2) unvereinbar sind. Deshalb führt die Gruppierung X bzw. D zu einer höheren Kongruenz und wird daher bevorzugt. Der Parsimonieansatz verfolgt im wesentlichen dasselbe Prinzip (siehe auch Kap. 11).

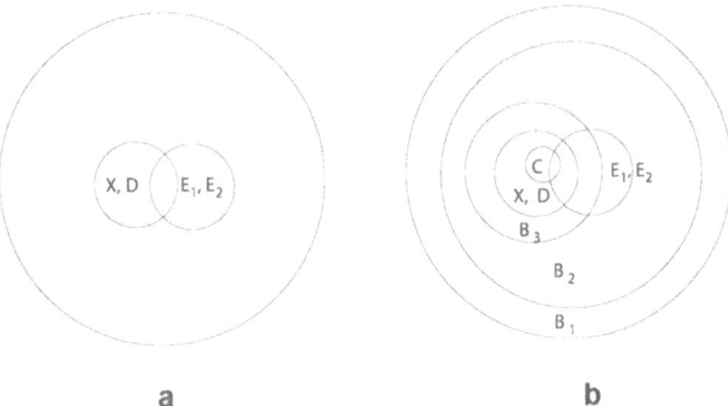

Abb. 9.6 a,b. Greifen wir die Beispiele verschiedener Merkmalsbefunde aus Abb. 9.1 (siehe Kap. 9.1) erneut auf, berücksichtigen aber mehr als zwei Befunde, so läßt sich ein Konflikt häufig dadurch lösen, daß man sich für Gruppierungen entschließt, die mit möglichst vielen Merkmalsbefunden kongruent sind. Im Beispiel **a** findet sich eine weitere Gruppierung (D), die mit X kongruent ist, aber zwei Gruppierungen (E_1, E_2), die mit X inkongruent sind, wodurch die Gruppierung X nicht bestätigt wird. Im Beispiel **b** werden aber weitere vier Merkmalsbefunde hinzugezogen, von denen zwei (C, B_3) kongruent mit X, aber inkongruent mit E_1, E_2 sind (B_1 und B_2 sind mit allen gefundenen Gruppierungen vereinbar, weil sie diese komplett einschließen). Dadurch wird Gruppierung X bestätigt. Je mehr Merkmalsbefunde zur Verfügung stehen, desto zuverlässiger ist nach diesem Ansatz, dem sogenannten Kongruenztest, das Ergebnis (nach Patterson 1982)

Ein anderer, komplizierterer Ansatz wird als **Maximum Likelihood** bezeichnet (siehe z. B. Bortz 1999). Dabei wird ein bestimmtes theoretisches Modell der Evolution als Vorannahme vorausgesetzt und auf dessen Grundlage die statistische Wahrscheinlichkeit für das Zustandekommen einer bestimmten Stammbaumstruktur kalkuliert (siehe auch Kap. 11). Ein wesentlicher Unterschied zwischen Parsimonie und Maximum Likelihood besteht darin, daß ersterer Ansatz frei von evolutionstheoretischen Vorannahmen ist, während letzterer auf detaillierten Evolutionsmodellen fußt. Der Parsimonieansatz ist somit technisch nicht vom Musterkladismus zu unterscheiden. Bei den Vorannahmen zur Evolution in Maximum-Likelihood-Ansätzen ist es andererseits immer fraglich, wie realistisch das gewählte Modell ist. Ferner ist die Konstruktion solcher Ansätze im Grunde nur für DNA- und Proteinsequenzen möglich, weil die Formulierung eines allgemeinen Modells der Evolution für andere, z. B. morphologische Merkmale, wegen ihrer Komplexität und Vielfalt zu kompliziert wäre. Deshalb ist der Parsimonieansatz wesentlich weiter verbreitet.

Es erhebt sich zudem die Frage, ob Merkmale in einem für die Analyse erstellten Merkmalskatalog immer gleich gewichtet werden sollten. So gibt es etwa komplizierte Merkmale, die sich in **Untermerkmale** aufgliedern lassen, und einfache Merkmale, bei denen dies nicht gelingt. Ferner könnte die Neubildung einer Struktur als ein schwerer wiegender Prozeß angesehen werden als deren Reduktion. Allerdings ist der Ansatz, keine Gewichtungsfaktoren zu verwenden, dabei nicht weniger unbefriedigend, da auch eine Gleichgewichtung der Merkmale immer eine Gewichtung, nämlich von 1:1, darstellt. Allgemein ist aus diesem Grunde eine fundierte Begründung für eine **Merkmalsgewichtung** erforderlich. In einer mathematisch-exakten Form ist dies bisher in der Regel nicht möglich. Zusätzlich muß betont werden, daß theoretisch Problemfälle auftreten können, insbesondere der Umstand, daß eine monophyletische Gruppe keine apomorphen Merkmale besitzt. Denn die minimale Voraussetzung für eine Artspaltung ist die Ausbildung eines neuen Merkmalszustandes bei einer der beiden Tochterarten, der zur reproduktiven Isolation führt. Die andere Tochterart kann theoretisch unverändert fortexistieren bis zu ihrer erneuten Aufspaltung. Das Resultat wäre dann eine monophyletische Gruppe ohne apomorphe Merkmale (Abb. 9.7). In einem solchen Fall kann nur eine sehr umfangreiche fossile Überlieferung Aufschluß über die tatsächlichen Verwandtschaftsverhältnisse geben (siehe auch Kap. 8.4 und Kap. 10).

Ganz so schwierig gestaltet sich die Stammbaumrekonstruktion in der Regel aber nicht. Man hat es oft mit einer eher überschaubaren Anzahl von Merkmalskonflikten zu tun, die sich über Ansätze der Kongruenz oder Vereinbarkeit lösen lassen. Die relativ geringe Anzahl problematischer Fälle wird allerdings, angesichts der großen Anzahl der Arten und der unüberschaubar großen Anzahl daraus resultierender monophyletischer Gruppen, noch lange für Forschungsbedarf sorgen.

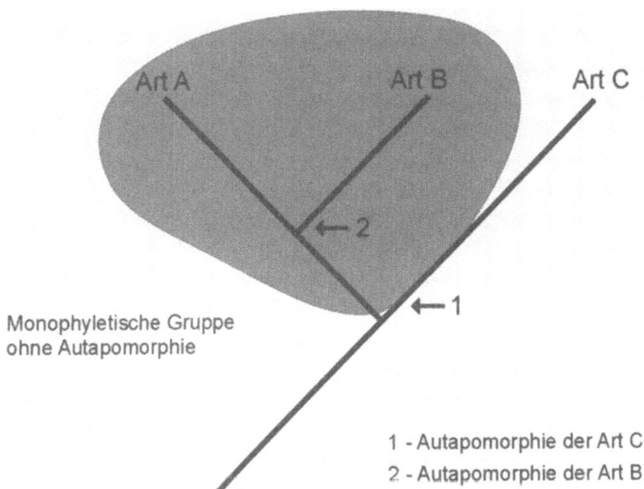

Abb. 9.7. Theoretisch besteht die Möglichkeit, daß eine monophyletische Gruppe, in diesem Beispiel (A + B), nicht durch eigene apomorphe Merkmale (Autapomorphien) gekennzeichnet ist. Das beruht im vorliegenden Fall darauf, daß sich die Stammart von A und B im Laufe ihrer Existenz nicht verändert hat

Box 9.1 *Hydropithecus* – **Teil 3**

Beim fiktiven Taxon *Hydropithecus* haben wir in Box 8.2 Analysen zur Unterscheidung von Apomorphien und Plesiomorphien durchgeführt und die Ergebnisse in Tabelle 8.1 dargestellt. Bei der Interpretation von Ähnlichkeiten als Synapomorphien treten jedoch Konflikte auf. So läßt sich beispielsweise das Fehlen des kleinen Fingers als Synapomorphie zwischen *H. vulgaris* und *H. ancorarius* auffassen. *H. ancorarius* weist aber auch abgeleitete Ähnlichkeiten zu *H. satanas* auf, nämlich spitze Ohren, eine ankerförmige Schwanzspitze und Krallen. Auch diese können als Synapomorphien aufgefaßt werden, was jedoch zur Interpretation der Fingerreduktion im Widerspruch steht. In diesem Fall steht es drei zu eins für die Befürwortung einer näheren Verwandtschaft zwischen *H. ancorarius* und *H. satanas*. Diese Hypothese wird somit favorisiert, weil sie durch eine größere Anzahl von Befunden gestützt wird. Die Reduktion des kleinen Fingers müßte demnach bei *H. vulgaris* und *H. ancorarius* unabhängig erfolgt sein.

Entsprechend finden sich sehr lange Eckzähne sowohl bei *H. acutus* als auch bei *H. satanas*, was für sich betrachtet als Synapomorphie aufgefaßt werden könnte. Neben den bereits oben erwähnten drei Merkmalsbefunden, die für eine nähere Verwandtschaft zwischen *H. satanas* und *H. ancorarius* sprechen, liegt hier zusätzlich eine Vergrößerung der Augen vor, die als weiterer Befund, der einer solchen Interpretation widerspricht, auch bei

H. vulgaris festzustellen ist. Die Verlängerung der Eckzähne muß demnach bei *H. acutus* und *H. satanas* unabhängig erfolgt sein.

Nach Klärung dieser Widersprüche durch Kompromisse, bei denen diejenigen Hypothesen bevorzugt werden, die durch möglichst viele Befunde gestützt werden, können wir aufgrund der abgeleiteten Merkmalsübereinstimmungen die Phylogenese von *Hydropithecus* rekonstruieren (Abb. 9.8).

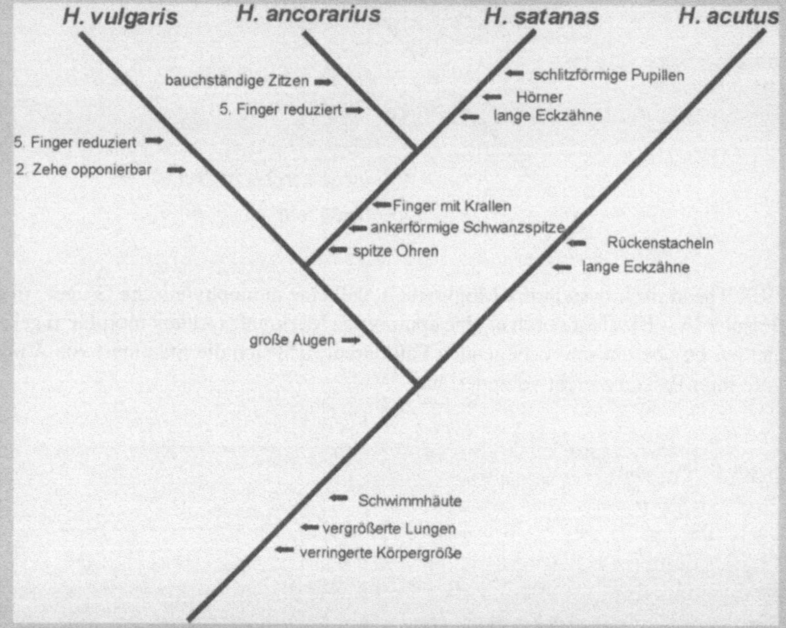

Abb. 9.8. Phylogenetische Beziehungen der *Hydropithecus*-Arten wie sie sich aus der Diskussion der gewonnenen Merkmalsbefunde ergeben.

9.5 Überblick

Ähnlichkeit ist nicht immer auf gemeinsame Abstammung zurückzuführen. Es kommen neben Symplesiomorphien und Synapomorphien nämlich auch Ähnlichkeiten in Betracht, die nicht auf gemeinsamer Abstammung beruhen, sogenannte Homoplasien. Diese Ähnlichkeiten, die durch unabhängige Evolution ähnlicher Merkmalszustände zustande kommen, verursachen Widersprüche bei der phylogenetischen Interpretation von Merkmalsbefunden. Dadurch entstehen Konflikte zwischen Ergebnissen, die an verschiedenen Merkmalen gewonnen wurden. Daher sind bei der Entscheidung für einen resultierenden Stammbaum Kompromisse einzugehen.

„Festzuhalten ist jedoch, daß es für die „Neozoologie" und für die „Paläozoologie" nicht mehrere, *theoretisch* verschiedene Artbegriffe gibt. Lediglich die Verschiedenheit der *praktischen* Möglichkeiten bedingt einen Unterschied in der Genauigkeit, mit der es das zu erfassen gelingt, was wir die natürlichen Arten nennen müssen." (Hennig 1982, S. 70)

10 Phylogenetische Systematik und Fossilien

Das phylogenetische System basiert auf Vorgängen, die sich in der Vergangenheit abgespielt haben. Daher erscheint die Annahme naheliegend, daß Fossilien als konservierte Überreste von Organismen, die in der Vergangenheit gelebt haben, für die Rekonstruktion der Stammesgeschichte von großer Relevanz sein müßten. Der Informationsgehalt von Fossilien über die Phylogenese der Taxa ist im Gegensatz zu rezenten Formen, die allseits erforschbar sind, jedoch begrenzt (zu erkenntnistheoretischen Aspekten bei der wissenschaftlichen Bearbeitung von Fossilien siehe z. B. Popper 1968, 1974). Die Anzahl der für entsprechende Analysen verfügbaren Fossilien ist verhältnismäßig klein und weist in der chronologischen Abfolge häufig große Lücken auf. Ferner ist das meiste Fossilmaterial durch **taphonomische**[87] **Prozesse** stark verändert (siehe hierzu z. B. Herrmann et al. 1989, Henke u. Rothe 1994, 1999; Rothe u. Henke 2001), so daß Detailstrukturen nur noch schwer oder gar nicht mehr erkennbar sind. Individuelle genetische Beziehungen können nicht mehr direkt nachgewiesen werden. Deshalb lassen sich Merkmale von Fossilien immer nur vor dem Hintergrund dessen interpretieren, was aus Beobachtungen heute lebender Organismen bekannt ist, d. h. indem man Kenntnisse über Polymorphismen, Metamorphismen und andere Aspekte von rezenten auf fossile Taxa überträgt. Gelegentlich wird in diesem Zusammenhang von einem indirekten Zugang zur Stammesgeschichte gesprochen.[88] Fossilien lassen sich ferner oft nur ungenau ins phylogenetische System einordnen, so daß sich für sie besondere formale Probleme bei der Integration ins System ergeben. Trotz dieser Einschränkungen liefern gut erhaltene Fossilien aber durchaus wichtige Befunde für die Rekonstruktion der Phylogenese, da sie über die Analyse rezenter Formen gewonnene phylogenetische Hypothesen in Frage stellen oder widerlegen können. Mit diesen Besonderheiten befaßt sich das vorliegende Kapitel.

---

[87] taphos (gr.) = Bestattung; nomoi (gr.) = Regel, Gesetz

[88] Die Formulierung „indirekt" unterstellt, daß es auch einen direkten Zugang, z. B. über fossile Quellen, gäbe. Die Differenzierung in „direkte Stammesgeschichte" und „indirekte Stammesgeschichte" ist jedoch irreführend, weil immer nur ein indirekter Zugang möglich ist.

10.1 Die Lückenhaftigkeit der fossilen Überlieferung

Die Wahrscheinlichkeit für ein totes Individuum, fossilisiert zu werden, ist äußerst gering und von seiner physischen Organisation und den Lebensumständen abhängig (Briggs u. Crowther 1990, Etter 1994; Henke u. Rothe 1994, 1999; Lyman 1994, Rothe u. Henke 2001, Kutschera 2001; siehe Tabelle 10.1). Die meisten Organismen werden nach ihrem Tode von Beutegreifern bzw. Aasfressern teilweise oder vollständig verzehrt, durch biotische und abiotische Vorgänge zersetzt und mechanisch zerrieben (siehe Abb. 10.1). Beispielsweise schätzt Martin (1993) die Anzahl überlieferter extinkter Primatentaxa auf nur etwa drei Prozent (siehe Abb. 10.2).

Bei Organismen ohne Skelette oder Schalen dürfte der Anteil noch weit geringer sein. Diese defizitäre Quellenlage hat erhebliche Konsequenzen für die **Zuverlässigkeit** eines nur auf der Basis von Fossilanalysen erstellten Stammbaumes (siehe Abb. 10.2). Umweltkatastrophen, wie z. B. Vulkanausbrüche oder explosionsartige Freisetzung von CO-Gas, die Massensterben verursachen, begünstigen den Fossilisierungsprozeß (Abb. 10.3). Ebenso wirken sich der Einschluß von kleinen bis sehr kleinen Organismen in Bernstein (**Bernsteinfossilien**), in der Regel Gliedertiere (Arthropoden), sowie Teile großer Organismen, z. B. Federn, günstig auf den Erhaltungszustand und damit auf die Analysemöglichkeit dieser Organismen aus. Auch die in Permafrost konservierten, meist sehr großen Individuen, z. B. Mammute, bieten vielfältige Analysemöglichkeiten (siehe z. B. Hartl et al. 1996, Yang et al. 1996, Noro et al. 1998, Tiedemann et al. 1998).

Tod des Individuums und Bestattung bzw. Bedeckung mit Erdreich

Prozesse	Faktoren und Mechanismen
⇩	
Verwesung/Fäulnis	⇨ Bakterien, Pilze, Invertebraten
⇩	
Exartikulation/ Abtransport	⇨ Säugetiere, Vögel, Fließgewässer
⇩	
Veränderung durch chemische Prozesse	⇨ Grundwasser, Bodensäuren
⇩	
Störung der Lagerung	⇨ Mensch, Tiere, Pflanzenwurzeln, Fließgewässer, Erdbewegungen
⇩	
Exhumierung	⇨ Grabung, Erdbewegungen
⇩	⇨ Waschen, Sortieren, Transportieren
Lagerung nach Exhumierung	
⇩	
Analyse	

Abb. 10.1. Dekompositionsvorgänge (aus Henke u. Rothe 1994)

Es sind aber darüber hinaus auch nicht alle Strukturen eines Organismus gleichermaßen gut fossilisierbar (siehe z. B. Herrmann et al. 1990, Burger et al. 1999). Am schnellsten vergehen die Strukturen von organischen Makromolekülen, welche sehr schnell in immer kleinere Bruchstücke zerfallen. Auch Weichteile zersetzen sich in der Regel sehr schnell, und nur selten bleiben Umrisse von ihnen über Millionen von Jahren erhalten. Bei harten Organen wie verholzten Sprossen, Schalen oder Skeletten ist die Wahrscheinlichkeit einer langfristigen Erhaltung etwas größer. Tatsächlich sind es auch meistens solche harten Teile, mit denen sich die Paläontologie beschäftigt. Schalen von Mollusken, Außenskelette von Arthropoden oder Innenskelette von Vertebraten sind die hauptsächlichen Untersuchungsobjekte. Bei Wirbeltieren spielen die Zähne eine große Rolle, weil sie durch eine Schmelzschicht besonders haltbar sind. Fossilien zeigen somit immer nur einen relativ kleinen Ausschnitt der Merkmale, die beim lebenden Organismus vorhanden waren. Wenn man ein Fossil mit einem heute lebenden Organismus vergleicht, ergeben sich sehr viele Ungewißheiten auf der Seite des Fossils, weil die Mehrzahl seiner Merkmale nicht mehr erkennbar ist. Bei Gruppen von Organismen, die gar keine harten Stützorgane besitzen, wie z. B. Platt-, Rund- und Ringelwürmer, ist die fossile Überlieferung sogar so dünn, daß die Paläontologie in der Systematik dieser Gruppen eine sehr untergeordnete Rolle spielt.

Tabelle 10.1. Positive und negative Bedingungen für die Fossilisierung toter Organismen (aus Rothe u. Henke 2001)

Positiv	Negativ
• Spezies mit Außenskelett	• Spezies ohne Außenskelett
• bodenbewohnende Spezies	• baumlebende Spezies
• höhlenbewohnende Spezies	• wasserbewohnende Spezies
• große/schwere Spezies	• kleine/leichte Spezies
• Massensterben	• Einzeltod
• Lagerung in natürlicher Falle (z. B. Felsspalte)	• Oberflächenlagerung
• schnelle Bedeckung mit Sediment, Erdreich, Vulkanasche	• langsame Bedeckung mit Sediment, Erdreich, Vulkanasche
• keine Störung des Liegemilieus (z. B. keine Bodenerosion)	• Störung des Liegemilieus (z. B. Bodenerosion vorhanden)
• neutrales Bodenmilieu	• chemisch aggressives Bodenmilieu
• trockenes Klima	• feuchtes Klima

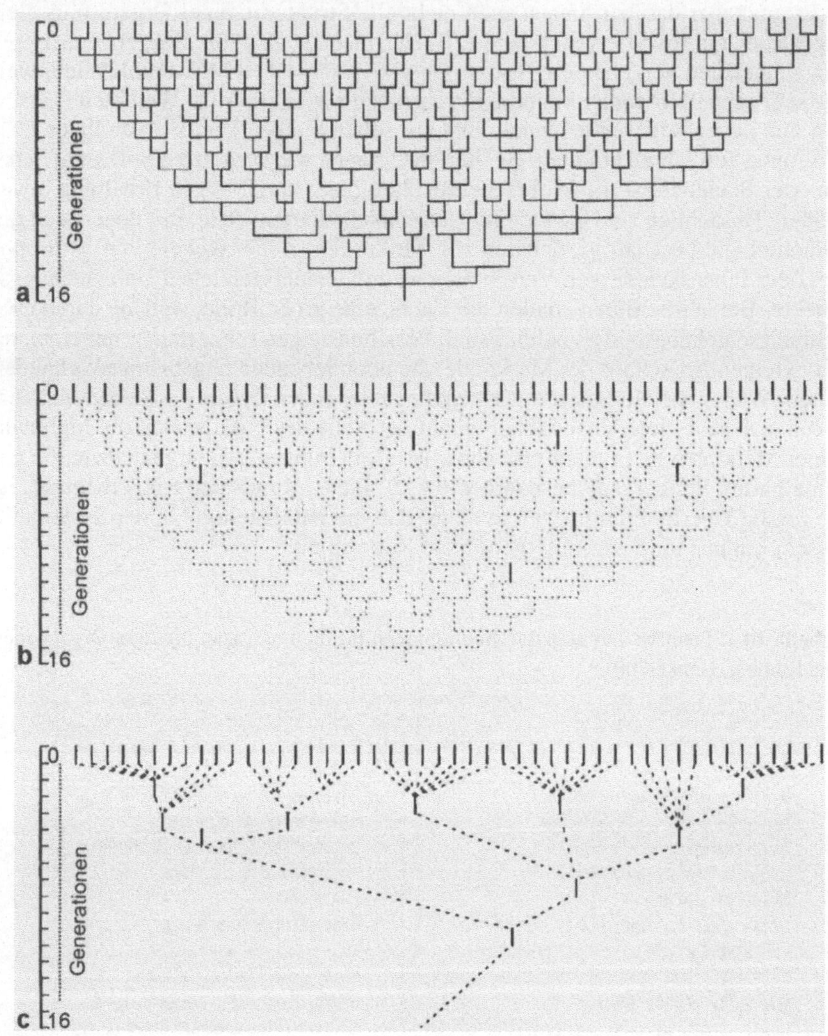

Abb. 10.2 a–c. Beziehung von Fossildichte und Stammbaumrekonstruktion. **a** vollständiger oder wirklicher Stammbaum; die phylogenetischen Beziehungen lassen sich aufgrund der lückenlosen Fossildokumentation zweifelsfrei rekonstruieren; **b** nur etwa 3% aller ausgestorbenen systematischen Gruppen der Primaten liegen als Fossilien vor, so daß hieraus **c** Stammbäume nur erschlossen werden können (nach Martin 1993, aus Henke u. Rothe 1999)

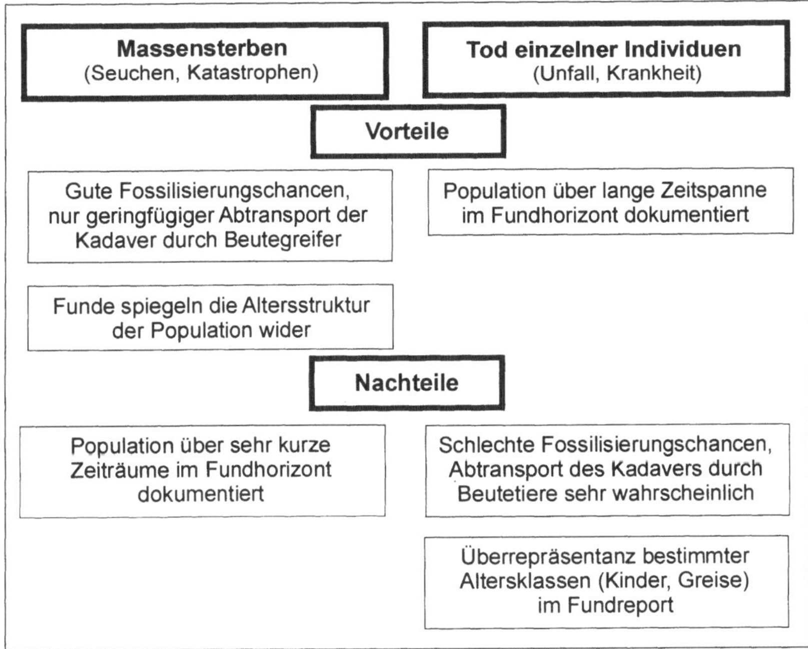

Abb. 10.3 Positive und negative Auswirkungen von Massensterben sowie des Todes einzelner Individuen auf taphonomische Prozesse (aus Henke u. Rothe 1994)

10.2 Berücksichtigung von Meta- und Polymorphismen

Wegen der allseitigen Erforschbarkeit rezenter Organismen und Taxa ist es methodisch einfacher, Ontogenesestadien, Geschlechtsunterschiede oder **arttrennende Mechanismen** zu identifizieren. Da bei Fossilien in der Regel nur ein Teil der Merkmale bekannt ist (siehe Kap. 10.1), können wir weder Veränderungen, die sich zu Lebzeiten ereignet haben, noch Fortpflanzungsvorgänge direkt beobachten. Die Interpretation fossiler Merkmale stützt sich deshalb überwiegend auf die Merkmalsanalyse bei rezenten Arten.

Metamorphismen lassen sich bei Fossilien nur sehr selten rekonstruieren. Vor allem bei Insekten, bei denen die verschiedenen Metamorphosestadien nicht kontinuierlich ineinander übergehen, sondern nahezu diskret voneinander getrennt sind, ist es meist unmöglich, bestimmte Larven und Vollinsekten als Vertreter derselben Art zu identifizieren (siehe auch Kap. 6.2). Es müßte schon der eher unwahrscheinliche Glücksfall vorliegen, über einen Bernstein zu verfügen, in den ein Vollinsekt beim Schlüpfen aus der Larven- bzw. Puppenhülle eingeschlossen wurde. Aber auch wenn der **ontogenetische Gestaltwandel** eher kontinuierlich

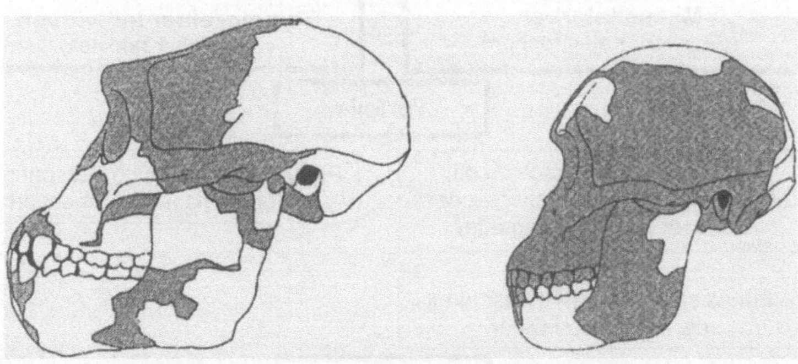

Abb. 10.4. Vergleich der kombinierten Rekonstruktion von *A.afarensis* „männlich" (*links*; nach Kimbel et al. 1984) und Rekonstruktion von A.L. 288-1 („Lucy") [proportional (Prosthion-Inion-Länge 195 mm : 156 mm)] (aus Schmid 1989)

verläuft, ist es schwierig bzw. sogar unmöglich, die verschiedenen Entwicklungsphasen einer Art auszumachen, weil die Anzahl der hierfür erforderlichen Fossilien in der Regel zu klein ist. Nicht-adulte Organismen lassen sich daher oft nur sehr ungenau ins System einordnen und erlauben dementsprechend weniger Rückschlüsse auf den spezifischen Verlauf der Phylogenese.

Auch **Polymorphismen** (siehe auch Kap. 6.3) lassen sich bei Fossilien nur schwer identifizieren. Da Weichteile und DNA-Strukturen meistens nicht fossil überliefert sind, muß sich beispielsweise die Analyse des **Geschlechtsdimorphismus** auf weniger zuverlässige sekundäre Geschlechtsmerkmale stützen, die an häufig erhaltenen Organen oder Strukturen, wie z. B. an Knochen und Zähnen, zu finden sind. Von rezenten Säugetieren ist z. B. bekannt, daß die Männchen bei Arten mit ausgeprägtem Sexualdimorphismus im Durchschnitt größer und robuster sind und längere Eckzähne haben. Andererseits gibt es aber auch häufig nahe verwandte Arten, die sich in Größe, Robustizität und Eckzahngröße voneinander unterscheiden, so daß die Diagnose von Geschlechts- bzw. Artunterschieden nicht immer zweifelsfrei gestellt werden kann. Diese Schwierigkeit zeigt sich beispielsweise bei den als *Australopithecus afarensis* klassifizierten, ca. 3-4 Millionen Jahre alten **Homininenfossilien**. Die Vertreter dieser hypothetischen Art lassen sich hinsichtlich ihrer Größe und Morphologie zwei deutlich verschiedenen Typen zuordnen. Die Originalbeschreiber (Johanson et al. 1978) interpretierten diese als männliche und weibliche Vertreter derselben Art. Danach läge ein für Primaten extremer Sexualdimorphismus vor (Übersicht in Borgognini u. Marini 1990), denn die als männlich klassifizierten Individuen wären etwa doppelt so groß gewesen wie die als weiblich angesehenen Fossilien (Abb. 10.4). Schmid (1989) gelangte dagegen nach einer eingehenden Analyse der morphologischen und metrischen Unterschiede der beiden hypothetisierten Gruppen zu der Auffassung, daß es sich hier um Vertreter verschiedener Arten handeln müsse. Welche der beiden Hypothesen richtig ist, läßt sich bisher nicht zweifelsfrei beantworten (siehe auch Rothe et al. 1997). Dieses Beispiel verdeutlicht, daß die Trennung innerartlicher Unterschiede von zwischenartlichen bei Fossilien erheblich schwieriger ist als bei lebenden Arten. Insbesondere bei ausgeprägtem Polymorphismus wie dem der staatenbildenden Insekten (siehe Abb. 6.9), z. B. Termiten, ist die Identifikation dieser Unterschiede an Fossilmaterial nahezu unmöglich, es sei denn, Individuen verschiedener Kasten sind als Bernsteinfossil erhalten.

10.3 Abgrenzung und Einordnung von Arten

Arttrennende Mechanismen sind oft in Strukturen oder Eigenschaften, wie z. B. Weichteilen oder Verhalten, begründet, die in der Regel nicht fossilisieren, so daß keinerlei Informationen über sie zur Verfügung stehen. Wenn sich beispielsweise zwei ausgestorbene Muschelarten nicht in der Form ihrer Schale unterscheiden, werden sie mit großer Wahrscheinlichkeit für Vertreter derselben Art gehalten. Denn auch noch so große Unterschiede im Bau anderer Organe, die nicht fossilisiert sind, können nicht mehr festgestellt werden. Viele **Artaufspaltungen** fallen daher gar nicht auf, so daß bei einer einheitlich erscheinenden kontinuierlichen Stammlinie niemals sicher ist, ob es sich wirklich um eine unverzweigte Linie handelt. Deshalb läßt sich auch niemals mit Gewißheit feststellen, ob bestimmte Fossilien direkte Vorfahren späterer Arten darstellen. Es könnte sich auch um Seitenäste der Stammlinie handeln, die wegen der unvollständig erhaltenen Merkmale nicht mehr als solche erkennbar sind.

Ein besonderes Problem ergibt sich bei Fossilien daraus, daß sie häufig Organismen repräsentieren, die zu unterschiedlichen Zeiten gelebt haben. Deshalb muß auch die Abgrenzung der Arten in der **Zeitdimension** berücksichtigt werden. Arten entstehen und vergehen durch Aufspaltungen (siehe Kap. 4). Jedoch können sich die Merkmale einer Art im Laufe ihrer Existenz erheblich verändern, ohne daß eine andere Art entsteht. Dieser Umstand macht es wegen der Lückenhaftigkeit der fossilen Überlieferung oft schwierig, frühe und späte Vertreter derselben Art als solche zu erkennen.

Aufgrund dieser Problematik, die aus dem biologischen Artkonzept resultiert, wenden viele Paläontologen das **Chronospezieskonzept** an. Danach sollen Vertreter einer einzelnen, unaufgespaltenen Stammlinie als verschiedene Arten eingestuft werden, wenn die Unterschiede zwischen ihnen groß genug sind. Die Linie wird somit mehr oder weniger subjektiv in mehrere Abschnitte unterteilt, die als verschiedene Arten beschrieben werden, unabhängig davon, ob ein Aufspaltungsereignis stattgefunden hat. Hier liegt erneut ein typologischer Ansatz[89] vor, bei dem Ähnlichkeit der Maßstab ist. Die phylogenetischen Beziehungen, die zwischen den betreffenden Fossilien bestehen, können auf diese Weise jedoch nicht korrekt wiedergegeben werden, weil die hierarchische Struktur des phylogenetischen Systems allein auf Aufspaltungen von Stammlinien beruht, ohne die keine neuen Taxa

---

[89] siehe hierzu Box 1.3

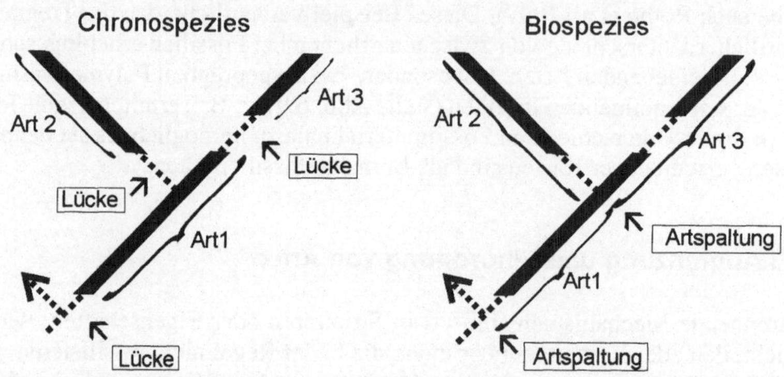

Abb. 10.5. Gegenüberstellung der Artabgrenzung nach Chronospezies- bzw. Biospezies-konzept. Während ersteres Überlieferungslücken der Merkmalstransformation zur Abgrenzung von 'Arten' heranzieht, sind für letzteres Aufspaltungsereignisse entscheidend. Die Inkongruenz zwischen den Resultaten ist offensichtlich, weshalb das Chronospezieskonzept nicht für die Rekonstruktion phylogenetischer Beziehungen geeignet ist

entstehen (siehe Kap. 4 und Kap. 5). Zwar wäre die Anwendung des Chronospezieskonzepts in der Paläontologie und Paläoanthropologie sehr bequem, weil dadurch die Schwierigkeiten, die sich aus der **Merkmalstransformation** der Arten ergeben, umgangen würden. Aus der Perspektive der phylogenetischen Systematik ist das Chronospezieskonzept dennoch abzulehnen, weil es Abschnitte festlegt, die mit Einheiten des phylogenetischen Systems inkongruent sind (siehe Abb. 10.5).

Im Sinne des biologischen Artkonzepts ist damit zu rechnen, daß Fossilien unterschiedlichen Alters auch dann zu derselben Art gehören können, wenn sie sich morphologisch auffällig voneinander unterscheiden. Entscheidend ist hierbei die Frage, ob in dem Zeitraum, der zwischen ihrer beider Existenz liegt, eine Artaufspaltung stattgefunden hat oder nicht. Wenn diese Zeitspanne sehr groß ist und keine weiteren Fossilien aus ihr bekannt sind, bleibt es ungewiß, ob die besagten Fossilien zu unterschiedlichen Arten gehören oder nicht.

Auch wenn eine **Artaufspaltung** aufgrund fossiler Befunde wahrscheinlich erscheint, ist häufig nicht zu ermitteln, wann genau die Aufspaltung erfolgte. Das Beispiel in Abb. 10.6 nimmt eine Reihe von Fossilien an, die alle die Apomorphie A aufweisen, was als Synapomorphie interpretierbar ist und somit deren Zugehörigkeit zu einer monophyletischen Gruppe belegt. Bei einem Teil der jüngeren Fossilien liegt ferner die Apomorphie B vor, während bei einem anderen Teil keine Veränderung auftritt. Die Existenz zweier unterschiedlicher Formen wird als Indiz für eine Artaufspaltung aufgefaßt. Es läßt sich allerdings nicht genau sagen, wann die Apomorphie B, die zu dieser Aufspaltung geführt hat, realisiert worden ist, weil die fossile Überlieferung zu lückenhaft ist. Die ältesten bekannten Fossilien, die diesen Merkmalszustand aufweisen, sind nicht unbedingt die frühesten Vertreter mit Apomorphie B. Demzufolge ist lediglich die Schlußfolgerung er-

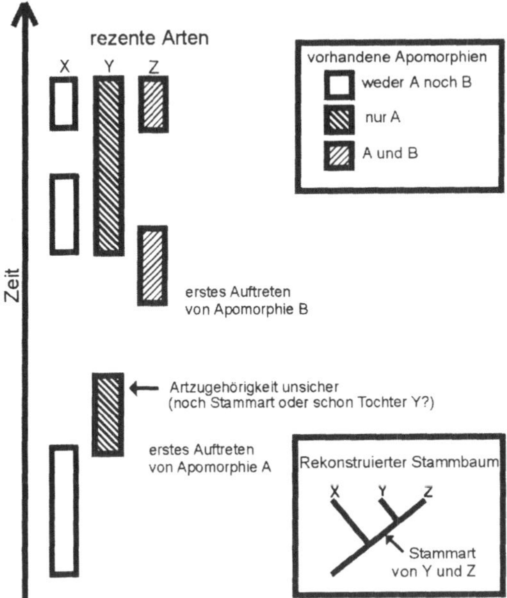

Abb. 10.6. Unsicherheit der genauen Artzugehörigkeit von Fossilien, die sich daraus ergibt, daß der Zeitpunkt von Artspaltungen sich meistens nicht exakt rekonstruieren läßt. Innerhalb einer monophyletischen Gruppe, die durchgehend die Apomorphie A aufweist und durch die rezenten Arten Y und Z repräsentiert ist, wird aufgrund des Auftretens der Apomorphie B eine Artspaltung angenommen. Der früheste Zeitpunkt, aus dem Apomorphie B fossil überliefert ist, darf jedoch wegen der Lückenhaftigkeit fossiler Daten nicht mit dem frühesten Auftreten von Apomorphie B gleichgesetzt werden. Die Apomorphie B, die hypothetisch für die Aufspaltung in die rezenten Arten Y und Z verantwortlich gemacht wird, ist möglicherweise schon viel früher in Erscheinung getreten. Deshalb lassen sich die betreffenden Fossilien nicht sicher einer bestimmten Art zuordnen. Es könnte sich bei jedem dieser Fossilien entweder um einen Vertreter der Stammart von Y und Z oder aber um einen Vertreter von Art Y handeln, je nachdem, ob die Artspaltung bereits erfolgt war oder nicht

laubt, daß die Aufspaltung spätestens zu dem Zeitpunkt vollzogen war, ab dem die ältesten Fossilien mit Apomorphie B bekannt sind (*terminus ante quem*).[90] Möglicherweise war sie aber auch schon viel früher erfolgt. Daraus ist wiederum abzuleiten, daß die Artzugehörigkeit derjenigen Fossilien, die vor diesem Zeitpunkt gelebt haben und nicht die Apomorphie B aufweisen, ungeklärt ist, so daß offen bleiben muß, ob sie der Stammart oder der ursprünglich gebliebenen Tochterart zuzuordnen sind. Um diesbezüglich eine zweifelsfreie Diagnose stellen zu können, muß bekannt sein, ob die Artaufspaltung zu Lebzeiten der fossil überlieferten

---

[90] Im Gegensatz zu *terminus ante quem* beschreibt *terminus post quem* den Zeitpunkt, nach dem ein historisches Ereignis geschehen sein muß.

Organismen schon vollzogen war. Auch wenn sich eine Aufspaltung gut belegen läßt, ist es demnach häufig methodisch schwierig oder sogar unmöglich, die Artzugehörigkeit von Fossilien festzustellen.

10.4 Die Aussagekraft von Fossilien für die phylogenetische Systematik

Das Hauptproblem, Fossilien für die Rekonstruktion von Stammbäumen zu verwenden, besteht lediglich darin, daß sie sich häufig nicht exakt ins phylogenetische System einordnen lassen. Dieser Umstand schmälert ihren Stellenwert für die phylogenetische Systematik nicht durchweg entscheidend, denn eine ungefähre Einordnung von Fossilien in das System ist anhand bekannter Merkmale bestimmter Taxa meistens möglich. Wenn beispielsweise eine fossile gekammerte Molluskenschale vorliegt, darf geschlossen werden, daß sie von einem Vertreter der Kopffüßer (Cephalopoda) stammt. Lassen sich weitere Details diagnostizieren, z. B. daß es sich um eine innere Schale handelt, so muß sie einem Vertreter der Tintenfische (Dibranchiata) zugeordnet werden, denn eine äußere Schale spräche für einen ursprünglicheren Vertreter der Cephalopoda.

Diese Möglichkeit der ungefähren **Einordnung von Fossilien** ins System kann ausreichend sein, Befunde zu liefern, um bestehende Hypothesen zur Phylogenese einer Gruppe überprüfen zu können, d. h. entweder zu verifizieren oder aber zu falsifizieren. So ist zum Beispiel von afrikanischen Menschenaffen und dem Menschen, die zusammen als monophyletische Gruppe gut belegt sind, bekannt, daß Gorilla und Schimpanse einen dünnen Zahnschmelz aufweisen, der Mensch hingegen eine dicke Schmelzschicht (siehe Abb. 10.7). Beim entfernteren Verwandten, dem Orang-Utan, ist ebenfalls dicker Zahnschmelz, der allerdings langsamer als der des Menschen gebildet wird, ausgeprägt. Die Methode des **Außengruppenvergleichs** (siehe Kap. 8.4, Abb. 8.8) führt zu dem Schluß, daß dicker Zahnschmelz wahrscheinlich plesiomorph, dünner **Zahnschmelz** dagegen apomorph ist. Demnach läßt sich der dünne Zahnschmelz als Synapomorphie von Gorilla und Schimpanse interpretieren, was für ihre nähere phylogenetische Verwandtschaft spricht (Ciochon 1983). Diese Interpretation wird jedoch in Frage gestellt durch die Entdeckung der hypothetisierten fossilen Art *Ardipithecus ramidus*, welche gemäß der Originalbeschreibung (White et al. 1994, 1995) mit dem Menschen phylogenetisch näher verwandt sein soll als mit den afrikanischen Menschenaffen, obwohl sie dünneren Zahnschmelz aufweist als spätere Vertreter der zum Menschen führenden Stammlinie (vergl. paläontologischer Ansatz, Kap. 8.4). Dieser Befund legt den Schluß nahe, daß die **gemeinsamen Vorfahren** von Gorilla, Schimpanse und Mensch einen dünnen Zahnschmelz besaßen, welcher in der späteren Stammlinie des Menschen dicker wurde. Der dicke Zahnschmelz des Orang-Utan wäre dementsprechend eine eigene, unabhängige Entwicklung. Dafür spricht auch der Befund, daß der dicke Zahnschmelz des Orang-Utan, im Gegensatz zu dem des Menschen, die Folge eines langsameren Schmelzwachstums ist

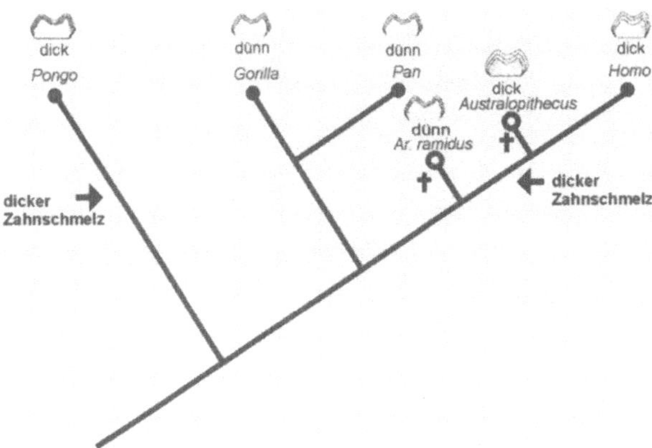

Abb. 10.7 Evolution der Zahnschmelzdicke bei großen Menschenaffen und Menschen. Ein alleiniger Vergleich rezenter Arten legt den Schluß nahe, daß der dünne Zahnschmelz von *Gorilla* und *Pan* ein abgeleitetes Merkmal darstellt. Die Tatsache, daß die fossile Art *Ardipithecus ramidus*, die aufgrund zahlreicher Merkmalsbefunde zur Stammgruppe von *Homo* zu zählen ist, einen dünneren Zahnschmelz aufweist als spätere Verwandte des Menschen, widerspricht jedoch dieser Schlußfolgerung. Es ist vielmehr davon auszugehen, daß die Vorfahren der großen Menschenaffen und des Menschen einen dünnen Zahnschmelz besaßen und der dicke Schmelz zweimal unabhängig, einmal bei *Pongo* und einmal bei *Homo*, entstanden ist.

(siehe Abb. 10.7). Dieses Beispiel verdeutlicht, daß Befunde an Fossilien unter Umständen Ergebnisse aus Untersuchungen heute lebender Arten korrigieren können und somit eine unerläßliche Materialgrundlage für die Praxis der phylogenetischen Systematik darstellen.

10.5 Formale Integration von Fossilien ins System

Der Umstand, daß sich der größere Anteil der Fossilien nur ungefähr ins phylogenetische System einordnen läßt, wirft Fragen zum formalen Umgang mit Fossilien in der Darstellung des Systems auf.

Box 10.1 Fossile und rezente Bestandteile monophyletischer Gruppen

Wenn zwei Taxa, die im System der rezenten Arten als Schwestergruppen erscheinen, im Hinblick auf ihre fossilen Vorfahren näher betrachtet werden (Abb. 10.8), wird deutlich, daß sich ihre Stammlinien mit hoher Wahrscheinlichkeit aus einer Kette von Stammarten zusammensetzen und nachkommenlos ausgestorbene Taxa als Seitenäste haben. Die beiden Gruppen sind daher strenggenommen nur dann als Schwestergruppen anzusehen, wenn diese Stammlinien und ihre Seitenäste mit eingeschlossen werden. Die letzte Stammart aller heute lebenden Arten zusammen mit allen ihren Nachkommen ist hingegen eine kleinere, hierarchisch untergeordnete monophyletische Gruppe. Sie wird oft als Kronengruppe bezeichnet (in Anlehnung an den von Jefferies 1980 verwendeten Begriff 'Kronegruppe'). Lauterbach (1989a) unterscheidet in diesem Zusammenhang zwischen dem Monophylum *sensu stricto* – der Kronengruppe – und dem Monophylum *sensu lato*, welches zusätzlich die Stammlinie mit ihren Seitenästen einschließt.

Hennig (1950, 1982) bezeichnet die Linie direkter Vorfahren als Stammlinie und diese zusammen mit den Seitenästen als Stammgruppe. Ax (1984) weist auf die Mißverständlichkeit des Begriffs Stammgruppe hin, weil er die Vorstellung eines supraspezifischen Vorfahren wecken könnte. Er schlägt deshalb vor, von der Stammlinie *sensu lato* zu sprechen, während die Stammlinie *sensu stricto* nur die direkten Vorfahren einschließt. Sudhaus u. Rehfeld (1992) bezeichnen erstere als Stammlinie, letztere als Ahnenlinie. Die Verwendung dieser unterschiedlichen Terminologien erschwert bisweilen die Verständigung über gegebene Sachverhalte.

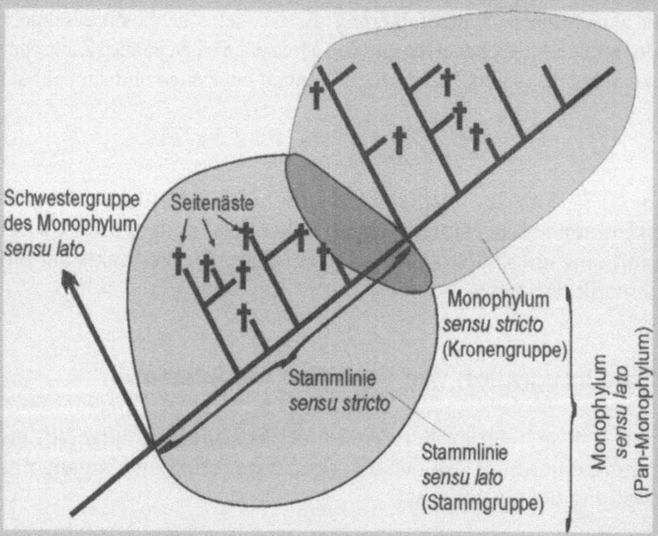

Abb. 10.8. Abgrenzung und Benennung verschiedener Teile einer monophyletischen Gruppe im Hinblick auf die Abstammungsbeziehungen fossiler und rezenter Taxa. Man beachte, daß die Stammart der Kronengruppe zugleich auch zur Stammgruppe (*sensu* HENNIG) zählt, so daß es zwischen diesen beiden zur Überlappung kommt. Die Stammgruppe ist nicht monophyletisch und stellt somit keine Einheit des phylogenetischen Systems dar, sondern nur einen *terminus technicus*

Schließt man Fossilien in die Erstellung des phylogenetischen Systems ein, so ist es häufig notwendig, zwischen dem Monophylum *sensu stricto* und dem Monophylum *sensu lato* (siehe Box 10.1) zu unterscheiden, weil letzteres meist dem entspricht, was gemeint ist, wenn etwa von 'den Aves' oder 'den Mammalia' gesprochen wird, während nur ersteres exakte Schwestergruppen widerspiegelt. Hennig (1969) unterbreitet den Vorschlag, die umfassendere Gruppe zur Unterscheidung mit einem Stern, z. B. Aves* und Aves bzw. beide Gruppen mit Zahlen zu kennzeichnen: Aves 1 und Aves 2 (Hennig 1983). Lauterbach (1989a) weist auf die Sperrigkeit solcher Begriffe hin und führt deshalb den Begriff des **Pan-Monophylum** ein. Dabei wird statt eines Sterns das Präfix Pan- zur Kennzeichnung der umfassenderen Gruppe verwendet: Pan-Aves und Aves. Dieser Vorschlag hat sich aber bisher ebensowenig wie HENNIGs Vorschläge durchsetzen können.

Bei der näheren systematischen Beschreibung von Stammlinien mit Seitenästen kommt gelegentlich das sogenannte **Plesionkonzept**[91] (Patterson u. Rosen 1977) zur Anwendung. Dabei wird die Stammlinie als eine Reihe sogenannter Plesia aufgegliedert, deren genaue Position in der Hierarchie des phylogenetischen Systems nicht angegeben werden muß (Abb. 10.9). Damit wird dem Umstand Rechnung getragen, daß die **Verzweigungsstruktur** der Stammlinie in der Regel nicht exakt rekonstruiert werden kann (siehe auch Kap. 10.3). Ferner sieht das Plesionkonzept vor, alle zusätzlichen monophyletischen Gruppen, die sich aus der Untersuchung von Fossilien ergeben, nicht mit einem Namen zu versehen. Diese Vorschläge werden unterschiedlich beurteilt. Während Ax (1984, 1989) das Plesionkonzept begrüßt, weil es die Einführung einer großen Anzahl von Eigennamen für fossile Taxa erspart, weist Willmann (1989b) darauf hin, daß eine eingehende Diskussion der Phylogenese fossiler Taxa diese Vielfalt zusätzlicher Eigennamen erfordert, denn insbesondere bei großen ausgestorbenen Gruppen wie den Trilobiten, die eine weit aufgefächerte Gruppierung darstellen (siehe z. B. Lauterbach 1989b), ist eine Benennung fossiler Untergruppen unerläßlich, um phylogenetische Fragen erörtern zu können. Trotz aller Schwierigkeiten, die sich in der phylogenetischen Systematik bei der Einbeziehung von Fossilien ergeben, reicht eine ungenauere Nomenklatur, wie sie das Plesionkonzept vorschlägt, oft nicht aus. Deshalb benötigt die Paläontologie die gleichen formalen Prinzipien der Nomenklatur wie die Systematik rezenter Taxa.

---

[91] plesios (gr.) = nahe

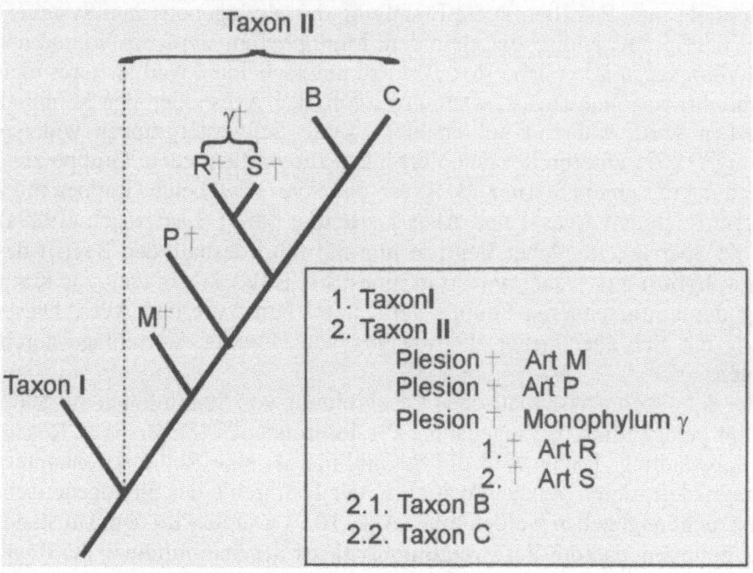

Abb. 10.9. Beschreibung einer monophyletischen Gruppe, die fossile Taxa enthält, gemäß dem Plesionkonzept. Ausschließlich fossile Taxa bekommen dabei keine Namen, ferner werden einige Informationen über die Hierarchie des phylogenetischen Systems nicht dargestellt, z. B. die nähere phylogenetische Verwandtschaft der fossilen Art P zu allen nachfolgend aufgelisteten Taxa. Diese Verwandtschaftshypothese, die im zugrundegelegten Stammbaum klar zum Ausdruck kommt, geht in der Niederschrift des Systems nach dem Plesionkonzept verloren (modifiziert nach Ax 1984)

10.6 Überblick

Fossilien liefern konservierte Spuren aus der Vergangenheit, die allerdings meistens spärlich und lückenhaft sind. Da die genetischen Beziehungen ausgestorbener Organismen sich der Beobachtung entziehen, muß versucht werden, sie anhand von Befunden zu rekonstruieren, die an heute lebenden Organismen gewonnen wurden. Die genaue Einordnung von Fossilien ins phylogenetische System ist oftmals problematisch und erfordert deshalb besondere Formalien. Abgesehen von diesen erschwerenden Umständen, denen die Paläontologie ausgesetzt ist, sind Fossilbefunde aber dennoch oftmals in der Lage, die Ergebnisse von Analysen an rezenten Organismen zu ergänzen oder sogar zu korrigieren.

	1	2	3	4	5	6	7	8	9	10
A	0	1	0	1	0	1	1	0	0	0
B	0	1	1	1	0	0	0	0	0	0
C	1	0	0	1	0	0	0	0	0	1
D	1	0	0	1	0	0	0	1	0	0
E	0	0	0							
F	0	0	0							

> „Hier pflegen dann von Zeit zu Zeit Strömungen aufzutreten, die z.B. [...] auch nur in bestimmten numerischen Methoden der Merkmalsanalyse die Rettung sehen, wobei freilich nicht immer gesagt ist, daß die Ziele mit denen der phylogenetischen Systematik übereinstimmen." (Hennig 1984, S. 55)

11 Computerkladistik

Bei den allermeisten in den letzten Jahren publizierten phylogenetischen Studien kommen computergestützte Rechenverfahren zum Einsatz, die zur Rekonstruktion von Stammbäumen gemäß den Vorgaben der phylogenetischen Systematik entwickelt wurden. Der Wissenschaftszweig der Phylogenetik, der sich mit solchen Verfahren der Stammbaumrekonstruktion befaßt, wird als Computerkladistik bezeichnet.

Auf diesem Feld wird seit nunmehr über dreißig Jahren sehr intensiv gearbeitet, Verfahren werden kritisch diskutiert und optimiert. Die vielen Facetten der Computerkladistik oder gar die exakten Algorithmen können hier nicht eingehend dargelegt und erörtert werden. Es werden die Grundideen erläutert, die hinter den wichtigsten Komponenten computergestützter Stammbaumrekonstruktionen stehen, und die wesentlichen Aspekte vorgestellt, die bei der Anwendung solcher Rechenverfahren zu berücksichtigen sind. Am häufigsten verbreitet und am vielfältigsten anwendbar ist in diesem Zusammenhang der Parsimonieansatz (siehe auch Kap. 9). Ferner wird das Maximum-Likelihood-Verfahren angesprochen (siehe z. B. Bortz 1999, S. 98ff), ein Ansatz der modellabhängigen Statistik.

11.1 Vorannahmen

Bei jedem wissenschaftlichen Ansatz werden bestimmte Vorannahmen getroffen. Es ist unabdingbar, diesen Umstand zu beachten, weil man niemals Ergebnisse erhalten kann, die den Vorannahmen widersprechen. Wenn die Vorannahmen fehlerhaft sind, ist folglich auch mit fehlerhaften Resultaten zu rechnen.

Phylogenetische Studien befassen sich gewöhnlich mit einer Gruppe von Taxa, welche als **Innengruppe** bezeichnet und häufig mit einer **Außengruppe** verglichen wird (siehe auch Kap. 8.4). Verschiedene Taxa, die auch als terminale Taxa bezeichnet werden (siehe auch Fußnote 92), weil sie sich an den Endpunkten des zu rekonstruierenden Stammbaums befinden, werden in den Vergleich derjenigen Merkmale einbezogen, bei denen innerhalb der Innengruppe verschiedene Merkmalszustände auftreten. Hierbei sind drei wesentliche Vorannahmen zu berücksichtigen, die einer **computergestützten Stammbaumrekonstruktion** zugrundeliegen:

> - Vorannahme 1: Die Innengruppe ist monophyletisch.
>
> - Vorannahme 2: Alle terminalen Taxa, die innerhalb der Innengruppe unterschieden werden, sind Arten oder monophyletische Gruppen.
>
> - Vorannahme 3: Alle Merkmale verschiedener Taxa, deren Merkmalszustände miteinander verglichen werden, sind homolog.

Die ersten beiden Vorannahmen gehen davon aus, daß die operationalen Einheiten[92] der Analyse **natürliche Einheiten** der Phylogenese sind. Bei einer diesbezüglichen Fehlannahme ist damit zu rechnen, daß auch der rekonstruierte Stammbaum gravierende Fehler aufweist. Dies wird insbesondere dann zutreffen, wenn die Innengruppe nicht monophyletisch ist. In diesem Fall können Außengruppenvergleiche zu einer Verwechslung von Plesiomorphie und Apomorphie führen. Paraphyletische terminale Gruppen, die unwissentlich in die phylogenetische Analyse einfließen, verursachen zumeist nur den Fehler, daß der rekonstruierte Stammbaum eben diese Gruppen enthält, die natürlich kein Bestandteil des phylogenetischen Systems sind (siehe Kap. 9.3). Wenn **terminale Einheiten** dagegen polyphyletisch sind, kann das Analyseergebnis schwerwiegende Fehler aufweisen, weil in polyphyletischen Gruppen häufig Taxa vereinigt werden, die phylogenetisch einander nicht besonders nahe stehen. Zur Vermeidung solcher Fehler ist es daher wünschenswert, daß alle supraspezifischen Gruppen, die in die Analyse einfließen, begründet als monophyletisch angesehen werden können. Wenn diesbezüglich bei einem bestimmten Ansatz ernsthafte Zweifel bestehen, ist es empfehlenswert, die betreffenden Gruppen hierarchisch enger oder weiter zu fassen, um

---

[92] operationale Einheit (OTU-operational taxonomic unit) - terminales Taxon; Taxon, das in einer Baumgraphik nur mit einer Kante verbunden ist, also eine einzelne Art oder eine monophyletische Gruppe, die durch ihr Grundmuster repräsentiert wird.

Gruppierungen zu erhalten, die mit größerer Wahrscheinlichkeit natürliche Einheiten darstellen (einzelne Arten oder monophyletische Gruppen).

Auch die dritte Vorannahme, die sich auf die Homologisierung von Merkmalen bezieht, ist von entscheidender Bedeutung für den Erfolg der Analyse. Wenn Merkmale miteinander verglichen werden, die nicht auf dasselbe **Vorfahrenmerkmal** zurückgehen, resultieren ausschließlich falsche Hypothesen über Merkmalstransformationen, die zu wenig wahrscheinlichen bzw. unwahrscheinlichen Stammbaumrekonstruktionen führen können. Das Homologisieren von Merkmalen (siehe Kap. 7) ist deshalb eine unerläßliche Maßnahme vor Beginn einer Stammbaumrekonstruktion. Ferner ist vorab zu prüfen, ob die unterschiedenen Merkmalszustände tatsächlich statistisch signifikante Unterschiede zwischen den verglichenen Taxa widerspiegeln (siehe hierzu Kap. 8.1).

11.2 Merkmalskodierung

Ausgangspunkt jeder computerkladistischen Analyse ist eine zweidimensionale Datenmatrix, bei der vereinbarungsgemäß die Zeilen die einzelnen operationalen Taxa und die Spalten die untersuchten Merkmale wiedergeben (Abb. 11.1). In jeder Zelle dieser Matrix wird nach diesen Vorgaben der Zustand eines bestimmten Merkmals bei einem bestimmten Taxon mit einem bestimmten Buchstaben oder einer Zahl symbolisiert. Für dieses Procedere gibt es Konventionen, d. h. bei Nukleinsäuresequenzen werden die Anfangsbuchstaben der jeweiligen Nukleotidbase verwendet, bei Proteinsequenzen gibt es vereinbarte Ein-Buchstaben-Codes für die verschiedenen Aminosäuren, und bei morphologischen Merkmalen mit zwei alternativen Zuständen sind die Zahlen 0 und 1 gebräuchlich (zur Kodierung siehe auch Urich 1990).

Von essentieller Bedeutung bei der Merkmalskodierung ist der Umstand, daß verschiedene **Modelle der Merkmalstransformation** zugrundegelegt werden können (Abb. 11.2). Der bereits in Kap. 8.2 besprochene Unterschied zwischen geordneten und ungeordneten Merkmalen,[93] läßt sich nunmehr exakt formulieren:

> • Eine Merkmalstransformation ist ungeordnet, wenn ein direkter Übergang von jedem Merkmalszustand zu jedem anderen ohne Zwischenschritte möglich ist, und geordnet, wenn dies nicht zutrifft.

Mit der Problematik geordneter und ungeordneter Merkmalstransformation wird man immer dann konfrontiert, wenn mehr als zwei Merkmalszustände unterschieden werden (siehe Abb. 11.2). Es erhebt sich dann die Frage, ob etwa eine Transformation von Zustand 1 in Zustand 3 direkt in einem Schritt möglich ist, oder ein Zwischenschritt über Zustand 2 erfolgen muß. Die Beurteilung dieser Frage hängt von den empirisch ermittelten Eigenheiten der untersuchten Merkma-

---

[93] Statt geordnet und ungeordnet sind auch die Begriffe „additiv" und „nicht-additiv" gebräuchlich (siehe z. B. Schuh 2000, S. 117).

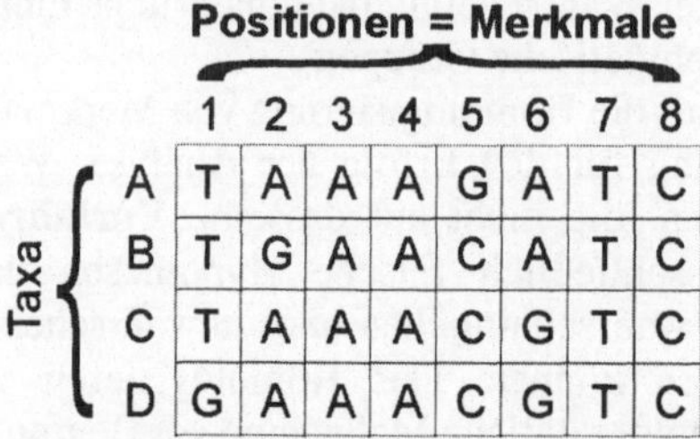

Abb. 11.1. Umsetzung von Merkmalsbefunden in eine Datenmatrix. Zeilen stehen generell für Taxa und Spalten für Merkmale. In der Molekularbiologie gibt es allgemeine Konventionen, nach denen bestimmte Nukleotidbasen bzw. Aminosäuren mit Buchstaben symbolisiert werden. In der Morphologie sind die Symbole weniger streng festgelegt. Es ist allerdings verbreitet, die Zahlen 0 und 1 für verschiedene Merkmalszustände zu verwenden, wobei die Zahl 0 dem mutmaßlich plesiomorphen Zustand zugeteilt wird

le ab. Das typische Beispiel für eine **ungeordnete Transformation** (Abb. 11.2a und 11.2b) sind die Basenpositionen von DNA-Sequenzen, in denen jede Base durch jede der anderen drei direkt substituierbar ist.

In der Morphologie hat man es dagegen häufiger mit einer geordneten Reihung von Merkmalszuständen (Abb. 11.2c, 11.2d) zu tun, bei der Transformationen über Zwischenstufen erfolgen. Wenn mehr als drei Merkmalszustände unterschieden werden, können solche Merkmalsreihen auch verzweigt sein (Abb. 11.2e). Zur Wiedergabe aller dieser **geordneten Modelle** der Merkmalstransformation gibt es spezielle Kodierungsverfahren. Dabei wird eine Merkmalsvariable mit n Alternativen in n-1 Merkmalsvariablen mit zwei Merkmalsalternativen (binäre Variablen) zerlegt. Diese sogenannte Binärkodierung verschlüsselt das zugrundegelegte Modell der Merkmalstransformation in einer Form, die ein Computerprogramm verarbeiten kann.

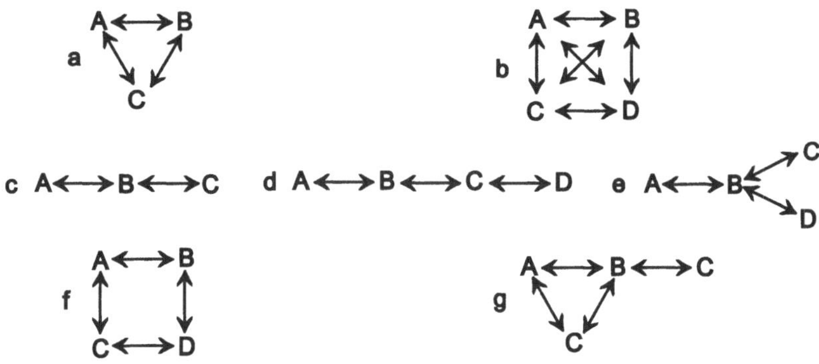

Abb. 11.2 a–g. Ungeordnete (**a,b**) und geordnete (**c–g**) Merkmale. **a** drei und **b** vier Merkmalszustände mit beliebigen Übergängen; **c** drei und **d** vier Merkmalszustände mit in einer Reihe geordneten Übergängen; **e** geordnetes Merkmal mit Verzweigung; **f** geordnetes Merkmal mit zirkulärer Transformation; **g** geordnetes Merkmal mit zirkulärer Transformation und Verzweigung

Bei mehr als drei unterschiedlichen Merkmalszuständen sind ferner auch geordnete Merkmale denkbar, in denen **zirkuläre Merkmalstransformationen** auftreten[94] (Abb. 11.2f, 11.2g). Solche Transformationsmodelle sind bisher nicht für computerkladistische Programme kodierbar und können daher auch nicht in die Analyse einfließen. Dieses Problem tritt aber in der Praxis offenbar nicht in Erscheinung, denn es ist kein Beispiel für eine solche zirkuläre Merkmalstransformation bekannt.

11.3 Das Parsimonieverfahren

Dieser Ansatz (engl. *maximum parsimony*) folgt dem Prinzip der sparsamsten Erklärung (siehe auch Kap. 9.4).[95] Konkret wird er für den Nachweis der minimalen Anzahl von Evolutionsschritten angewendet, die bei einem zugrundegelegten Stammbaum (siehe auch Kap. 11.2) erforderlich sind, um die beobachtete **Merkmalsverteilung** bei den untersuchten Taxa zu erklären. Für eine angenommene Stammbaumstruktur werden die Merkmalsmuster der Vorfahren an allen Verzweigungsknoten rekonstruiert. Weil ein Verzweigungsknoten die Aufspaltung einer Stammart in Tochterarten signalisiert, handelt es sich bei diesem Merkmalsmuster, gemäß der Definition in Kap. 6.5, um das Grundmuster der resultierenden monophyletischen Gruppe. In diesem sind alle Merkmale der sich spaltenden

---

[94] Zu den hier erwähnten geordneten Modellen mit zirkulären Elementen zählt nicht das Beispiel in Abb. 12.1a. Hier liegt zwar eine zirkuläre Struktur, aber kein geordnetes Modell vor, weil alle Übergänge zwischen den drei Merkmalszuständen direkt möglich sind.

[95] Der Zusammenhang zwischen der phylogenetischen Systematik und dem Parsimonieansatz wird von Farris (1983) ausführlich diskutiert.

Stammart vereint, die somit bei den Folgearten als Plesiomorphien aufzufassen sind. Zur Unterscheidung von Plesiomorphie und Apomorphie wird dabei meistens eine Außengruppe zum Vergleich herangezogen. Das Computerprogramm führt daraufhin für jedes Merkmal einen Außengruppenvergleich durch (siehe Kap. 8.4). Es ist aber auch möglich, vor der computerkladistischen Analyse weitere der in Kap 8.4 erwähnten Methoden zur Unterscheidung von Plesiomorphie und Apomorphie einzusetzen, um beispielsweise paläontologische oder funktional-adaptive Befunde einfließen zu lassen. Hierzu wird unter Berücksichtigung der in Kap. 8.4 erwähnten Methoden ein hypothetisches Grundmuster konstruiert, welches anstelle der Außengruppe in die Datenmatrix eingesetzt wird.

Wenn für alle Verzweigungsknoten des Baumes die Merkmalsmuster rekonstruiert sind, werden die Evolutionsschritte gezählt, die für das Zustandekommen des vorliegenden Baumes erforderlich sind. Dieses Vorgehen läßt sich mit Hilfe eines leistungsfähigen Computers für alle theoretisch möglichen **Baumstrukturen** durchführen. Die Anzahl erforderlicher Evolutionsschritte für alle Bäume wird anschließend verglichen. Der Baum mit der geringsten Anzahl solcher Schritte gilt als der sparsamste Baum und wird deshalb favorisiert. Es besteht ferner die Möglichkeit, daß mehrere gleichermaßen sparsame Bäume resultieren, die sich in ihrer Verzweigungsstruktur in Details unterscheiden können. In derartigen Fällen wird ein Konsensbaum erstellt, in dem nur die Gruppierungen wiedergegeben werden, die in der Mehrzahl der ermittelten Bäume auftreten (Abb. 11.3).

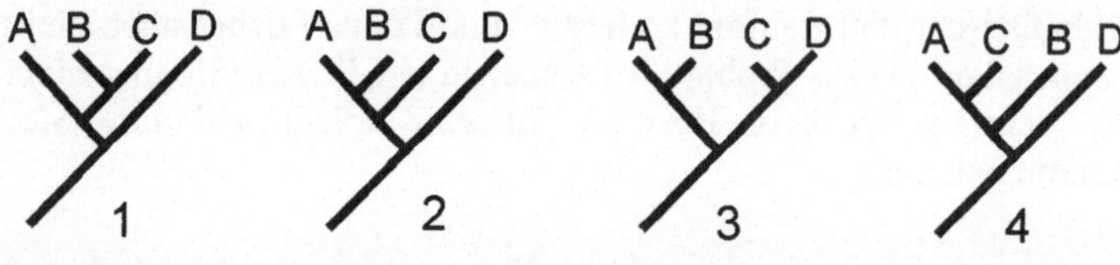

Abb. 11.3. Ermittlung eines Konsensbaumes aus vier verschiedenen in Frage kommenden Bäumen. Im Konsensbaum bleiben nur diejenigen Gruppierungen erhalten, die mit der größten Häufigkeit in den verschiedenen zugrundeliegenden Bäumen auftreten

Für die Rekonstruktion der Merkmalstransformation stehen verschiedene methodische Ansätze zur Verfügung:

Wagner- oder **Farris-Parsimonie**: Dieser Ansatz setzt voraus, daß geordnete Merkmale vorliegen (Kap. 11.2). Er läßt sich daher insbesondere auf morphologische Merkmale anwenden, bei denen eine geordnete Folge der Merkmalstransformation anzunehmen ist. Sowohl die mehrmalige, voneinander unabhängige Evolution von Merkmalen als auch Rückmutationen werden in diesem Ansatz nicht ausgeschlossen. Er geht auf das von Kluge u. Farris (1969) und Farris (1970) entwickelte Verfahren zurück, in welches methodische Überlegungen von Wagner (1961) eingeflossen sind (siehe auch Kap. 1.7).

Fitch-Parsimonie: Auch bei diesem von Fitch (1971) vorgestellten Ansatz kommen sowohl mehrmalige, voneinander unabhängige Evolution als auch Rückmutation von Merkmalszuständen in Betracht. Es wird allerdings angenommen, daß ungeordnete Merkmale vorliegen. Die Fitch-Parsimonie ist für die Analyse von DNA-Daten erforderlich, bei denen Nukleinbasen ohne Zwischenschritte substituierbar sind (siehe Kap. 8.2). Sie läßt sich aber auch bei morphologischen Merkmalen anwenden, die keine geordnete Transformationsfolge erkennen lassen.

Dollo-Parsimonie: Dieser von Farris (1977) vorgestellte Ansatz fußt auf den Überlegungen von Dollo (1893), nach denen eine rückläufige Evolution wahrscheinlicher ist als eine mehrmalige, unabhängige (**Dollo-Regel**). Die Dollo-Parsimonie erklärt Homoplasien ausschließlich durch rückläufige Evolution, während die mehrmalige, voneinander unabhängige Evolution eines Merkmalszustandes ausgeschlossen wird (Abb. 11.4a). Eine solche Annahme kann bei der Erklärung der Evolution sehr komplexer Strukturen, bei denen anzunehmen ist, daß ein sekundärer Verlust wahrscheinlicher ist als eine mehrmalige, unabhängige Entstehung, sinnvoll sein.

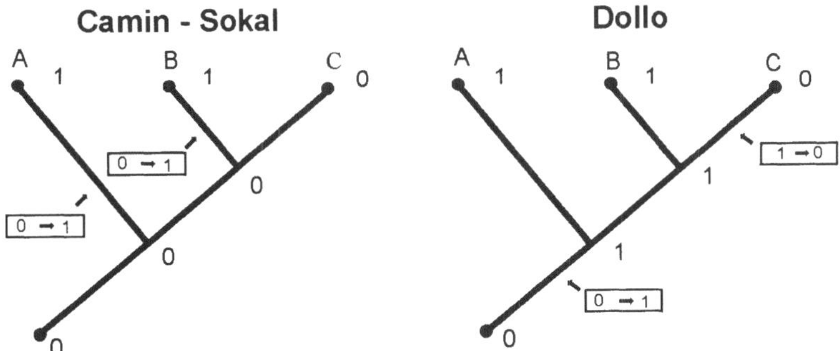

Abb. 11.4. Vergleich von Camin-Sokal- und Dollo-Parsimonie. In beiden Fällen sind die Merkmalszustände der terminalen Taxa bekannt. Es wird davon ausgegangen, daß bei der gemeinsamen Stammart von A, B und C der Merkmalszustand 0 vorlag. Camin-Sokal-Parsimonie erklärt diese Verteilung durch eine zweimalige unabhängige Evolution des Zustands 1 bei den Arten A und B, Dollo-Parsimonie dagegen durch Evolution des Zustands 1 in der gemeinsamen Stammlinie von A, B und C und anschließende rückläufige Evolution bei Art C

Camin-Sokal-Parsimonie: Bei diesem von Camin u. Sokal (1965) vorgeschlagenen Verfahren werden, im Gegensatz zur Dollo-Parsimonie, rückläufige Mutationen ausgeschlossen und nur die mehrmalige, voneinander unabhängige Evolution von Merkmalszuständen zur Erklärung von Homoplasien herangezogen (Abb. 11.4b). Dieses Verfahren stützt sich auf die Überlegung, daß Evolution ein irreversibler Prozeß ist.

Sowohl die Dollo- als auch die Camin-Sokal-Parsimonie sind als allgemeine Ansätze umstritten und kommen daher nur selten zum Einsatz. Bei Anwendung der Wagner- bzw. der Fitch-Parsimonie ergibt sich jedoch häufig die Situation, daß Rückmutationen und mehrmalige, voneinander unabhängige Evolution gleichermaßen sparsam sind, wie in Abb. 11.4 an einem Fallbeispiel dargestellt ist. Aus dem Beispiel wird deutlich, daß beide Erklärungsmodelle zwei Evolutionsschritte erfordern. In solchen Fällen muß einem Erklärungsmodell der Vorzug gegeben werden, um die Merkmalsmuster der Vorfahren rekonstruieren zu können. Daraus ergeben sich zwei entgegengesetzte Strategien, die als ACCTRAN und DELTRAN (*accelerated* bzw. *delayed transformation*) bezeichnet werden. DELTRAN bevorzugt die Annahme mehrmaliger Evolution, ACCTRAN die Annahme von Rückmutationen. Die Ähnlichkeit zur Dollo- bzw. Camin-Sokal-Parsimonie ist offensichtlich. Der wesentliche Unterschied besteht jedoch darin, daß ACCTRAN und DELTRAN weder Rückmutation noch mehrmalige, voneinander unabhängige Evolution von Merkmalen völlig ausschließen, sondern nur im Konfliktfall eine der beiden Erklärungen bevorzugen. Die Entscheidung für ACCTRAN oder DELTRAN hat nur einen Einfluß auf die rekonstruierten Merkmalsmuster der Vorfahren und nicht auf die Ermittlung des sparsamsten Baumes.

11.4 Ansätze zur Beurteilung der Zuverlässigkeit von Stammbaumrekonstruktionen

Um die Zuverlässigkeit eines rekonstruierten Stammbaumes zu bewerten, sind verschiedene Indexwerte vorgeschlagen worden, die den Anteil von Homoplasien bzw. Synapomorphien am Zustandekommen von Ähnlichkeiten angeben. Dabei ist ein hoher Anteil von **Homoplasien** ein Zeichen für ein unzuverlässiges, ein hoher Anteil an **Synapomorphien** ein Zeichen für ein zuverlässiges Ergebnis. Es hat sich jedoch gezeigt, daß solche Indexwerte auf eine Reihe von Randbedingungen, wie die Anzahl der Taxa und Merkmale sowie der Apomorphien einzelner terminaler Taxa, empfindlich reagieren und deshalb schlecht miteinander vergleichbar sind. Von größerer Bedeutung bei der Zuverlässigkeitsbeurteilung sind zwei andere, häufig angewandte Verfahren: Der Bremer-Index und das Bootstrapverfahren.

Bremer-Index (*Bremer support*): Bei diesem Verfahren wird der ermittelte sparsamste Baum schrittweise mit weniger sparsamen Alternativen verglichen. Dabei analysiert man den zweit-, dritt-, viertsparsamsten Baum usw. und über-

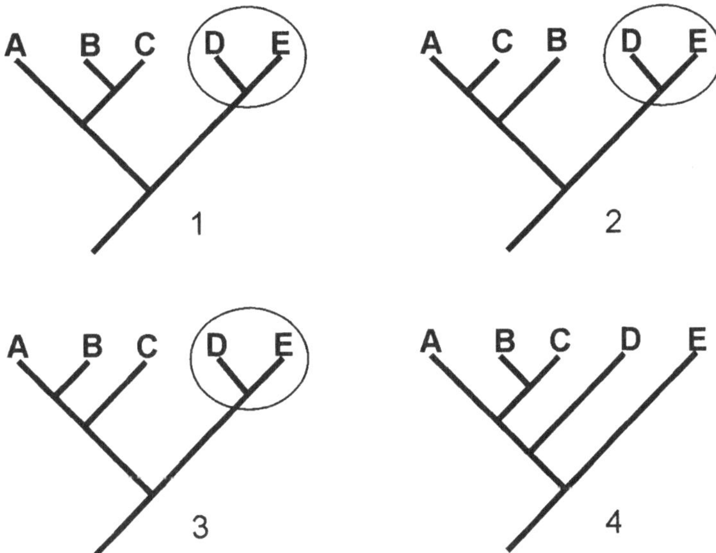

Abb. 11.5. Ermittlung des Bremer-Index. Die mit 1–4 gekennzeichneten Baumdiagramme stellen den sparsamsten, zweit-, dritt- und viertsparsamsten Baum dar. Die Gruppierung D + E tritt bis zum drittsparsamsten Baum auf und erhält somit den Bremer-Index 3

prüft, wie viele solcher Schritte zu weniger sparsamen Topologien[96] erforderlich sind, bis eine bestimmte ausgewählte monophyletische Gruppe nicht mehr im betreffenden Baum auftaucht (Abb. 11.5). Die Anzahl dieser Schritte entspricht dem Bremer-Index. Ein hoher Bremer-Index bedeutet, daß eine monophyletische Gruppe durch viele Synapomorphien gestützt wird. Diese Schlußfolgerung beruht auf der Überlegung, daß bei weniger sparsamen Bäumen der Anteil von Homoplasien immer größer und der von Synapomorphien immer kleiner wird. Wenn eine bestimmte monophyletische Gruppe auch in wesentlich weniger sparsamen Bäumen noch auftritt, spricht dies somit dafür, daß sie eine verhältnismäßig valide Gruppe darstellt.

Ein ganz anderer Ansatz zur Beurteilung der Zuverlässigkeit der Ergebnisse aus Stammbaumanalysen ist das sogenannte **Bootstrapverfahren,** welches aus einem vorliegenden Datensatz eine große Anzahl modifizierter Datensätze erzeugt (Abb. 11.6). Die Modifikation besteht darin, daß zufällig einige Merkmalsvariablen aus dem Datensatz eliminiert und durch Kopien anderer Merkmalsvariablen des Datensatzes ersetzt werden. Für jeden dieser veränderten Datensätze wird anschließend der **sparsamste Baum** ermittelt. Das Ausmaß des Einflusses der einzelnen Merkmale auf den ermittelten Baum wird auf diese Weise variiert. Schließlich wird für jede Gruppierung von Taxa ausgezählt, wie häufig sie in den ermittelten Bäumen auftritt. Dabei ist die Annahme, daß eine Gruppierung eine

---

[96] topos (gr.) = Ort; logos (gr.) = Lehre

monophyletische Gruppe ist, um so besser gestützt, je häufiger sie in den ermittelten Bäumen auftaucht. Diese Häufigkeit, welche in der Regel als Prozentwert angegeben wird, ist der sogenannte **Bootstrapwert**. Per Übereinkunft wird davon ausgegangen, daß ein Bootstrapwert von 75-80% eine gute Stütze für die Monophylie einer Gruppe darstellt. Wägele (2000) weist jedoch darauf hin, daß ein Bootstrapwert keine allgemeinen Aussagen über die Monophyliewahrscheinlichkeit erlaubt, sondern nur einen Test für die Güte der Ergebnisse im Hinblick auf das vorliegende Datenmaterial und das gewählte Rekonstruktionsverfahren darstellt.

Als Alternative zum Bootstrapverfahren steht das weniger aufwendige **Jackknifeverfahren** zur Verfügung, bei dem zur Erzeugung modifizierter Datensätze ein Teil der Merkmale eliminiert, aber nicht durch Kopien anderer Merkmale ersetzt wird, so daß die Datensätze kleiner werden. Bei gleicher Anzahl modifizierter Datensätze liefert das Jackknifeverfahren etwas ungenauere Ergebnisse, ist aber erheblich weniger rechenaufwendig als das Bootstrapverfahren. Die Weiterentwicklung der Computerhardware hat aber inzwischen zu einer erheblichen Verkürzung der Rechenzeiten geführt, so daß das Jackknifeverfahren heute kaum noch einen Vorzug bietet. Es kommt daher auch nur noch selten zur Anwendung.

Abb. 11.6 a–c. Übersicht über die Arbeitschritte beim Bootstrapverfahren. **a** Ausgehend vom Originaldatensatz werden multiple neue Datensätze erstellt, indem ein Teil der Merkmalsvariablen durch Kopien anderer Merkmalsvariablen ersetzt wird. Üblicherweise verwendet man 100 oder 1000 Datensätze. Wir verwenden hier nur 5, um eine übersichtliche Grafik zu erhalten; **b** Für jeden der Datensätze wird der sparsamste Baum ermittelt. Für manche Datensätze ergeben sich hierbei auch mehrere gleichermaßen sparsame Alternativen; **c** Aus allen ermittelten Bäumen wird ein Konsensbaum ermittelt. Wenn sich für einen Datensatz mehrere sparsamste Bäume ergeben, fließen diese mit einer entsprechenden Gewichtung in den Konsensbaum ein. In der graphischen Darstellung des Konsensbaums werden für die ermittelten Taxa die Bootstrapwerte angegeben. Die Innengruppe, in unserem Beispiel B+C+D, erhält dabei immer den Boostrapwert 100, weil ihre Monophylie als Vorannahme vorausgesetzt wurde (siehe Kap. 11.1)

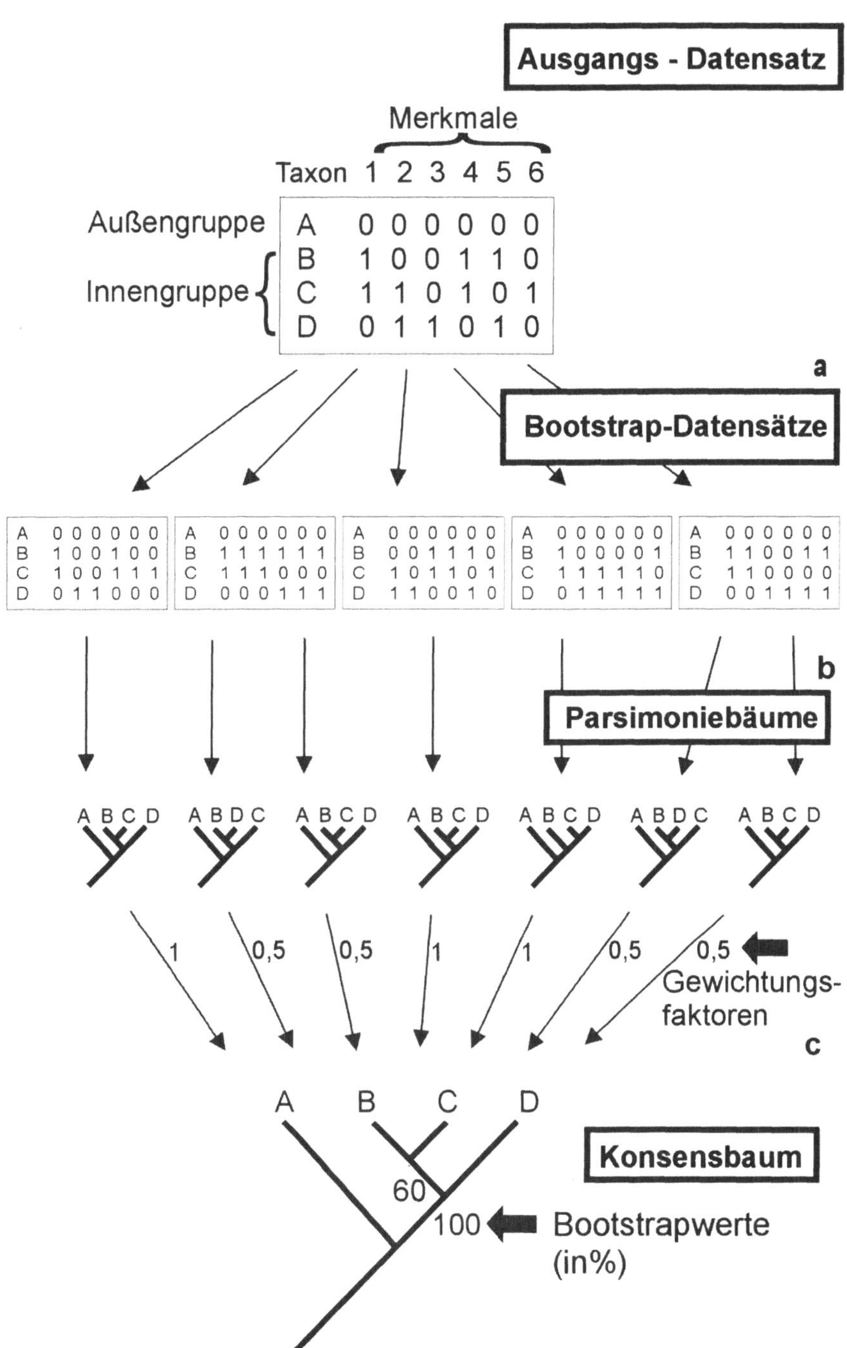
Ausgangs - Datensatz
Merkmale
Taxon 1 2 3 4 5 6
Außengruppe
A 0 0 0 0 0 0
B 1 0 0 1 1 0
Innengruppe
C 1 1 0 1 0 1
D 0 1 1 0 1 0
a
Bootstrap-Datensätze
A 0 0 0 0 0 0
B 1 0 0 1 0 0
C 1 0 0 1 1 1
D 0 1 1 0 0 0
A 0 0 0 0 0 0
B 1 1 1 1 1 1
C 1 1 1 0 0 0
D 0 0 0 1 1 1
A 0 0 0 0 0 0
B 0 0 1 1 1 0
C 1 0 1 1 0 1
D 1 1 0 0 1 0
A 0 0 0 0 0 0
B 1 0 0 0 0 1
C 1 1 1 1 1 0
D 0 1 1 1 1 1
A 0 0 0 0 0 0
B 1 1 0 0 1 1
C 1 1 0 0 0 0
D 0 0 1 1 1 1
b
Parsimoniebäume
A B C D
A B D C
A B C D
A B C D
A B C D
A B D C
A B C D
1
0,5
0,5
1
1
0,5
0,5
Gewichtungs-
faktoren
c
A   B   C   D
Konsensbaum
60
100
Bootstrapwerte
(in%)

Box 11.1 *Hydropithecus* – **Teil 4**

Das Parsimonieverfahren mit Bootstrapanalyse läßt sich auch auf unser Phantasietaxon *Hydropithecus* (Box 7.4, 8.2, 9.1) anwenden. Zur Kodierung der Merkmale mit den Zahlen 0 und 1 gehen wir von der Merkmalsauflistung in Tabelle 8.1 aus und kodieren zunächst alle Merkmalszustände der Außengruppe (*Cercopithecus*) mit einer 0. In der Innengruppe werden diejenigen Merkmalszustände, die mit der Außengruppe übereinstimmen, ebenfalls mit einer 0, die abweichenden dagegen mit einer 1 kodiert.[97] Daraus ergibt sich für die Datenmatrix, die wir zur computerkladistischen Analyse einsetzen können, folgende Grundstruktur, die je nach benutzter Software allerdings weitere Detailangaben und eine vorgeschriebene Syntax erfordert:

Cercopithecus	00000000000
H. vulgaris	01000101000
H. ancorarius	01010011011
H. satanas	11110010110
H. acutus	00001000100

Diese Daten lassen sich nun einer Bootstrapanalyse nach dem Parsimonieverfahren unterziehen, wobei dem jeweiligen Programm einige Details mitgeteilt werden müssen, z. B., daß man Wagner-Parsimonie einsetzen möchte, daß das erste Taxon im Datensatz als Außengruppe verwendet werden soll und daß 1000 Bootstrapdatensätze verwendet werden sollen. Wenn das Programm alle nötigen Informationen hat, durchläuft es die in Abb. 11.6 erläuterten Schritte und liefert ein Ergebnis (siehe Abb. 11.7). Das Resultat stimmt mit den Diskussionen aus Box 9.1 überein. Wie immer erhält die Innengruppe den Bootstrapwert 100.[98] Das Schwestergruppenverhältnis zwischen *H. ancorarius* und *H. satanas* wird durch einen Bootstrapwert von 75 befriedigend gestützt, während die Gruppierung *vulgaris + ancorarius + satanas* mit einem Wert von 68 weniger gut belegt ist.

---

[97] Wenn es mehr als einen abweichenden Merkmalszustand in der Innengruppe gibt, wird mit 1, 2, 3 usw. kodiert und dem Programm, im Falle der Wagner-Parsimonie, in einer vorgeschriebenen Syntax angegeben, welche direkten Übergänge zwischen Merkmalszuständen möglich sind. Diese Daten lassen sich dann durch spezielle Softwareroutinen in Binärkodierungen umwandeln (geordnete Merkmale und Binärkodierung, siehe Kap. 11.2).

[98] Dies beruht darauf, daß die Monophylie der Innengruppe als Vorannahme vorausgesetzt ist, siehe Kap. 11.1.

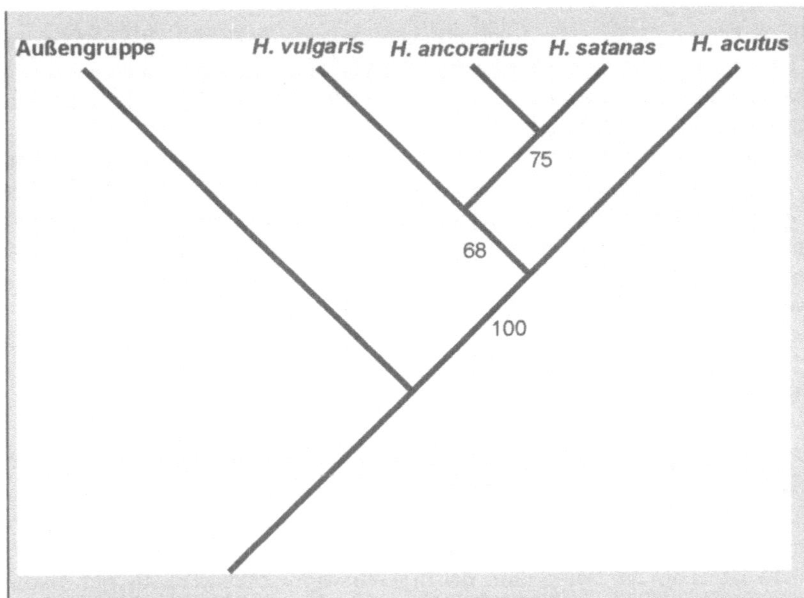

Abb. 11.7. Phylogenetische Beziehungen der *Hydropithecus*-Arten gemäß einer Parsimonieanalyse mit den dazugehörigen Bootstrapwerten

11.5 Maximum-Likelihood-Verfahren zur Stammbaumrekonstruktion

Unter dem Terminus **Maximum-Likelihood-Verfahren** (engl. *maximum likelihood*) wird in der Statistik eine Vielzahl verschiedener Verfahren angesprochen, deren Gemeinsamkeit darin besteht, daß sie auf der Grundlage bestimmter Vorannahmen die Wahrscheinlichkeit unterschiedlicher Ereignisse kalkulieren und dasjenige Ereignis favorisieren, das demnach am wahrscheinlichsten ist.

Felsenstein (1981, 1983) hat diesen Ansatz in die Phylogenetik eingeführt. Allgemein wird dabei ein bestimmtes Modell der Merkmalsevolution vorausgesetzt und auf dieser Grundlage errechnet, wie wahrscheinlich das Zustandekommen einer bestimmten Baumstruktur ist (nähere Einzelheiten zu den verschiedenen Evolutionsmodellen finden sich z. B. bei Swofford et al. 1996). Das Verfahren ist sehr rechenaufwendig und deshalb werden nicht alle möglichen Baumstrukturen, sondern nur diejenigen berücksichtigt, bei denen Aussicht auf eine hohe **Ereigniswahrscheinlichkeit** besteht. Die Auswahl der Baumstrukturen erfolgt gewöhnlich über eine Parsimonieanalyse.

Ein wichtiger Aspekt des Maximum-Likelihood-Verfahrens ist, daß umfangreiche, spezielle Annahmen über Evolutionsprozesse zugrundegelegt werden. Im verwendeten **Evolutionsmodell** werden z. B. spezifische Annahmen über Evolutionsraten und deren Konstanz über bestimmte Zeiträume gemacht. Wie realistisch solche Modelle sind, ist dabei immer eine strittige Frage (siehe hierzu auch Felsenstein 1978, S. 408).

In der Morphologie ist die Evolution von Merkmalen zu vielfältig und komplex, um allgemeine Modelle zur Rekonstruktion von Stammbäumen zu entwickeln. Die Anwendbarkeit des Maximum-Likelihood-Verfahrens ist daher vorerst auf molekulare Sequenzdaten beschränkt.

Angesichts umfangreicher konkreter Annahmen über Evolutionsprozesse steht das Maximum-Likelihood-Verfahren in starkem Kontrast zum Musterkladismus, der **evolutionstheoretische Vorannahmen** generell ablehnt. Musterkladisten bedienen sich stets des Parsimonieansatzes, weil dieser ohne diese Prämissen auskommt. Nach Siddall u. Kluge (1997) wäre das Parsimonieverfahren selbst dann anwendbar, wenn es keine Evolution gäbe.

11.6 Überblick

Die rasante Entwicklung von Computertechnologien im Laufe der letzten drei Jahrzehnte wurde von der Phylogenetik intensiv genutzt, um logische Schritte der Analysen und Schlußfolgerung zu automatisieren. Dadurch ist es möglich, innerhalb kurzer Zeit Kalkulationen durchzuführen, für die man früher Jahrzehnte gebraucht hätte. Bei der Beurteilung der Ergebnisse computerkladistischer Analysen ist jedoch zu bedenken, daß alle verfügbaren Rechenverfahren auf mehr oder weniger reduktionistischen Ansätzen basieren. Deshalb sollten die Ergebnisse nur als Entscheidungshilfen angesehen werden.

12 Ausblick

Abschließend sei eine gegenwärtige Standortbestimmung der phylogenetischen Systematik und ihrer möglichen Zukunftsperspektiven gegeben.

Im Sinne Poppers (1935) ist in diesem Zusammenhang allerdings hervorzuheben, daß nicht Blicke in die Zukunft, sondern der gegenwärtige Stand einer Theorie den Maßstab für deren wissenschaftliche Begutachtung liefert. Wichtig ist dabei vor allem die Frage, wie gut eine Theorie empirisch prüfbar ist und wie gut sie sich bisher im Rahmen kritischer Diskussionen bewährt hat. Im Vergleich zu den experimentellen Wissenschaften ist die phylogenetische Systematik damit einer ungleich schwierigeren Bewährungsprobe ausgesetzt, weil sie Phänomene auf historischer Ebene erklärt und deshalb strenggenommen keine Voraussagen treffen kann (vgl. Box 7.2).

Wir haben jedoch in Box 7.2 angesprochen, daß man mit Hilfe der Methoden der phylogenetischen Systematik Merkmalsmuster hypothetischer Vorfahren zum Teil rekonstruieren (siehe auch Kap. 11.3) und somit gewissermaßen „vorhersagen" kann. Dadurch lassen sich quasi-experimentelle Bedingungen schaffen, die durch das Auffinden von Fossilien grundsätzlich überprüfbar sind. In dieser Hinsicht ist die phylogenetische Systematik konkurrierenden Schulen (Kap. 2), die mit ihren Ansätzen solche Aussagen nicht treffen können, deutlich überlegen.

Auch was die Bewährung im Zuge kritischer Diskussionen anbelangt, schneidet die phylogenetische Systematik unter allen konkurrierenden Schulen am besten ab, weil sie überprüfbare und reproduzierbare Ergebnisse liefert, die mit allen verfügbaren Mitteln von subjektiven Entscheidungen bereinigt sind und einen Erklärungswert haben.

Wenn man kritische Diskussionen als den fruchtbarsten Antrieb wissenschaftlicher Bestrebungen akzeptiert, so ergeben sich für die phylogenetische Systematik zukünftig vor allem in folgenden Punkten wichtige Aufgaben:

Der Artbegriff ist trotz intensiver Diskussionen noch nicht zu einem klaren Terminus herangereift. Hierzu erscheint es uns unabdingbar zu sein, im Sinne Willmanns (1985, S. 46f) auf einer vollständigen reproduktiven Isolation zu bestehen. Es ist aber auch ferner zu prüfen, welche objektive Bedeutung Formulierungen wie „natürlich kreuzbar" (Mayr 1945 u.a.) eigentlich haben, inwiefern also eine Kreuzung, die nachweislich aufgetreten ist, im naturwissenschaftlichen Sinne als „unnatürlich" bezeichnet werden darf. Hier existieren offenbar Begriffsunterscheidungen, die einer Klärung bedürfen.

Im Zusammenhang mit dem Homologiebegriff haben sich seit den achtziger Jahren sehr verschiedene Auffassungen und Terminologien entwickelt (Kap. 7). Die Lösung dieser Konflikte ist sicherlich eine der wichtigsten künftigen Aufgaben der phylogenetischen Systematik. Dabei geht es neben der besonders wichtigen Frage, ob das Homologisieren vor Beginn der phylogenetischen Analyse zulässig ist oder nicht, auch um die allgemein-theoretische Frage, ob ein 1:1-Homologisieren von Strukturen den wirklichen Verhältnissen hinreichend gerecht wird. Schließlich muß erörtert werden, ob es zweckmäßig ist, Ergebnisse von Untersuchungen, die vor bzw. nach der phylogenetischen Analyse durchgeführt werden, unter demselben Begriff „Homologie" zu vereinen (de Pinna 1991 u.a.).

In der Paläontologie ist es nach wie vor verbreitet, das Augenmerk auf Merkmalsunterschiede zu richten. Aus der Perspektive der phylogenetischen Systematik wäre es jedoch ein vielversprechender Ansatz, verstärkt auf Aufspaltungsereignisse zu achten. Nur auf diese Weise ist es möglich, sich von der sortierenden Typologie zu befreien und ein natürliches System zu erforschen, das allein auf Abstammungsbeziehungen beruht.

In bezug auf die Computerkladistik kommen zwei wesentliche Ziele in Frage. Das erste besteht in einer weiteren Ausarbeitung der Rechenansätze, insbesondere was die Beurteilung der Ergebnisse anbelangt. Numerische Werte wie der Bremer-Index oder Bootstrapwerte - bessere Maße sind bisher nicht entwickelt worden - stellen nur Orientierungshilfen dar. Das zweite, ungleich wichtigere Ziel besteht unseres Erachtens jedoch in einer Rückbesinnung auf theoretische Grundlagen, denn die Computerkladistik setzt zunehmend pragmatische Schwerpunkte und läuft dabei Gefahr, erklärende Theorien zu vernachlässigen oder ihnen nur einen nachgeordneten Stellenwert einzuräumen.

Dieser Ausblick hat insgesamt einen kritischen Tenor, der auf den ersten Blick gewisse Zweifel an der Validität der phylogenetischen Systematik aufwerfen könnte. Tatsächlich wäre es aber viel bedenklicher, wenn sie nicht kritisierbar wäre. Die ausstehenden Kontroversen eröffnen daher auch für die Zukunft vielfältige Aussichten auf eine fruchtbare Weiterentwicklung der phylogenetischen Systematik.

„Das ist vernünftig im unmittelbarsten Sinne des Wortes, den ich kenne: Die bestgeprüfte Theorie ist diejenige, die im Lichte unserer kritischen Diskussion bis jetzt als die beste erscheint, und ich kann mir nichts ‚Vernünftigeres' vorstellen als eine gut geführte kritische Diskussion." (Popper 1994, S. 22)

Glossar[99]

Adaptation: Anpassung und Toleranz an bzw. gegenüber Umweltfaktoren. Vorgang, der Organe oder Funktionen von Organismen im Sinne einer besseren Eignung zum Leben in einer bestimmten Umgebung ändert. A. bezeichnet neben dem Prozeß auch den Zustand eines Organismus, der sich zum Leben in einer bestimmten Umgebung eignet.

Adaptive Radiation: Evolutionäre Divergenz von Mitgliedern einer einzigen phylogenetischen Linie zu einer Vielfalt verschiedener, adaptiver Formen; meist bezogen auf die Diversifizierung im Gebrauch von Ressourcen oder Habitaten.

Agamospezies: uniparentale Art.

Allometrisches Wachstum: Die Wachstumsrate eines Organs oder Körperteils eines Organismus weicht von derjenigen eines anderen Teils oder des Gesamtkörpers ab; positiv allometrisches W. bedeutet, der betreffende Körperteil wächst schneller; negativ allometrisches W. bedeutet, der betreffende Körperteil wächst langsamer.

Allopatrische Population: Populationen, z. B. Arten, die in räumlich getrennten geographischen Arealen vorkommen.

Anagenese: Jede Art kontinuierlicher evolutiver Veränderungen innerhalb einer Entwicklungslinie.

Apomorphie, apomorph: Evolutive Neuheit, die als Ergebnis von Mutationen oder Gentransfer in Populationen der Stammlinie eines Monophylums entstanden ist.

Analogie, analoge Strukturen: Strukturen sind analog, wenn sie die gleiche Funktion haben.

Atavismus: Rückfall in die Ahnengestalt; Auftreten eines plesiomorphen Merkmalszustandes in einem Taxon, das normalerweise den apomorphen Zustand aufweist.

Außengruppe: Ein Taxon, das sich von einer Gruppe anderer Taxa abspaltete, bevor diese untereinander divergierten.

Außengruppenvergleich (phylogenetischer A.): Analyse der Wahrscheinlichkeit, daß ein Merkmal eine evolutive Neuheit und das Fehlen dieses Merkmals bei allen anderen Organismen (=Außengruppe) der phylogenetisch ältere Zustand ist.

Außengruppenvergleich (kladistischer A.): Festlegung mindestens eines Taxon als Außengruppe; eine Merkmalsanalyse erfolgt nicht.

Binominale Nomenklatur, Binomen: System, nach dem jede Art einen aus zwei Begriffen bestehenden Namen erhält, wovon der erste der Gattungsname und der zweite der Artname ist.

---

[99] u. a. unter Verwendung der Glossare in Willmann (1985), Herrmann et al. (1989), Sudhaus u. Rehfeld (1992), Henke u. Rothe (1994), Futuyma (1999) und Wägele (2000).

Biospezies: Art im Sinne des biologischen Artkonzeptes.

Biparental: zweielterlich

Chronospezies: Ein Abschnitt einer sich entwickelnden Linie, der in den fossilen Dokumenten bewahrt ist und der sich ausreichend von früheren oder späteren Mitgliedern unterscheidet, um mit einem eigenen Namen bezeichnet zu werden; entspricht nicht der biologischen Art.

Clade: siehe monophyletische Gruppe.

Deduktion, deduktiv: Schluß von einem allgemeinen Satz (erklärende Theorie) auf einen speziellen Satz (Einzelbeobachtung).

Deme, demisch: Gruppe von Individuen einer Population, die in enger, gewöhnlich panmiktischer Beziehung zueinander stehen.

Dendrogramm: Graphische Darstellung, die eine baumartige Verzweigungsstruktur aufweist.

Dimorphismus: Auftreten in zwei Erscheinungsformen.

Endemisch: Eine Art, die auf ein bestimmtes Gebiet oder einen bestimmten Ort begrenzt ist.

Erkenntnistheorie (evolutionäre E.): Theorie der stammesgeschichtlichen Entwicklung des Erkennens und Denkens; Evolution wird als ein informationsgewinnender Prozeß angesehen, und auch menschliches Erkennen und Denken werden aus biologischer Sicht auf Bedingungen der organischen Evolution zurückgeführt.

Evolutionäre Distanz (d-Distanz): Geschätzte Anzahl der Substitutionen, die im Verlauf der Evolution auf dem Weg zwischen einem letzten gemeinsamen Ahnen und zwei terminalen Taxa eingetreten sind. Dieser Wert ist höher oder gleich der sichtbaren Distanz.

Fitneß: Der durchschnittliche Beitrag eines Allels oder Genotyps zur nächsten Generation oder zu folgenden Generationen, verglichen mit dem Beitrag anderer Allele oder Genotypen.

Gendrift, genetische Zufallsdrift: Genetische Veränderung von Populationen, die auf Zufallsprozessen beruhen; Gendrift wirkt sich besonders in sehr kleinen Populationen aus.

Genetische Distanz: Eines von mehreren Maßen für den Grad des genetischen Unterschiedes zwischen Populationen, der auf Unterschieden in den Allelfrequenzen beruht.

Genfluß: Austausch von Genen oder Allelen zwischen Populationen.

Genotyp: Gesamtheit der Gene eines Individuums.

Genpool: Gesamtheit der Gene in einer Population zu einer bestimmten Zeit.

Genus: Gattung; erster Terminus in einem Binomen.

Gewichtung: Unterscheidung von Merkmalen nach einer Rangfolge relativer Homologiewahrscheinlichkeiten, bewertet nach der Erkenntnis- oder Ereigniswahrscheinlichkeit.

Grade: bestimmter Organisationsgrad einer Organismengruppe.

Gradualismus: siehe Anagenese

Heritabilität: Der Anteil der Varianz zwischen Individuen in einem Merkmal, der genotypischen Unterschieden zuzurechnen ist.

Heterochronie: Evolutionärer Wandel des Phänotyps, der auf einer Änderung der zeitlichen Steuerung der Entwicklung beruht.

Holotypus: Dasjenige Exemplar, welches in der Originalbeschreibung als der kennzeichnende 'Typus' bestimmt wird.

Homologie, homologe: Homologe Merkmale sind Merkmale, die verändert oder unverändert aus einem Merkmal der ihren Trägern gemeinsamen Stammart hervorgegangen sind.

Homonym: Einer von zwei oder mehreren identischen Namen, die unabhängig für dasselbe oder verschiedene Taxa eingeführt wurden.

Homoplasie, homoplastisch: Ähnlichkeit infolge mehrmaliger unabhängiger Evolution von Merkmalszuständen.

Hybridzone: Verbreitungsgebiet der Hybriden aus zwei benachbarten Populationen.

Incertae sedis: von ungeklärter taxonomischer Position.

Induktion, induktiv: Schluß von speziellen Sätzen (Einzelbeobachtungen) auf einen allgemeinen Satz (erklärende Theorie).

Isometrisches Wachstum: Die Wachstumsrate eines Organs oder eines Körperteils unterscheidet sich nicht von der des Gesamtkörpers.

Isolationsmechanismus(men): Mechanismen und Faktoren, die eine erfolgreiche Kreuzung verhindern.

Kante: Trennlinie zwischen zwei Taxa oder Gruppen von Taxa in einem Dendrogramm.

Kategorie: Einheit der Klassifikation, z. B. Ordnung, Familie, Gattung, Art.

Kladogenese: Prozeß der Entstehung neuer Linien in der Folge von Artspaltungen.

Klassifikation: Gruppierung von Objekten nach logischen Gesichtspunkten.

Kleistogamie: Selbstbefruchtung innerhalb einer Blüte, die sich nicht öffnet.

Konvergenz: Unabhängige Evolution ähnlicher Merkmale bei nichtverwandten Arten; meist aus verschiedenen Vorläufermerkmalen oder über verschiedene Entwicklungswege.

Kreationismus: Auffassung, daß die Organismen durch einen Schöpfer und nicht durch organismische Evolution entstanden sind.

Kronengruppe: Artenreiches Monophylum am Ende einer Stammlinie; Begriff wird meist für rezente Arten verwendet.

Lumping: sehr weitgehende Zusammenfassung höherer Taxa in niedere Taxa.

Maximum Likelihood: Berechnung der Wahrscheinlichkeit von Ereignissen auf der Grundlage statistischer Modellvorstellungen und Bevorzugung der danach wahrscheinlichsten Erklärung.

Merkmal: Variable, in der Merkmalszustände verschiedener Taxa als vergleichbare Werte erfaßt werden.

Merkmalszustand: Repräsentation einer organismischen Eigenschaft bzw. des Fehlens einer Eigenschaft.

Mimikry: Nachahmung der Gestalt anderer Organismen.

Monomorph: Eine Population, in der praktisch alle Individuen denselben Genotyp an einem Genort haben.

Monophyletische Gruppe: Geschlossene Abstammungsgemeinschaft, die ausschließlich aus einer Stammart und allen ihren Folgearten besteht.

Monotypisch: nur eine Art umfassend.

Morphokline: Eine Anordnung von Merkmalszuständen, wobei jeder Zustand plausibel nur von den in der Anordnung benachbarten Zuständen abgeleitet werden kann.

Morphologie, morphologisch: Wissenschaft vom Bau und von der Gestalt des Körpers der Lebewesen und seiner Organe.

Morphospezies: allein aufgrund morphologischer Merkmale definierte Art.

Morphotyp: Merkmalskonfiguration eines als Vorfahr einer Stammlinie angesehenen Taxon.

Mosaikevolution: Evolution von verschiedenen Merkmalen innerhalb einer Linie oder *Clade* mit unterschiedlichen Raten, d. h. mehr oder weniger unabhängig voneinander.

Ontogenese, Ontogenie: Die Entwicklung eines individuellen Organismus von der Zygote bis zum Tod.

Organisationsgrad: Ein Grad an phänotypischer Organisation, der während der Evolution von einer oder mehreren Arten erreicht wurde.

Orthologie, ortholog: Homologiebegriff in der Molekularbiologie; Gene sind ortholog, wenn sie nicht durch Genduplikation beim letzten gemeinsamen Vorfahren entstanden sind.

Paläontologie, paläontologisch: Lehre von den ausgestorbenen Organismen.

Panmixie, panmiktisch: Zufallspaarung zwischen Mitgliedern einer Population.

Paralogie, paralog: Homologiebegriff in der Molekularbiologie; zwei oder mehrere Genorte oder ihre Polypeptidprodukte, die durch Duplikation eines Vorläufergenorts entstanden sind und gemeinsam in einem haploiden Chromosomenkomplement vorkommen.

Paraphyletische Gruppe: Unnatürliche Artengruppe, die durch Symplesiomorphien gekennzeichnet ist.

Phänotyp, phänotypisch: Gesamtheit aller beobachtbaren und meßbaren Merkmale eines Organismus.

Phyletische Evolution: Änderung der Merkmalskonfiguration einer Stammlinie über die Zeit.

Phylogenese, phylogenetisch: Stammesgeschichte der Organismen.

Plesiomorphie, plesiomorph: Homologer Merkmalszustand vor der Entstehung einer evolutiven Neuheit.

Polymorphismus, polymorph: gleichzeitiges Auftreten mehrerer unterschiedlicher Geno- und Phänotypen in einer Population.

Polyphyletische Gruppe: unnatürliche Artengruppe, die durch Homoplasien gekennzeichnet ist.

Polytypisch: mehr als eine Art umfassend.

Population: Gesamtheit der an einem Ort zu einem bestimmten Zeitpunkt vorkommenden Individuen einer Art.

Präadaptation: prospektive Anpassung an noch nicht voll wirksame Umweltanforderungen; sowohl auf den Zustand als auch auf den Prozeß bezogen.

Prädisposition: präadaptiver Zustand einer Struktur oder Verhaltensweise, eines Komplexmerkmales, eines Organs, eines Organismus oder Verhaltensrepertoires; z. T. Synonym zur Präadaptation verwendeter Begriff.

Prioritätsregel: Regel der botanischen und zoologischen Nomenklatur, wonach der zuerst veröffentlichte verfügbare Name eines Taxon gültig ist.

Punktualismus, punktualistisch: Modell der Evolution, in dem Änderungen, die zu neuen Spezies führen, sehr schnell durch abrupten genetischen Wandel erfolgen sollen.

Reduktionismus, reduktionistisch: Zurückführen komplexer Phänomene auf einfachere; die Anschauung, daß sich komplexe Strukturen und ihre Eigenschaften aus den Eigenschaften ihrer Teile erklären lassen.

Rekapitulation: Der ontogenetische Gang von Merkmalen eines Organismus durch Stadien, die den adulten Merkmalen seiner phylogenetischen Vorfahren ähneln.

Rekombination: Das Hervorbringen neuer Kombinationen genetischer Informationen.

Reproduktion: Fortpflanzung

Scala naturae: Auf ARISTOTELES zurückgehende hierarchische Abfolge der zunehmenden Komplexität der Organismen.

Schwestergruppen: Taxa, die unmittelbare Nachkommen derselben Stammart sind.

Selektion: natürliche Auslese; allgemein als wichtigste Triebfeder des Evolutionsgeschehens angesehener Prozeß.

Selektionsdruck: Maß für die Stärke, mit der ein Genotyp ausgelesen wird.

Semaphoront: momentaner Zustand eines Individuums.

Sexualdimorphismus, sexualdimorph: Geschlechtsunterschied, der sich in Form einer mehr oder weniger stark zweigipfeligen Verteilung des Merkmals darstellen läßt.

Sparsamkeit: Das Prinzip, Beobachtungen durch jene Hypothesen zu erklären, welche die wenigsten oder einfachsten Annahmen verwenden, für die keine Beweise vorhanden sind; in der Systematik das Prinzip, die geringste Anzahl von evolutionären Änderungen anzuführen, um eine phylogenetische Beziehung abzuleiten.

Splitting: sehr weitgehende Aufspaltung niederer Taxa in höhere.

Stammlinienvertreter: Organismus, der von der Stammlinie abstammt oder zu einer Stammlinienpopulation gehört.

Stasis: keine oder nur geringe evolutive Änderung in einer Stammlinie über einen langen Zeitraum.

Supraspezifisches Taxon: Taxon oberhalb der Art.

Sympatrische Population: Nahe verwandte Populationen, z. B. Arten, die in ein und demselben geographischen Areal vorkommen.

Symplesiomorphie: Übereinstimmung in einem ursprünglichen Merkmal.

Synapomorphie: Übereinstimmung in einem abgeleiteten Merkmalszustand, der in einer nur ihren Trägern gemeinsamen Stammart evolviert worden ist.

Systematik: wissenschaftliches Studium von den Formen der Organismen und ihrer verwandtschaftlichen Beziehungen.

Taphonomie, taphonomisch: Wissenschaft von den Prozessen der Verwesung und Fossilisierung eines Organismus; Beschreibung und Kausalanalyse der Entstehung eines Fossils.

Taxon, Taxa: konkrete systematische Einheit der Organismen, also eine Art oder eine monophyletische Gruppe.

Taxonomie: Arbeitsrichtung der Biologie, die sich mit den Regeln und Vorschriften der Benennung und Zuordnung von Organismen zu Taxa befaßt.

Teleologie, teleologisch: Vorstellung, wonach Naturprozesse absichtsvoll geplant verlaufen; ursprünglich Lehre von der Zweckmäßigkeit; verbunden mit der Vorstellung von einem Schöpfer

Teleonomie, teleonomisch: Vorstellung, wonach die Evolution im Sinne DARWINS nicht ungerichtet verläuft; die Richtung ist jedoch weder vorgeplant, noch ist sie exakt vorhersagbar, denn Zufälle und unvorhersehbare Umstände prägen das Evolutionsgeschehen; der selbstorganisatorische Prozeß der Evolution und die durch die T. gekennzeichneten 'Kanalisierungen' unterscheiden sich diametral vom finalistischen Konzept der Teleologie.

Terminale Art: Art, zu der rezente Populationen gehören, oder ausgestorbene Art, von der es keine Nachfolgearten gibt.

Topologie, topologisch: Anordnung von Taxa zueinander in einem gerichteten oder ungerichteten Dendrogramm.

Typus: Die bei der Beschreibung einer Art oder Gattung festgelegte Norm, an der der aufgestellte Name gebunden ist; der Typus ist für eine Art ein bestimmtes Individuum, für eine Gattung eine Art mit ihrem Typus.

Uniparental: einelterlich.

Variabilität: erbliche Abweichungen von der (morphologischen, physiologischen u. a.) Norm innerhalb einer Population und Generation.

Zwillingsarten: Morphologisch übereinstimmende Arten.

Literatur

American Association of Physical Anthropologists (1996) AAPA statement on biological aspects of race. Am J Phys Anthrop 101: 569-570

Arnold W, Eysenck HJ, Meili R (Hrsg., 1971) Lexikon der Psychologie. Herder, Freiburg Basel Wien

Ashlock P (1971) Monophyly and associated terms. Syst Zool 20: 63-69

Ax P (1984) Das Phylogenetische System. Gustav Fischer, Stuttgart

Ax P (1988) Systematik in der Biologie. Gustav Fischer, Stuttgart

Ax P (1989) The integration of fossils in the phylogenetic system of organism. Abh naturwiss Ver Hamburg (NF)) 28: 27-43

Ax P (1995) Das System der Metazoa I. Gustav Fischer, Stuttgart

Ax P (1999) Das System der Metazoa II. Gustav Fischer, Stuttgart

Beatty J (1982) Classes and cladists. Syst Zool 31: 25-34

Bergdolt E (1932) Morphologische und physiologische Untersuchungen über *Viola*. Zugleich ein Beitrag zur Lösung des Problems der Kleistogamie. Bot Abhandlg, Heft 20

Beurton PJ (1994) Ernst Mayr through Time on the Biological Species Concept. In: Essays in the Honour of Ernst Mayr's 90th Birthday. Max-Planck-Institut für Wissenschaftsgeschichte, Preprint 11

Bock, WJ (1973) Philosophical foundations of classical evolutionary classification. Syst Zool 22: 375-392

Bock, WJ (1979) The synthetic explanation of macroevolutionary change – A reductionistic approach. Bull Carnegie Mus Nat Hist 13: 20-69

Bortz J (1999) Statistik für Sozialwissenschaftler. 5. Aufl. Springer, Berlin Heidelberg New York

Borgognini SM, Marini E (1990) Annotated Bibliography on Sexual Dimorphism in Primates. ETS Editrice, Pisa

Boyden A (1947) Homology and analogy. Am Midl Naturalist 37: 648-669

Brady RH (1985) On the independence of systematics. Cladistics 1: 113-126

Bremer K, Wanntorp HE (1979) Hierarchy and reticulation in systematics. Syst Zool 28: 624-627

Briggs DE, Crowther PR (eds, 1990) Palaeobiology. A Synthesis. Blackwell, Oxford

Brower AVZ (2000a) Evolution is not a necessary assumption of cladistics. Cladistics 16: 143-154

Brower AVZ (2000b) Homology and the inference of systematic relationships: some historical and philosophical perspectives. In: Scotland R, Pennington RT (eds) Homology and Systematics. Taylor & Francis, London. S 10-21

Brower AVZ, Schawaroch V (1996) Three steps of homology assessment. Cladistics 12: 265-272

Bunge M (1979) Treatise on basic philosophy. Vol 4 – Ontology II: A world of systems. Reidel, Dordrecht

Burger J, Hummel S, Herrmann B, Henke W (1999) DNA preservation: A microsatellite-DNA study on ancient skeletal remains. Electrophoresis 20: 1711-1728

Camin JH, Sokal RR (1965) A method for deducing sequences in phylogeny. Evolution 19: 311-326

Caroll RL (1993) Paläontologie und Evolution der Wirbeltiere. Thieme, Stuttgart

Carr SM, Ballinger SW, Derr JN, Blankenship ICH, Bickham JW (1986) Mitochondrial DNA analysis of hybridization between sympatric white-tailed deer and mule deer in Texas. Proc Natl Acad Sci USA 83: 9576-9580

Cetverikov SS (1926) O nekotorych momentach evoljucionnogo processa s tocki zrenija sovremennoj genetiki. Z esperim biol, ser A, 2

Chatterjee S (1997) The Rise of Birds. 225 Million Years of Evolution. Johns Hopkins Univ Press, Baltimore

Ciochon RL (1983) Hominoid cladistics and the ancestry of modern apes and humans: summary statement. In: Ciochon RL, Corruccini RS (eds) New Interpretations of Ape and Human Ancestry. Plenum Press, New York. S 783-843

Clifford HT, Stephenson W (1975) An Introduction to Numerical Classification. Academic Press, New York

Conrad, K (1963) Der Konstitutionstypus, theoretische Grundlagen und praktische Bestimmung. 2. Aufl. Springer, Berlin Göttingen Heidelberg

Coombes AJ (1992) Trees. The Visual Guide to More than 500 Species of Trees from around the World. First American Edition. DK Publishing, New York

Corruccini TS (1978) Morphometric analysis: Uses and abuses. Yb Phys Anthrop 21: 134-150

Darwin C (1859) On the Origin of Species by Means of Natural Selection, or the Preservation of Favoured Races in the Struggle for Life. John Murray, London

Darwin C (1871) The Descent of Man, and Selection in Relation to Sex. John Murray, London

Darwin E (1794-1796) Zoonomia, or, the laws of Organic Life. Johnson, London

Deichsel G (1985) Clusteranalyse. In: Deichsel G, Trampisch HJ (Bearb) Clusteranalyse und Diskriminanzanalyse. Gustav Fischer, Stuttgart. S 1-56

Deichsel G, Trampisch HJ (1985, Bearb) Clusteranalyse und Diskriminanzanalyse. Gustav Fischer, Stuttgart

Dobzhansky T (1937a) Genetics and the Origin of Species. Columbia University Press, New York

Dobzhansky T (1937b) What is a species? Scientia: 280-286

Dollo L (1893) Les lois de l´évolution. Bull Soc Belge Geol Paléont Hydrol 7: 164-166

DuMond FV (1968) The squirrel monkey in a seminatural environment. In: Rosenblum LA, Cooper RW (eds) The Squirrel Monkey. Academic Press, London. S 88-145

Ehrendorfer F (1984) Artbegriff und Artbildung in botanischer Sicht. Z zool syst Evolutionsforsch 22: 234-263

Eigen M (1987) Stufen zum Leben. Die frühe Evolution im Visier der Molekularbiologie. Piper, München

Eldredge N (1979) Alternative approaches to evolutionary theory. Bull Carnegie Mus Nat Hist 13: 7-19

Etter W (1994) Palökologie. Eine methodische Einführung. Birkhäuser, Basel

Farris JS (1970) Methods for computing Wagner trees. Syst Zool 19: 83-92

Farris JS (1977) Phylogenetic analysis under Dollo's law. Syst Zool 26: 77-88

Farris JS (1983) The logical basis of phylogenetic analysis. In: Platnick NI, Funk VA (eds) Advances in Cladistics. Vol. 2. Proc 2nd Meeting of the Willi Hennig Society. Columbia Univ Press, New York. S 1-36

Farris JS, Kluge AG, Eckhart MJ (1970) A numerical approach to phylogenetic systematics. Syst Zool 19: 172-189

Felsenstein J (1978) Cases in which parsimony or compatibility methods will be positively misleading. Syst Zool 27: 401-410

Felsenstein J (1981) Evolutionary trees from DNA sequences: a maximum likelihood approach. J Mol Evol 17: 368-376

Felsenstein J (1983) Statistical inference from phylogenies. J Roy Statist Soc A 146: 246-272

Fisher RA (1930) The Genetical Theory of Natural Selection. Clarendon Press, London

Fitch WM (1971) Toward defining the course of evolution: minimum change for a specified tree topology. Syst Zool 20: 406-416

Fitzhugh (1998) C(h,be): e ≠ synapomorphy. In: Hennig XVII. 17th Meeting of the Willi Hennig Society. Universidade São Paulo. S 34-35

Fleagle JG (1999) Primate Adaptation and Evolution. 2nd ed. Academic Press, San Diego

Florkin M (1966) A Molecular Approach to Phylogeny. Elsevier, Amsterdam London New York

Futuyma DJ (1990) Evolutionsbiologie. Birkhäuser, Basel

Geoffroy Saint-Hilaire E (1830) Principes de Philosophie Zoologique. Pichon & Didier, Rosseau Paris

Ghiselin MT (1974) A radical solution of the species problem. Syst Zool 23: 536-544

Gottschalk WG (1989) Allgemeine Genetik. 3. überarb und erw Aufl. Thieme, Stuttgart

Grant V (1976) Artbildung bei Pflanzen. Paul Parey, Berlin

Grant V (1981) Plant Speciation. 3rd ed. Columbia Univ Press, New York

Grant V, Grant KA (1965) Flower Pollination in the Phlox Family. Columbia Univ Press, New York

Gruber HE (1974) Darwin on Man. London 1974

Haeckel E (1896) Systematische Phylogenie: Entwurf eines natürlichen Systems der Organismen auf Grund ihrer Stammesgeschichte. Bd 2. Reimer, Berlin

Haf CM, Cheaib T (1985) Multivariate Statistik in den Natur- und Verhaltenswissenschaften. Vieweg, Braunschweig Wiesbaden

Hall BK (1994, ed) Homology. The Hierarchical Basis of Comparative Biology. Academic Press, San Diego

Harig G, Kollesch J (1998) Naturforschung und Naturphilosophie in der Antike. In: Jahn I (Hrsg) Geschichte der Biologie. 3. Aufl. Fischer, Jena. S 48-87

Hartl GB, Kurt F, Tiedemann R, Gmeiner C, Nadlinger K, Khyne U Mar, Rübel A (1996) Population genetics and systematics of Asian elephant (*Elephas maximus*): A study based on sequence variation at the Cyt b gene of bulbs. Z Säugetierkde 61: 285-294

Heinrichs R (1988) Lebende Fossilien. Landschaftsverband Westfalen-Lippe, Münster

Hempel CG (1977) Aspekte wissenschaftlicher Erklärung. de Gruyter, Berlin

Hempel CG, Oppenheim P (1948) Studies in the logic of explanation. Phil Sci 15: 135-175

Henke W (1997) Zwischengruppenanalysen anhand multivariat-statistischer Verfahren: Diskriminanz-, Faktoren- und Clusteranalyse. Bull Soc Suisse d´Anthrop 3: 19-35

Henke W, Rothe H (1994) Paläoanthropologie. Springer, Berlin Heidelberg New York

Henke W, Rothe H (1999) Stammesgeschichte des Menschen. Eine Einführung. Springer, Berlin Heidelberg New York

Hennig W (1950) Grundzüge einer Theorie der phylogenetischen Systematik. Deutscher Zentralverlag, Berlin

Hennig W (1957) Systematik und Phylogenese. In: Berichte über die Hundertjahrfeier der Deutschen Entomologischen Gesellschaft, Berlin. Erstattet von Dr. Hansjoachim Hannemann. Akademie-Verlag, Berlin

Hennig W (1966) Phylogenetic Systematics. Univ of Illinois Press, Urbana

Hennig W (1969) Die Stammesgeschichte der Insekten. Kramer, Frankfurt/M

Hennig W (1971) Zur Situation der biologischen Systematik. Erlanger Forschungen, Reihe B, 4: 7-15

Hennig W (1974) Kritische Bemerkungen zur Frage "Cladistic analysis or cladistic classification?" Z zool Syst Evolutionsforsch 12: 279-294

Hennig W (1982) Phylogenetische Systematik. Paul Parey, Berlin

Hennig W (1983) Stammesgeschichte der Chordaten. Paul Parey, Hamburg

Hennig W (1984) Aufgaben und Probleme stammesgeschichtlicher Forschung. Paul Parey, Berlin

Hennig W (1986) Taschenbuch der speziellen Zoologie. Teil 2. Wirbellose II. Gliedertiere. Harri Deutsch, Thun

Herrmann B, Grupe G, Hummel S, Piepenbrink H, Schutkowski H (1990) Prähistorische Anthropologie. Leitfaden der Feld- und Labormethoden. Springer, Berlin Heidelberg New York

Hertwig R (1924) Lehrbuch der Zoologie. 14. Aufl. Gustav Fischer, Jena

Hoppe B (1998) Das Aufkommen der Vererbungsforschung unter dem Einfluß neuer methodischer und theoretischer Ansätze im 19. Jahrhundert. In: Jahn I (Hrsg) Geschichte der Biologie. 3. Aufl. Fischer, Jena. S 386-419

Hull DL (1976) Are species really individuals? Syst Zool 25: 174-191

Hull DL (1985) Linné as an Aristotelian. In: Weinstock J (ed): Contemporary Perspectives on Linnaeus. Lanham/MA

Humphries CJ (1983) Primary data in hybrid analysis. In: Platnick NI, Funk VA (eds) Advances in Cladistics 2. Columbia Univ Press, New York. S 89-111

Huxley JS (1942) Evolution, the Modern Synthesis. Allen & Unwin, London

Jahn I (1982) Charles Darwin. Akademie Verlag, Leipzig Berlin Jena

Jahn I (1998a) Biologische Fragestellungen in der Epoche der Aufklärung (18. Jh.). In: Jahn I (Hrsg) Geschichte der Biologie. 3. Aufl. Fischer, Jena. S 231-273

Jahn I (1998b) "Biologie" als allgemeine Lebenslehre. In: Jahn I (Hrsg) Geschichte der Biologie. 3. Aufl. Fischer, Jena. S 274-301

Jain SK (1976) Evolution of inbreeding in plants. Ann Rev Ecol Syst 7: 468-495

Jefferies RPS (1980) Zur Fossilgeschichte des Ursprungs der Chordaten und Echinodermen. Zool Jahrb Anat 103: 285-353

Johanson DC, White TD, Coppens Y (1978) A new species of the genus *Australopithecus* (Primates: Hominidae) from the Pliocene of Eastern Africa. Kirtlandia 28: 1-14

Junker T (1998) Charles Darwin und die Evolutionstheorien des 19. Jahrhunderts. In: Jahn I (Hrsg) Geschichte der Biologie. 3. Aufl. Fischer, Jena. S 356-385

Kalmus H (1931) *Paramecium*. Das Pantoffeltierchen. Eine monographische Zusammenfassung der wichtigsten Erkenntnisse. Fischer, Jena

Kido Y, Himberg M, Takasaki N, Okada N (1994) Amplification of distinct subfamilies of short interspersed elements during evolution of the Salmonidae. J Mol Biol 241: 633-644

Kimbel WH, White TD, Johanson DC (1984) Cranial morphology of *A. afarensis*: A comparative study based on a composite reconstruction of the adult skull. Am J Phys Anthrop 64: 337-388

Kitching IJ, Forey PL, Humphries CJ, Williams DM (1998) Cladistics: The Theory and Practice of Parsimony Analysis. 2nd ed. Oxford Univ Press, Oxford

Kluge AG (1999) The science of phylogenetic systematics: Explanation, prediction, and test. Cladistics 15: 429-436

Kluge AC (2001) Parsimony with and without scientific justification. Cladistics 17: 199-210

Kluge AG, Farris JS (1969) Quantitative phyletics and the evolution of anurans. Syst Zool 18: 1-32

Köhler W, Schachtel G, Voleske P (1996) Biostatistik. Einführung in die Biometrie für Biologen und Agrarwissenschaftler. 2. Aufl. Springer, Berlin Heidelberg New York

Kutschera U (2001) Evolutionsbiologie. Eine allgemeine Einführung. Parey, Berlin

Lamarck JB de (1809) Philosophie zoologique. Germer Baillere, Paris

Lauterbach KE (1989a) Das Pan-Monophylum - Ein Hilfsmittel für die Praxis der Phylogenetischen Systematik. Zool Anz 223: 139-156

Lauterbach KE (1989b) Trilobites and Phylogenetic Systematics: A reply to G. Hahn. Abh naturwiss Ver Hamburg (NF) 28: 201-211

Leathart S (1977) Trees of the World. Hamlyn, London

Lehmann N, Eisenhawer A, Hansen K, Mech LD, Peterson RO, Gogan PJP, Wayne RK (1991) Introgression of coyote mitochondrial DNA into sympatric North American gray wolf populations. Evolution 45: 104-119

Linnaeus C (1753) Species Plantarum. Salvius, Stockholm

Linnaeus C (1757-1759) Systema naturae. 10. Aufl. Salvius, Stockholm

Lyman RL (1994) Vertebrate Taphonomy. Cambridge Univ Press, Cambridge

Mahner M (1993) What is a species? A contribution to the never ending species debate in biology. J Gen Phil Sci 24: 103-126

Mahner M (1994) Phänomenalistische Erblast in der Biologie. Biol Zentralbl 113: 435-448

Mahner M, Bunge M (2000) Philosophische Grundlagen der Biologie. Springer, Berlin Heidelberg New York

Mannheims BJ (1952) Lieferg. 71: Tipulidae. In: Lindner E (Hrsg) Die Fliegen der Palaearktischen Region. Schweizerbart, Stuttgart

Martin RD (1989, ed) New Quantitative Developments in Primatology and Anthropology. 1. Schultz-Biegert Symposium in Kartause Ittingen. Folia Primatol 53 (1-4)

Martin RD (1990) Primate Origins and Evolution. A Phylogenetic Reconstruction. Chapman & Hall, London

Martin RD (1993) Primate origins: plugging the gaps. Nature 363: 223-234

Mayr E (1942) Systematics and the Origin of Species. Columbia Univ Press, New York

Mayr E (1963) Animal Species and Evolution. Belknap, Harvard Cambridge

Mayr E (1974) Cladistic analysis or cladistic classification? Z zool Syst Evolutionsforsch 12: 94-128

Mayr E (1976) Evolution and the Diversity of Life. Belknap Harvard, Cambridge

Mayr E (1970) Populations, Species, and Evolution. Harvard Univ Press, Cambridge

Mayr E (1975) Grundlagen der zoologischen Systematik. Paul Parey, Hamburg

Mayr E (1982) The Growth of Biological Thought: Diversity, Evolution, and Inheritance. Harvard Univ Press, Cambridge

Mayr E (1987) The species as category, taxon and population. In: Roger J, Fischer JL (eds.) Histoire du Concept d'Espèce dans les Sciences de la Vie. Fondation Singer-Polignac, Paris. S 303-320

Mayr E (1988) Toward a New Philosophy of Biology. Belknap, Cambridge

Mayr E (1990) Die drei Schulen der Systematik. Verh Dtsch Zool Ges 83: 263-276

Mayr E, Ashlock PD (1991) Principles of Systematic Zoology. 2nd ed. McGraw-Hill, New York

Mayr E, Provine WB (eds, 1980) The Evolutionary Synthesis: Perspectives on the Unification of Biology. Harvard Univ Press, Cambridge/MA

Mayr E, Linsley E, Usinger R (1953) Methods and Principles of Systematic Zoology. McGraw-Hill, New York

Mendel GJ (1866) Versuche über Pflanzenhybriden. Verh naturf Vereins Brünn 1865 (4), S. 3-47

Mehlhorn H, Piekarski G (1989) Grundriß der Parasitenkunde. 3. Aufl. Gustav Fischer, Stuttgart

Michener CD (1947) A revision of the American species of *Hoplitis* (Hymenoptera, Megachilidae). Bull Amer Mus Nat Hist 89: 257-318

Minelli A (1993) Biological Systematics. The State of the Art. Chapman & Hall, London

Mosbrugger V (1989) Phylogenetic systematics in palaeobotany and botany. Abh naturwiss Ver Hamburg (NF) 28: 227-245

Nelson G, Platnick N (1981) Systematics and Biogeography. Columbia Univ Press, New York

Nelson G (1994) Homology and Systematics. In: Hall BK (ed) Homology. The Hierarchical Basis of Comparative Biology. Academic Press, San Diego. S 101-149

Nikaido M, Rooney AP, Okada N (1999) Phylogenetic relationships among cetartiodactyls based on insertions of short and long interspersed elements: hippopotamuses are the closest relatives of whales. Proc Ntl Acad Sci USA 96: 10261-10266

Noro M, Masuda R, Dubrovo IA, Yoshida MC Kato M (1998) Molecular phylogenetic inference of the woolly *Mammuthus primigenius*, based on complete sequences of mitochondrial cytochrome b and 125 ribosomal RNA genes. Mol Evol 46: 314-326

Novartis Foundation (1999, ed.) Homology. Wiley & Sons, Chichester

Osche G (1962) Das Praeadaptationsphänomen und seine Bedeutung für die Evolution. Zool Anz 169: 14-49

Osche G (1966) Grundzüge der allgemeinen Phylogenetik. In: Gessner F (Hrsg) Handbuch der Biologie. Bd. III/2 Allgemeine Biologie. Athenaion, Frankfurt/M. S 817-906

Owen R (1848) On the Archetype and Homologies of the Vertebrate Skeleton. Van Voorst, London

Page RDM, Holmes EC (1998) Molecular Evolution. A Phylogenetic Approach. Blackwell Science, Oxford

Patterson C (1982) Morphological characters and homology. In: Josey KA, Friday AE (eds) Problems of Phylogenetic Reconstruction. Academic Press, London. S 21-74

Patterson C, Rosen DE (1977) Review of ichtyodectiform and other mesozoic teleost fishes and the theory and practice of classifying fossils. Bull Am Mus Nat Hist 158: 81-172

Pimentel RA, Riggins R (1987) The nature of cladistic data. Cladistics 3: 201-209

Pinna MCC de (1991) Concepts and tests of homology in the cladistic paradigm. Cladistics 7: 367-394

Popper KR (1935) Logik der Forschung. 2. deutsche Aufl. Akademie-Verlag, Tübingen

Popper KR (1968) The Logic of Scientific Discovery. Hutchinson, London

Popper KR (1974) Objective Knowledge: An Evolutionary Approach. Clarendon, Oxford

Popper KR (1994) Objektive Erkenntnis: Ein evolutionärer Entwurf. 2. Aufl. Hoffmann & Campe, Hamburg

Portmann A (1976) Einführung in die vergleichende Morphologie der Wirbeltiere. 5. rev Aufl. Schwabe, Basel Stuttgart

Ray J (1682) Methodus plantarum nova. Faitborne & Kersey, London

Redi F (1668) Esperienze intorno alla generazione degl'insetti. Stella, Firenze

Remane A (1952) Die Grundlagen des natürlichen Systems, der vergleichenden Anatomie und der Phylogenetik. Geest & Portig, Leipzig

Rensch B (1947) Neuere Probleme der Abstammungslehre. Die transspezifische Evolution. Ferdinand Enke, Stuttgart

Rensch B (1954) Neuere Probleme der Abstammungslehre. Die transspezifische Evolution. 2. Aufl. Ferdinand Enke, Stuttgart

Ridley M (1986) Evolution and Classification. The Reformation of Cladism. Longman, London

Riedl R (1975) Die Ordnung des Lebendigen. Systembedingungen der Evolution. Paul Parey, Hamburg Berlin

Riedl R (2000) Strukturen der Komplexität. Eine Morphologie des Erkennens und Erklärens. Springer, Berlin Heidelberg New York

Rieppel O (1980) Homology, a deductive concept? Z zool Syst Evolutionsforsch 18: 315-319

Rieppel O (1988) Fundamentals of Comparative Biology. Birkhäuser, Basel

Rieppel O (1989) Ontogeny, phylogeny, and classification. Abh naturwiss Ver Hamburg (NF) 28: 63-82

Rieppel O (1994) Homology, topology, and typology: The history of modern debates. In: Hall BK (ed) Homology. The Hierarchical Basis of Comparative Biology. Academic Press, San Diego. S 63-100

Rieppel O (1999) Einführung in die computergestützte Kladistik. Dr. Friedrich Pfeil, München

Robert P-A (1959) Die Libellen (Odonaten). Kümmerli Frey, Bern

Rokas A, Holland PWH (2000) Rare genomic changes as a tool for phylogenetics. TREE 15: 454-459

Romer AS, Parsons SP (1991) Vergleichende Anatomie der Wirbeltiere. 5. Aufl. Paul Parey, Hamburg

Rothe H, Henke W (2001) Vom Lebewesen zum Fossil: Grundzüge der Taphonomie. Praxis der Naturw 50: 8-12

Rothe H, Wiesemüller B, Henke W (1997) Phylogenetischer Status des fossilen Neulings *Ardipithecus ramidus*: Eine kritische Evaluation gegenwärtiger Konzepte. In: Überseemuseum Bremen - König V, Hohmann H (Hrsg) Bausteine der Evolution. Edition Archaea, Gelsenkirchen. S 159-168

Rowe N (1996) The Pictorial Guide to the Living Primates. Pogonias Press, Charlestown/RI

Ruppert EE, Barnes RD (1994) Invertebrate Zoology. 6th ed. Saunders College Publishing, Fort Worth

Sanderson MJ, Hufford L (1996, eds) Homoplasy. The recurrence of similarity in evolution. Academic Press, San Diego

Sattler (1984) Homology - a continuing challenge. Syst Bot 9: 382-394

Sattler R (1991) Process morphology: structural dynamics in development and evolution. Can J Bot 70: 708-714

Sattler R (1994) Homology, homeosis, and process morphology in plants. In: Hall BK (ed) Homology. The Hierarchical Basis of Comparative Biology. Academic Press, San Diego. S 423-475

Sattler R (1996) Classical morphology and continuum morphology: opposition and continuum. Ann Bot 78: 577-581

Schmid P (1989) How different is Lucy? In: Giacobini G (ed) Hominidae. Proceedings of the 2nd International Congress of Human Paleontology, Turin 1987. Jaca Book, Milano

Schmitt M (1998, Hrsg) Phylogenetik und Moleküle. Edition Archaea, Gelsenkirchen

Schmitz J, Ohme M, Zischler H (2001) SINE insertions in cladistic analyses and the phylogenetic affiliations of *Tarsius bancanus* to other primates. Genetics 157: 777-784

Schnell R, Hill P, Esser E (1995) Methoden der empirischen Sozialforschung. 5. Aufl. Oldenbourg, München Wien

Schuh RT (2000) Biological Systematics. Principles and Applications. Cornell University Press, Ithaca

Schulz J (1998) Begründung und Entwicklung der Genetik nach der Entdeckung der Mendelschen Gesetze. In: Jahn I (Hrsg) Geschichte der Biologie. 3. Aufl. Fischer, Jena. S 537-557

Schwarz AL, Smith CL (1990) Sex change in the damselfish *Dascyllus reticulatus* (Richardson) (Perciformes, Pomacentridae). Bull Mar Sci 46: 790-798

Scotland R, Pennington RT (2000, eds) Homology and Systematics. Coding Characters for Phylogenetic Analysis. Taylor & Francis, London

Senglaub K (1998) Neue Auseinandersetzungen mit dem Darwinismus. In: Jahn I (Hrsg) Geschichte der Biologie. 3. Aufl. Fischer, Jena. S 558-580

Siddal ME, Kluge AG (1997) Probabilism and phylogenetic inference. Cladistics 13: 313-336

Simpson GG (1944) Tempo and Mode in Evolution. Columbia Univ Press, New York

Simpson GG (1951) The species concept. Evolution 4: 285-298

Simpson GG (1961) Principles of Animal Taxonomy. Columbia Univ Press, New York

Skaife SH (1954) The black-mound termite of the Cape, *Amitermes atlanticus* Fuller. Trans Roy Soc Sth Afr 34: 251-271

Sneath PHA, Sokal RR (1973) Numerical Taxonomy. The Principles and Practice of Numerical Classification. Freeman & Co, San Francisco

Sokal RR, Sneath PHA (1963) Principles of Numerical Taxonomy. Freeman & Co, San Francisco

Starck D (1978) Vergleichende Anatomie der Wirbeltiere auf evolutionsbiologischer Grundlage. 1 Theoretische Grundlagen. Stammesgeschichte und Systematik unter Berücksichtigung der niederen Chordata. Springer, Berlin Heidelberg New York

Stebbins GL (1966) Processes of Organic Evolution. New Jersey

Steiner B (1937) Stilgesetzliche Morphologie. Geest & Portig, Leipzig

Storch V, Welsch U, Wink M (2001) Evolutionsbiologie. Springer, Berlin Heidelberg New York

Stresemann E (1919) Über die europäischen Baumläufer. Verh Ornith Ges Bayern 14: 39-74

Sudhaus W, Rehfeld K (1992) Einführung in die Phylogenetik und Systematik. Gustav Fischer, Stuttgart

Swofford DL, Olsen GJ, Waddell PJ, Hillis DM (1996) Phylogenetic inference. In: Hillis DM, Moritz C, Mable BK (eds) Molecular Systematics. 2nd ed. Sinauer Associates, Sunderland. S 407-514

Szalay FS, Delson E (1979) Evolutionary History of Primates. Academic Press, New York London

Thenius E (1965) Lebende Fossilien. Zeugen vergangener Welten. Frank'sche Verlagshandlung, W Keller, Stuttgart

Tiedemann R, Kurt F, Haberhauer A, Hartl GB (1998) Differences in spatial genetic population structure between African and Asian elephant (*Loxodonta africana*, *Elephas maximus*) as revealed by sequence analysis of the mitochondrial Cyt b gene. Acta Theriologica (Suppl) 5: 123-134

Überla K (1971) Faktorenanalyse. Eine systematische Einführung für Psychologen, Mediziner, Wirtschafts- und Sozialwissenschaftler. 2. Aufl. Springer, Berlin Heidelberg New York

Urich K (1990) Vergleichende Biochemie der Tiere. Gustav Fischer, Stuttgart New York

Van Valen L (1982) Homology and causes. J Morphol 173: 305-312

Vogel C (1965) Der Typus in der morphologischen Biologie und Anthropologie. In: Jürgens HW, Vogel C (Bearb) Beiträge zur menschlichen Typenkunde. F. Enke, Stuttgart

Vogel C (1971) Makroevolution. Z Morph Anthrop 63: 141-167

Vogel C (1975) Praedispositionen bzw. Praeadaptationen der Primatevolution im Hinblick auf die Hominisation. In: Kurth G, Eibl-Eibesfeldt I (Hrsg) Hominisation und Verhalten. Gustav Fischer, Stuttgart. S 1-31

Vorbruger C (2001) Genomic imprinting or mutation and interlocal selection in triploid hybrid frogs? A comment on Tunner. Amphibia-Reptilia 22: 263-265

Wägele J-W (2000) Grundlagen der Phylogenetischen Systematik. Dr. Friedrich Pfeil, München

Wagner WH (1961) Problems in the classification of ferns. Recent Advances in Botany. University of Toronto Press, Toronto. S 841-844

Wagner WH (1980) Origin and philosophy of the groundplan-divergence method of cladistics. Syst Bot 5: 173-193

Wagner WH (1983) Reticulistics: the recognition of hybrids and their role in cladistics and classification. In: Platnick NI, Funk VA (eds) Advances in Cladistics 2. Columbia Univ Press, New York. S 63-79

Wayne RK (1993) Molecular evolution of the dog family. Trends Genet 9: 187-225

Weber H (1954) Grundriß der Insektenkunde. 3. Aufl. Gustav Fischer, Stuttgart

Weber H (1966) Grundriß der Insektenkunde. 4. Aufl. Gustav Fischer, Stuttgart

Wehner R, Gehring W (1990) Zoologie. 22. Aufl. Thieme, Stuttgart

Wenzl A (1938) Metaphysik der Biologie von heute. Akademie-Verlag, Leipzig

Weston PH (2000) Process morphology from a cladistic perspective. In: Scotland R, Pennington RT (eds) Homology and Systematics. Taylor & Francis, London. S 124-144

White TD, Suwa G, Asfaw B (1994) *Australopithecus ramidus*, a new species of early hominid from Aramis, Ethiopia. Nature 371: 306-312

White TD, Suwa G, Asfaw B (1995) *Australopithecus ramidus*, a new species of early hominid from Aramis, Ethiopia (Corrigendum). Nature 375: 88

Wiesemüller B, Rothe H (1999) New World monkeys - A phylogenetic study. Z Morph Anthrop 82: 115-157

Wiesemüller B, Rothe H (2001) The size of differences as a quality criterion for characters in phylogenetics. Z Morph Anthrop 83: 1-4

Wiesemüller B, Rothe H, Henke W (2000) Good characters and homology. Evol Anthrop 9: 151-152

Wiley EO (1978) The evolutionary species concept reconsidered. Syst Zool 27: 17-26

Wiley EO (1981) Phylogenetics. The Theory and Practice of Phylogenetic Systematics. Wiley & Sons, New York

Willmann R (1983) Biospecies und Phylogenetische Systematik. Z zool Syst Evolutionsforsch 21: 241-249

Willmann R (1985) Die Art in Raum und Zeit. Paul Parey, Berlin

Willmann R (1989a) Evolutionary or biological species? Abh naturwiss Ver Hamburg (NF) 28: 95-110

Willmann R (1989b) Palaeontology and the systematization of natural taxa. Abh naturwiss Ver Hamburg (NF) 28: 267-291

Wilson EO, Bossert WH (1973) Einführung in die Populationsbiologie. Springer, Berlin Heidelberg New York

Wyatt R, Odrzykoski IJ, Stoneburger A, Bass HW, Galau GA (1988) Allopolyploidy in bryophytes: Multiple origins of *Plagomnium medium*. Proc Natl Acad Sci USA 85: 5601-5604

Yang H, Golenberg EM, Shoshani J (1996) Phylogenetic resolution within the Elephantidae using fossil DNA sequence from the American mastodon (*Mammut americanum*) as an outgroup. Proc Ntl Acad Sci USA 93: 1190-1194

Zerssen D von (1973) Methoden der Konstitutions- und Typenforschung. In: Thiel M (Hrsg) Enzyklopädie der geisteswissenschaftlichen Arbeitsmethoden, 9. Lieferung: Methoden der Anthropologie, Anthropogeographie, Völkerkunde und Religionswissenschaft. R. Oldenbourg, München Wien. S 35-144

Zoglauer T (1997) Einführung in die formale Logik für Philosophen. UTB, Stuttgart

Autoren- und Namenverzeichnis

Verzeichnis der Tier- und Pflanzennamen

Sachverzeichnis